群体智能与演化博弈

张建磊 编著

人民邮电出版社

北 京

图书在版编目（CIP）数据

群体智能与演化博弈 / 张建磊编著. -- 北京 : 人
民邮电出版社, 2022.12
ISBN 978-7-115-59492-1

Ⅰ. ①群… Ⅱ. ①张… Ⅲ. ①人工智能－研究 Ⅳ.
①TP18

中国版本图书馆CIP数据核字(2022)第205112号

内 容 提 要

本书的总体目标是介绍群体智能与演化博弈交叉领域的现状、技术发展趋势和重要应用，为读者在群体智能、无人系统、仿生智能、对抗与博弈等领域开展跨学科研究和技术开发打下基础。全书共7章，主要涉及绪论、基于粒子群优化算法的群体演化博弈、有限群体中任务分配博弈的动力学、带有破坏者的任务分配博弈的演化动力学、基于演化博弈论的多智能体系统覆盖控制、基于演化博弈论的集群编队、基于深度优先策略的区域协同搜索等内容。通过本书的学习，读者可以了解群体智能的基础知识，学习如何应用博弈理论对集群的动力学进行建模分析、如何设计并实现群体智能的算法，实现群体的控制、建模、任务分配与协作。

本书既可作为自动化、计算机科学与技术、电子信息工程、机器人工程等专业研究生和高年级本科生的教材，也可作为相关行业科研人员的参考书。

◆ 编　著　张建磊

　　责任编辑　刘盛平

　　责任印制　焦志炜

◆ 人民邮电出版社出版发行　　北京市丰台区成寿寺路 11 号

　　邮编　100164　　电子邮件　315@ptpress.com.cn

　　网址　https://www.ptpress.com.cn

北京天宇星印刷厂印刷

◆ 开本：700×1000　1/16　　　　彩插：8

　　印张：13.75　　　　　　　　2022 年 12 月第 1 版

　　字数：239 千字　　　　　　2024 年 12 月北京第 6 次印刷

定价：99.80 元

读者服务热线：**(010)81055410**　印装质量热线：**(010)81055316**
反盗版热线：**(010)81055315**
广告经营许可证：京东市监广登字 20170147 号

前　言

　　群体智能一般是指由多个单一智能体构成的群体所展现出的、单一智能体不具备的高水平和形式复杂的智能。随着自动化、人工智能、计算机、传感器等领域技术的发展，无人系统的应用越来越广泛，而由多个个体组成的集群系统具有较高的智能水平，是当前的研究热点，也是新一代人工智能的重要发展方向。对群体进行设计、建模、分析和控制需要复杂的数学算法和知识。演化博弈借助博弈理论可以分析群体中的交互、合作、博弈、对抗等行为，并对群体中的个体之间、个体与群体之间的行为进行建模与分析，描述群体的动态属性。因此，群体智能与演化博弈已经成为无人系统、多机器人系统等研究和应用领域的重要理论分析工具和算法设计方法。

　　为了满足群体智能学科相关领域的人才培养需求，国外很多大学都开设了以群体智能和演化博弈为核心主题的课程。其中，国外具有代表性的大学有哈佛大学和东京大学，两校的相关课程均以讲述演化动力学为核心，主要介绍演化博弈的理论和方法，对于其在群体智能领域中的应用的介绍则比较浅显。我国尚缺乏相应的课程和教材，这制约了相关学科的人才培养。编者在国家自然科学基金（62073174、62073175、91848203）的资助下，持续多年开展群体智能与演化博弈的研究，并研制了陆地无人系统、蜂群决策系统等集群控制与协作系统。自2019年以来，编者在南开大学人工智能学院开设了面向研究生的集群智能控制课程。

本书是作者根据课程讲义，并总结在群体智能与演化博弈方面研究工作的基础上，经过系统整理撰写而成的。

本书共 7 章。第 1 章是绪论，介绍群体智能的基本概念和主要应用以及演化博弈的相关知识；第 2 章介绍基于粒子群优化算法的群体演化博弈，这是一种群体智能基础算法与博弈理论结合的方法；第 3、4 章介绍群体中的任务分配机制和算法，包括有限群体中任务分配博弈的动力学和带有破坏者的任务分配博弈的演化动力学；第 5~7 章是基于演化博弈论的群体智能应用技术和理论，其中第 5 章介绍基于演化博弈论的多智能体系统覆盖控制，第 6 章介绍基于演化博弈论的集群编队，第 7 章介绍基于深度优先策略的区域协同搜索。

在本书的编写过程中，南开大学人工智能学院天津市智能机器人技术重点实验室、机器智能研究所、智能预测自适应控制研究室、复杂系统与群体智能研究组的同事和研究生提出了大量改进建议，促使本书结构和内容得以不断优化，尤其感谢王瑄毅、王子珩、林达生、焦文沛、赵正午、普显东等人在全书成稿阶段的内容检查和修订工作。此外，衷心感谢人民邮电出版社刘盛平编辑在书稿撰写过程中提出的宝贵建议。

由于作者水平有限，书中难免存在疏漏和不足，敬请读者批评指正。

张建磊

2022 年 2 月

目 录

作为一种智能形态的高级表现方式，群体智能（swarm intelligence）在推动我国新一代人工智能的发展中占据了重要地位。此外，演化博弈论作为群体智能行为的分析工具，结合了经典博弈论与生物学的知识，展现了科学性和实用性。本章主要围绕群体智能及其应用和演化博弈论相关知识进行介绍。

| 1.1　群体智能概述 |

群体智能这一概念最早出现在 1989 年，用于描述细胞机器人系统，是研究人员受自然界中各类生物群体集群行为的启发而提出的。生物群体由多个单一智能体构成，并且展现出了单一智能体不具备的集体智能（collective intelligence）[1]，群体智能的相关算法包括蚁群优化（ant colony optimization，ACO）算法、粒子群优化（particle swarm optimization，PSO）算法等。

群体智能有以下几个特点。

① 群体智能的控制是分布式的，不存在中心控制，更能够适应当前环境下的工作状态，并且具有较强的鲁棒性，即不会由于某一个或几个个体出现故障而影响群体对整个问题的求解。

② 群体中的每个个体都能够改变环境，这是个体之间间接通信的一种方式，这种方式被称为激发工作。群体智能可以通过间接通信的方式进行信息的传输与合作，并且随着个体数量的增加，通信开销的增幅较小，因而具有较好的可扩充性。

③ 群体中每个个体的能力或遵循的行为规则非常简单，因而群体智能的实现比较方便，具有简单性的特点。

④ 群体表现出来的复杂行为是通过简单个体的交互过程涌现出来的智能，因此，群体智能具有自组织性[2]。群体智能可以在适当的进化机制引导下通过个体交互以某种涌现形式发挥作用，这是个体以及可能的个体智能难以做到的。

|1.2　群体智能的主要应用|

鉴于群体智能所展现出的特点，其目前广泛应用于优化求解、协同搜索、编队控制、协同通信、大数据分析、图像处理等领域。

1.2.1　优化求解

优化求解涉及两个基本概念，即优化问题和优化方法。优化问题是指在满足一定的条件下，在众多方案或参数值中寻找最优方案或参数值，以使系统的某个或多个功能指标达到最优，或使系统的某些性能指标达到最大值或最小值。优化方法是一种以数学为基础，用于求解各类优化问题的技术。对于在电子、自动化、计算机等领域出现的众多组合优化问题，传统的优化方法（如牛顿法、单纯形法等）需要遍历整个搜索空间，无法在短时间内完成搜索，且容易产生搜索的"组合爆炸"。因此，鉴于实际工程优化问题的复杂性、非线性、约束性以及建模困难等诸多特点，基于生物群体行为规律的优化算法，如粒子群优化算法、蚁群优化算法、人工蜂群算法、狼群算法等，展现出了不错的求解性能。

1. 粒子群优化算法

粒子群优化算法[3]是由社会心理学家 Kennedy 和 Eberhart 在 1995 年研究群鸟觅食行为时共同提出来的。鸟类捕食时，找到食物的最简单有效的策略就是搜寻当前距离食物最近的鸟的周围区域。

粒子群优化算法通过设计一种无质量的粒子来模拟鸟群中的鸟，粒子仅具有两种属性：速度和位置，速度代表移动的快慢，位置代表移动的方向。每个粒子在搜索空间中的单独搜寻最优解记为当前个体极值，将个体极值与整个粒子群里的其他粒子共享，找到最优的那个个体极值即为整个粒子群的当前全局最优解，粒子群中的所有粒子根据自己找到的当前个体极值和整个粒子群共享的当前全局最优解来调整自己的速度和位置。

假设在一个 N 维搜索空间中，种群 $\boldsymbol{X} = \left(\boldsymbol{X}_1, \boldsymbol{X}_2, \cdots, \boldsymbol{X}_m\right)$ 由 m 个粒子组成。其中，粒子 $i(i = 1, 2, \cdots, m)$ 在 N 维搜索空间中的位置向量 $\boldsymbol{X}_i = \left(x_{i1}, x_{i2}, \cdots, x_{iN}\right)^{\mathrm{T}}$，速度向量 $\boldsymbol{V}_i = \left(v_{i1}, v_{i2}, \cdots, v_{iN}\right)^{\mathrm{T}}$。根据目标函数 $f\left(\boldsymbol{X}_i\right)$ 可计算出每个粒子 $\boldsymbol{X}_i$ 对应的适合度，并根据适合度的大小衡量其优劣。粒子在每次迭代中有两个关键变量是非常重要的，这两个关键变量也是粒子速度更新的决定因素：一是粒子 i ($i = 1$, $2, \cdots, m$) 自身的历史最优位置 $\boldsymbol{P}_i = \left(P_{i1}, P_{i2}, \cdots, P_{iN}\right)^{\mathrm{T}}$；二是粒子群的全局最优位置 $\boldsymbol{P}_{\mathrm{g}} = \left(P_{\mathrm{g}1}, P_{\mathrm{g}2}, \cdots, P_{\mathrm{g}N}\right)^{\mathrm{T}}$。

在每一次迭代过程中，粒子 i 可通过自身的历史最优位置和粒子群的全局最优位置来更新自己的速度和位置，即

$$v_{id}^{j+1} = v_{id}^j + c_1 \times \left(P_{id}^j - x_{id}^j\right) + c_2 \times \left(P_{\mathrm{g}d}^j - x_{id}^j\right) \tag{1-1}$$

$$x_{id}^{j+1} = x_{id}^j + v_{id}^{j+1} \tag{1-2}$$

式中，$d = 1, 2, \cdots, N$；$j = 1, 2, \cdots$ 表示迭代次数；c_1 和 c_2 表示信息权重。为防止粒子的盲目搜索，一般建议将其位置和速度限制在一定的区间内。

粒子群优化算法的具体实现步骤如下。

步骤 1：对相关参数进行初始化，包括粒子群速度和位置、信息权重、最大迭代次数、算法终止的最小允许误差等。

步骤 2：计算每个粒子的初始适合度。

步骤 3：将各初始适合度作为对应的每个粒子的当前局部最优值，并将各初始适合度对应的位置作为当前每个粒子的局部最优位置。

步骤 4：将最佳初始适合度作为当前全局最优值，并将最佳初始适合度对应的位置作为当前粒子群的全局最优位置。

步骤 5：依据式（1-1）更新每个粒子当前的速度。

步骤 6：对每个粒子的速度进行限幅处理，使之不能超过设定的最大速度。

步骤 7：依据式（1-2）更新每个粒子当前所在的位置。

步骤 8：比较当前每个粒子的适合度是否比历史局部最优值好，如果是，则将当前粒子的适合度作为粒子的局部最优值，其对应的位置作为每个粒子的局部最优位置。

步骤 9：在当前粒子群中找出全局最优值，并将当前全局最优值对应的位置作为粒子群的全局最优位置。

步骤 10：重复步骤 5~9，直到满足设定的最小允许误差或达到最大迭代次数。

步骤 11：输出粒子群的全局最优值和其对应的位置以及每个粒子的局部最优

值和其对应的位置。

2. 蚁群优化算法

蚁群优化算法由意大利学者 Dorigo 等于 1991 年提出。蚁群优化算法受启发于自然界中蚁群的觅食行为，整个蚁群通过觅食行为就可以寻找到一条获取食物的最优路径。图 1-1 所示为蚁群的觅食过程，其中黑色圆点代表蚂蚁。

当蚁巢和食物之间不存在障碍物时，蚂蚁将沿着蚁巢和食物之间的直线路径进行觅食和返巢，如图 1-1（a）所示。当出现一个矩形障碍物挡在蚁巢和食物之间时，蚂蚁需要转向绕过障碍物，由于蚂蚁在觅食过程中会以一定的挥发速度留下信息素以便同其他蚂蚁进行信息交换，并且直线路径两侧会残留相同浓度的信息素，故蚂蚁会以相同的概率选择向左或向右转向，如图 1-1（b）所示。随着后续蚂蚁觅食过程的进行，障碍物左侧较长路径上的信息素浓度会降低，而右侧较短路径上的信息素浓度会越来越高，从而吸引更多的蚂蚁沿着这条路径行进，如图 1-1（c）所示。

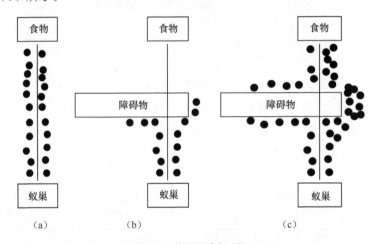

图 1-1 蚁群的觅食过程

蚁群优化算法具有分布式特性、鲁棒性强并且容易与其他算法结合等优点，但是同时也存在收敛速度慢、容易陷入局部最优（local optimal）等缺点。蚁群优化算法最早用来求解旅行商问题（traveling salesman problem，TSP），并且表现出了很大的优越性。TSP 假设有一个旅行商人要拜访 n 个城市，他必须选择要走的路径，对路径的限制是每个城市都要经历且仅经历一次，而且最后要回到最初出发的城市。选择路径的目标是要求所选路径路程为所有可选路径路程之中的最小值。这是一种 NP 困难问题，此类问题采用一般的算法是很难得到最优解的，所以一般需要借助一些启发式算法来求解。TSP 可以表达为：求解遍历图 $G = (V, E, C)$ 的所有节点一次并且回到起始节点，使连接这些节点的路径成本最低。其中，V 是所有节点的集合；E 是所有节点连接的集合；C 是所有节点之间连接路径的成本度量。

下面以 TSP 为例介绍蚁群优化算法的具体实现步骤。

步骤 1：对相关参数进行初始化，包括蚁群规模、信息素因子、启发函数因子、信息素挥发因子、信息素常数、最大迭代次数等。

步骤 2：随机将蚂蚁放于不同的出发点（城市），并计算每个蚂蚁下一个访问的城市，直到有蚂蚁访问完所有城市。

步骤 3：计算各蚂蚁经过的路径长度，记录当前迭代次数的最优解，并对路径上的信息素浓度进行更新。

步骤 4：判断是否达到最大迭代次数，若否，返回步骤 2；若是，则结束程序。

步骤 5：输出结果，并根据需要输出寻优过程中的相关指标，如运行时间、收敛迭代次数等。

3. 人工蜂群算法

人工蜂群（artifical bee colony，ABC）算法由 Karaboga 于 2005 年提出，是一种新兴的优化算法。其受启发于蜜蜂群的采蜜行为——蜜蜂群体按照各自的分工通过一系列有序的行为动作进行信息交流，从而获得最优（即蜜量最大）蜜源。

人工蜂群算法通过模拟实际蜜蜂的采蜜机制将人工蜂群分为三类：（1）采蜜蜂——利用已知蜜源的信息寻找新的蜜源，与此同时，传递蜜源信息（包括离蜂巢远近、采集难度等）给观察蜂；（2）观察蜂——在蜂巢中待命，在获取到采蜜蜂发出的信息后进行新蜜源的寻找工作；（3）侦察蜂——在蜂巢附近随机搜寻新的蜜源。

算法原理：假设问题的解空间是 D 维的，采蜜蜂与观察蜂的个数都是 SN，采蜜蜂的数量或观察蜂的数量与蜜源的数量相等。则人工蜂群算法将优化问题的求解过程看成是在 D 维搜索空间中进行搜索。每个蜜源的位置代表问题的一个可能解，蜜源的蜜量对应于相应解的适合度。一个采蜜蜂与一个蜜源是相对应的。与第 i 个蜜源相对应的采蜜蜂依据式（1-3）寻找新的蜜源。

$$x'_{id} = x_{id} + \varphi_{id}(x_{id} - x_{kd}) \tag{1-3}$$

式中，$i = 1, 2, \cdots, \mathrm{SN}$；$d = 1, 2, \cdots, D$；$\varphi_{id}$ 是区间 $[-1, 1]$ 上的随机数；$k=1, 2, \cdots, \mathrm{SN}$，但 $k \neq i$。在人工蜂群算法中需要将新的可能解 $\boldsymbol{X}'_i = (x'_{i1}, x'_{i2}, \cdots, x'_{iD})^{\mathrm{T}}$ 的适合度和原

来的解 $\boldsymbol{X}_i = (x_{i1}, \ x_{i2}, \cdots, x_{iD})^{\mathrm{T}}$ 的适合度进行比较，并采用贪心策略（若新的可能解的适合度优于原来的解，则采蜜蜂记住新的可能解而忘记原来的解。反之，它将保留原来的解）对解进行选择。

在所有采蜜蜂完成搜寻过程之后，采蜜蜂会把解的信息与观察蜂分享。观察蜂根据下面的概率式选择一个蜜源。

$$P_i = \frac{\mathrm{fit}_i}{\displaystyle\sum_{j=1}^{SN} \mathrm{fit}_j} \tag{1-4}$$

式中，fit_i 为可能解 $\boldsymbol{X}_i(t)$ 的适合度。对于被选择的蜜源，观察蜂根据式（1-4）搜寻新的可能解。当所有的采蜜蜂和观察蜂都搜索完整个搜索空间时，如果一个蜜源的适合度在给定的步骤内（定义为控制参数 limit）没有被提高，则丢弃该蜜源，而与该蜜源相对应的采蜜蜂变成侦察蜂。侦察蜂通过式（1-5）搜索新的可能解。

$$x_{id} = x_d^{\min} + r \times \left(x_d^{\max} - x_d^{\min} \right) \tag{1-5}$$

式中，$x_d^{\max}$、$x_d^{\min}$ 分别为第 d 维蜜源的最大值、最小值；r 为区间 [0,1] 内的随机数。

人工蜂群算法的具体实现步骤如下。

步骤 1：初始化各个参数，包括采蜜蜂个数 SN、蜜源被采集次数（即最大迭代次数）及控制参数 limit，确定问题搜索范围，并且在搜索范围内随机产生初始解（蜜源）$\boldsymbol{X}_i(i=1,2,\cdots,\mathrm{SN})$。

步骤 2：计算并评估每个初始解的适合度。

步骤 3：设定循环条件并开始循环。

步骤 4：采蜜蜂对解 $\boldsymbol{X}_i$ 按照式（1-3）进行邻域搜索产生新解（蜜源）$\boldsymbol{X}_i'$，并计算其适合度。

步骤 5：采蜜蜂根据贪心策略选择蜜源。

步骤 6：根据式（1-4）计算蜜源的概率 P_i。

步骤 7：观察蜂依照概率 P_i 选择解（蜜源），按照式（1-3）搜索产生新解（蜜源）$\boldsymbol{X}_i'$，并计算其适合度。

步骤 8：观察蜂根据贪心策略选择蜜源。

步骤 9：判断是否有要放弃的解（蜜源）。若有，则侦察蜂按照式（1-5）随机产生新解（蜜源）将其替换。

步骤 10：记录到目前为止的最优解。

步骤 11：判断是否满足循环终止条件。若满足，循环结束，输出最优解，否则返回步骤 4 继续搜索。

4. 狼群算法

狼群搜索（wolf pack search，WPS）算法是基于狼群行为特征设计的，最早由 Yang 等提出[4]，并将其应用于解决蜜蜂婚姻的优化问题。为了求解优化问题，Liu 等[5]又提出了新的狼群算法（wolf colony algorithm，WCA），WCA 成功地对狼群的搜索、围攻等行为进行了模拟。WCA 与其他智能算法相比具有很大的优势，这种优势体现在算法的收敛速度更快，并且精度更高。虽然 WCA 近几年才被提出，但是其卓越的性能使大量学者对其做了众多深入而细致的研究，同时受关注度也越来越高。

例如，吴虎胜[6]对 WCA 进行了更加细致而全面的改进，并于 2013 年正式提出了一种更新的狼群算法（wolf pack algorithm，WPA）。该算法将狼分为三类：头狼、猛狼和探狼，将智能行为归纳提炼为游走、召唤、奔袭与围攻，并且对头狼的产生规则以及整个狼群的更新机制做了详尽的阐述及说明。WPA 相比其他智能算法更适合实际应用，更具发展前景和应用价值。

WPA 的具体实现步骤如下。

步骤 1：在解空间中随机初始化狼群的空间坐标，依据目标函数值的大小角逐出头狼。

步骤 2：探狼开始随机游走搜索猎物，若发现某个位置的目标函数值大于头狼的目标函数值，将更新头狼位置，同时头狼发出召唤行为；若未发现，探狼则继续游走直到达到最大游走次数，头狼在原本的位置发出召唤行为。

步骤 3：听到头狼召唤的猛狼以较大的步长快速向头狼奔袭，若奔袭途中猛狼的目标函数值大于头狼的目标函数值，则对头狼位置进行更新；否则，猛狼将继续奔袭直到进入围攻范围。

步骤 4：靠近头狼的猛狼将联合探狼对猎物（把头狼位置视为猎物）进行围攻，围攻过程中若其他狼（猛狼或探狼）的目标函数值大于头狼的目标函数值，则对头狼位置进行更新，直到捕获猎物。

步骤 5：淘汰狼群中目标函数值较小的狼，并在解空间中随机生成新的狼，实现狼群的更新。

步骤 6：最后判断头狼的目标函数值是否达到精度要求或算法是否达到最大迭代次数。若达到，则输出头狼的位置（即所求问题的最优解），否则转步骤 2 继续搜索。

在求解优化的过程中，通过狼群中分工明确的游走、召唤和围攻行为，不断求解比较当前头狼的位置信息，从而得到最优决策方案及收益。

1.2.2　协同搜索

协同搜索是指多智能体在一定的约束条件下能够完成对目标区域的遍历搜索，其本质是一种路径规划问题，应用领域主要包括安全监控、战场侦察、目标搜索、地形测绘、矿藏勘测等。目前，常见的搜索策略有随机搜索、平行搜索（"Z"字形或"之"字形）、网格搜索等。

① 随机搜索：指智能体以恒定的方向在搜索区域内行动到达区域边界后，再以最小转弯半径转弯进入搜索区域，此时智能体沿该方向继续前行，如此往复。

② 平行搜索：指受性能的约束，从能量、路程、时间角度表明转弯过程比直线飞行过程的效率要低，因此，智能体在平行于区域长度或宽度的方向上进行平行线式的搜索。

③ 网格搜索：指搜索区域被离散为一系列的小正方形区域，当一个小正方形区域被搜索完后，智能体选择另一个小正方形区域作为起点继续搜索。初始时，所有的小正方形的值都为1，当小正方形区域进入智能体的搜索范围时，该值变为0。当一个小正方形区域被搜索完后，智能体选择另一个小正方形区域作为搜索起点。选择的原则是离其最近且为 1 的小正方形区域。一旦选择了，这个信息将会共享给搜索区域内的所有智能体。

在智能体协同搜索过程中，搜索精度、碰撞类型、避障策略、路径平滑化等均可作为优化目标。除以上传统搜索策略外，还有多种算法，包括粒子群优化算法、细菌觅食优化算法、人工蜂群算法等均展现出了不俗的搜索效果。

从算法特点来看，粒子群优化算法的核心模型是一组位置与速度状态方程，计算简单、易于实现，但该模型的随机性大、群体智能性低、算法优化精度低，粒子易早熟；2002 年，Passino 遵循最优觅食原则，模拟人体内大肠杆菌或黏细菌的觅食行为，提出了细菌觅食优化算法（bacterial foraging optimization algorithm，BFOA），它可以以一种自然的方式结束算法，即在没有任何迭代次数和精度要求的前提下，算法会随着菌落的消失而自然结束，并能保持一定的精度，其主要包括趋化、繁殖和驱散三个基本操作步骤，具有突出的平行搜索优点；人工蜂群算法参数少，简单灵活，具有较好的探索能力，但由于人工蜂群的搜索随机性大，导致算法在寻优的过程中容易陷入局部最优，具有全局搜索能力不强和局部搜索精度低等缺点。

下面介绍细菌觅食优化算法在协同搜索中的应用，其三个基本操作步骤中的趋化操作是指模拟菌群的移动和转向，循环计算适合度，若适合度得到提升，则沿该方向继续移动，至适合度不发生改变时，此操作结束；繁殖操作是指按照适合度排列，淘汰适合度低的，以适合度更高的代替，并保持细菌总量的不变；驱散操作是指以一定的概率用新的个体代替原有个体，当陷入局部极值时，可通过将细菌向其他解空间随机分配以提高全局搜索能力。细菌觅食优化算法的具体步骤如下。

步骤 1：初始化各参数及种群。

步骤 2：驱散操作循环。

步骤 3：繁殖操作循环。

步骤 4：趋化操作循环，至达到趋化结束条件。

步骤 5：执行繁殖操作，至循环次数达到繁殖次数设定值，否则返回步骤 3 循环。

步骤 6：执行驱散操作，至循环次数达到驱散次数设定值，否则返回步骤 2 循环。

步骤 7：将所有非支配解加到外部存放最优解的集合 S 中（非支配解：定义一个确定半径 r 的圆区域为个体的支配区域，该半径范围内的解均为支配解，之外的为非支配解，半径为 r 与 $2r$ 的两个圆范围之间的区域称为个体的支配区域外围；集合 S 指支配解与该个体的非支配区域内的解之间的函数距离最小值的集合）。

步骤 8：采取以下区域搜索策略。

① 将当前种群的非支配解依次加到未被处理的列表中，保证列表中的所有解不被其他解支配。

② 计算列表中的解在集合 S 中支配区域内的个数，按支配区域内的个体数量从小到大排列。

③ 设定循环次数的循环操作：计算集合中解 v 的支配区域中的个体数 n。若个体数 n 大于设定值 N，则取出 N 个个体生成新的菌群进行区域搜索，否则，在解 v 的支配区域内随机生成 $N-n$ 个个体，并与原 n 个个体形成新的菌群进行区域搜索。搜索结束后，所有非支配解更新到外部存放最优解的集合 S 中；找到解 v 的所有非支配解加到列表中，并保证互相不支配。

步骤 9：结束优化协同搜索过程。

实验表明：细菌觅食优化算法这类信息仿生算法具有普遍适用性，模型简单、易于实现，但算法控制参数较多且没有明确的取值标准，只能依据经验设置，算法在不同的搜索时期不能匹配到最优参数，同时传统的信息仿生算法缺乏信息交流，收敛缓慢且易陷入局部最优。为此，许多学者引入了精英策略，使用融合算法增加种群的多样性，避免算法在搜索路径时陷入局部最优；通过引入自适应搜索机制、改进算法参数等办法扩大算法的搜索范围，减少无效搜索的次数，提高算法的收敛速度和搜索精度。

1.2.3　编队控制

许多学者对基于群体的无人机自主编队控制进行了相关研究，在取得进展的同时也遇到了不少阻碍，目前实现无人机集群控制还需要解决下面的一些关键问题。

（1）无人机集群协同态势感知

协同态势感知是无人机集群控制和决策的基础[7]。各无人机利用所携带的传感器设备对环境信息与目标信息进行探测，同时通过通信网络实现无人机之间的信息共享，从而能对当前所检测到的环境信息与目标信息进行协同评估，做出合理的分析，以开展下一步的决策工作。通过这样的协同态势感知，信息不再局限于单个个体或单个平台，这样更有利于实现对无人机的集群控制。当然，对于无人机集群的分布式控制，要想实现这样的协同通信网络就需要充分考虑网络拓扑结构的通信性能，在面对干扰、破坏等情况下仍能保证集群网络通信良好，并结合控制技术，提高通信网络的鲁棒性。

（2）无人机集群自主编队控制

类似大自然中生物群体的飞行，无人机集群执行任务时也需要有一定的构型即飞行编队以适应场景、任务的需求。但是要实现无人机集群自主编队控制，需要解决以下问题：一是编队的形成，即无人机之间如何通过通信网络的信息交互达成一个构型目标，并实现由"无形"到"有形"的移动；二是编队的保持，即无人机集群在形成编队结构之后如何保持在当前通信网络下的一致飞行，并能始终保持同一频率的信息交互；三是编队重构，即无人机集群在飞行过程中遇到障碍物或有无人机脱离编队时，无人机集群能通过通信网络感知到变化信息并对当前编队构型进行调整，重新形成一定的结构以适应新的环境和满足任务需求。当然，无人机集群并非必须形成一定的几何形状才叫无人机编队，只要无人机集群内部各无人机能保持通信，各自都能做出避障决策并朝着同一目标飞行，就可称为广义上的无人机编队。

（3）无人机集群协同智能决策

无人机集群协同智能决策是指每架无人机对自身进行探测、评估后，结合任务的要求和环境的需要，在同一通信网络下协同进行下一步的决策。无人机集群协同智能决策包括对威胁的判断、目标优先权的排序及目标分配等任务的动态分配与调度[7]。在强对抗环境中出现多机飞行冲突、目标变换、环境变化和无人机战损等不确定情况时，无人机能够对当前的策略进行实时的调整，重新规划任务以做出回应，采取集群协同智能决策以提高任务的完成率。厦门大学航空航天学院的罗德林对空战中的无人机集群对抗做了相关研究。他指出，无人机集群对抗即各无人机之间的评估、监察、攻击等作战行为，是未来空中作战的主要方式之一。在对抗中，每架无人机个体按照既定的规则完成动作，在整体上展现出集群对抗系统的动态特性[8]，体现出群体智能的自组织特点，并由此构建了无人机集群对抗决策总体框架，将多智能体系统（multi-agent system，MAS）结构分为上下两层[9]：上层为多智能体层，该层中多架无人机间相互联系形成多智能体网络；下层为单智能体决策层，该层中单架无人机自己根据当前评估、监察信息做出行为决策，实现单智能体对抗。由于 MAS 结构上层中无人机之间存在通信，友机能够根据实时态势支援处于不利态势的无人机，展现出宏观的集群对抗效果。其中，对多架无人机的协作采用分布式控制，其构成要素不受统一的外部控制；各无人机间的交互仅依赖其局部观测信息，而不依赖全局信息；各无人机通过通信与协作实现系统层的整体功能。

可以看到，我们期望无人机集群呈现的分布式控制、自适应特点与自然界生物群体所呈现的行为机制有相类似的地方。自然界中生物个体有着极强的自学习能力，生物个体能够通过自身对环境的感知进行觅食、游走、交流等行为，在自然发展中不断进化使种群能更好地适应社会。同样地，我们也希望无人机集群中的个体能有自我感知的能力，并通过通信网络传递信息、做出决策以促进整个集群系统向更优目标的进化。此外，对生物群体所表现出的如分级分工、编队飞行、障碍躲避等行为特性的分析有助于我们理解生物种群中的内部关系，通过将这些行为特性迁移到无人机集群中，可以使无人机集群具备仿生特征。因此，我们可以将对生物群体的研究转移到对无人机集群控制上来，建立起二者之间的联系，通过群体中单一个体简单行为的协作以实现群体更复杂的行为动作，这也是群体智能这一概念的主要表现之一。

从具体的仿生物群体来看，鸟群的集群机制，即大多数小型鸟类所采用的集群编队飞行方式，是很好的研究对象[10]。鸟群的集群行为同无人机集群行为机制存在以下诸多相似之处。

① 二者所处的生存、运行环境类似。鸟群所面对的气流、阳光、降水、噪声等干扰也是无人机集群在实际飞行中所面临的，研究鸟群如何抗干扰飞行对无人机集群控制飞行来说相当重要。

② 二者的通信方式类似。鸟群在空中飞行的过程中会面临视野受限、飞行间

距超过通信范围以及要求鸟与鸟之间只能在运动中进行交互等状况[11]，此时鸟群中就不仅仅是领头的鸟与其他鸟间存在领导作用，而且每只鸟在其通信范围内与其他鸟均有一定的联系，从而在未能与头鸟建立通信的情况下仍能通过与附近鸟的信息交流实现编队的跟随，保持编队的构型。由此可见，鸟群通信是以非集中的方式进行的，在无人机集群中也同样会面临这样的情况，此时无人机数量较多，要想保持编队飞行就需要无人机个体间保持良好的通信状况，即采用分布式的控制。

③ 二者内部的通信结构类似。鸟群需要每个个体间保持一定的距离，同时还需要尽可能地靠近以保证群体的聚集性。它们有一定的自适应能力，当出现环境变化、成员受伤等情况时，鸟群内部会做出整体的决策，个体往往会根据群体做出的决策相应调整自己以适应新的环境，此时就需要鸟群中有一个稳定的通信机制，即一个层级网络，通过层级网络进行通信并对编队成员做出指导。同样地，在环境变化、任务变化、无人机战损等情况发生时，无人机集群内部也能做出决策，如改变编队构型、重新分配任务等，这种行为有利于实现无人机的动态调整，使无人机集群编队控制有一定的鲁棒性，同时利用层级网络进行通信，改变传统的一对一通信拓扑结构，节省通信资源，降低通信成本。

④ 二者的协调决策行为类似。鸟群在遇到障碍物时，通过分布式的结构形成协调性的避障策略使鸟群内部在不发生碰撞的同时仍能形成多个分离编队或重构出一个新的紧密编队以完成集群的避障动作，在躲避障碍后再重新进行编队重构以适应新的环境。同样地，在遇到障碍物时，无人机集群也能通过将局部范围无人机的感知将信息传递到整个无人机集群内部，从而做出协调性的决策来重构编队以实现避障。

从古至今，饲养鸽子传递书信的传统在各个国家都存在，这不仅是因为鸽子易于饲养并且性格温顺，更因为鸽子具有众多出色的其他鸟类所不具备的优点，如极强的导航能力、特殊的眼部结构、有利于远距离飞行的群体飞行机制等。鸽子的这些特性也引起了研究人员的关注。研究表明：与陆地动物，如狼群、非洲野犬的集体运动形式不同，鸽群具有独特的领导机制——其中的成员不仅听从头鸽的指挥，也会受其他上级随鸽的影响；鸽群存在明显的层级关系，头鸽具有绝对的指挥权，下级随鸽听命于上级且无法影响上级，比较特殊的是，下级随鸽不仅听命于头鸽，而且也会受其上级随鸽的影响，这种影响随着鸽子之间距离的缩短而加大。

为描述鸽群这种特殊关系，可采用图论的方法对上述鸽群的行为及其之间的层级关系进行数学建模，并采用人工势场法描述鸽群上下级之间的关系。所要达到的建模效果：避免鸽群之间发生碰撞，尽量缩短鸽群（上下级）之间的距离并且让鸽群内部个体之间的速度相差不大。有研究认为：鸽群领导机制与陆地动物领导机制的差异是飞行条件所限导致的。在鸽群飞行过程中，个体之间距离比较大且视野经常受到影响，每只鸽子不能保证能随时找到头鸽且跟随，因此，必须根据临近的鸽子来进行决策。同样地，无人机集群协同自主编队飞行时，每架僚机也不能保证随时都能与长机取得联系，因此，必须根据附近僚机的行为进行决策。此外，鸽群内部存在严格的等级关系，且个体与群体之间的联络方式并不单一，此机制给了无人机编队行为很多启示，通过应用此种机制，可降低无人机为通信所付出的空间成本，同时提升通信的有效性及整个编队系统的可靠性。通过以下步骤可实现基于鸽群行为机制的无人机集群自主编队控制。

步骤 1：给定当前长机的控制输入。

步骤 2：将鸽群层级关系应用于无人机集群中，由上级无人机的未来状态输出产生僚机的理想位置输入。

步骤 3：得到僚机的未来状态输出。

步骤 4：鸽群模型的输入由无人机实际状态输出产生，由此形成闭环控制。

步骤 5：重复上述步骤，以实现无人机集群自主编队控制，且能保证无人机群聚集、不发生碰撞和速度匹配。

无人机集群自主编队控制也可采用另一种空中生物的飞行机制，即雁群的飞行机制。大雁南飞之后北归是我国每年常见的大雁的迁徙行为，在大雁飞行过程中，常常会组成"一"或"V"字等队形，此种现象非常常见且只存在于大雁群体飞行过程中，这引起了各国研究人员的关注。经研究表明：雁群之所以经常以"一"或"V"字等队形飞行，是因为这样可以节省体力，保存能量，进而飞得更远。采取此种方式飞行的候鸟之所以能够飞得更远，是因为借助了队形中其他候鸟产生的上洗气流。具体来说，大雁在飞行过程中，鸟翼下方因为不断上下扇动翅膀，产生了一对细长涡流，尾涡内侧产生下洗气流，外侧产生上洗气流。其后的大雁如果位于适当的位置，就能获得由上洗气流产生的额外动力，从而飞得更远，这个适当位置是随着前方大雁飞行而变化的，需要其后大雁精准把握。研究人员还发现，雁群中领头的大雁不是固定的，而是相互轮换的（这种轮换过程相当迅捷），每只大雁位于雁群内领头或尾随的时间几乎是相当的，这表明它们是整体都在合作且效果即时。

可将雁群飞行的原理应用于无人机集群飞行中，设计领导者-跟随者（leader-follower）结构的"V"字编队队形。与雁群相似，采用这种编队队形的无人机集群获得了更长的飞行距离，这是由于在飞行过程中，无人机之间的飞行气流将会影响各无人机，改变它们所受到的力和力矩，这可以降低无人机集群中间位置的无人机所受到的阻力，在整个编队轮换的状态下，还可以降低每架无人机的油耗量，达到延长飞行距离的效果。若飞行距离较长，则采取编队最前和最后端位置上的无人机定时按顺序调整到中间位置的轮换方式来降低无人机集群的油耗量。

无人机集群飞行过程中各架无人机之间产生的涡流效应虽然能够降低集群的油耗量，延长飞行距离，但也会导致无人机飞行状态不稳定且编队需随时发生变化等问题。长机飞行过程中会产生上洗气流与侧洗气流。此时，涡轮效应会在长机与僚机之间产生位置偏差，为消除此偏差，就需要借助僚机上的飞控系统，以保证无人机集群平稳安全飞行。通过以下步骤可实现基于雁群编队行为机制的无人机集群自主编队控制。

步骤1：给定当前长机的控制输入。

步骤2：将长机实际输出作为僚机的输入信号。

步骤3：将长机实际输出（作为扰动量）、当前僚机状态信息、长机和僚机之间的实际间距及期望间距输入给编队控制器，产生另一个僚机的输入信号。

步骤4：形成集群飞行闭环控制，模仿雁群编队特点实现无人机集群飞行低油耗与飞行距离延长。

1.2.4　协同通信

受生物群体活动的启发，无人机集群开始应用于遥感探测、信息中继、智能对抗等各个领域，表现出了比单架无人机更强大的环境适应性、更可靠的系统鲁棒性和更丰富的任务执行能力。作为集群行为的前提和保障，无人机集群需要依赖稳健可靠的集群内部通信。稀缺的通信资源、复杂的对抗环境也对无人机集群内部通信提出了更高的要求。然而，关于无人机集群通信的现有研究，在通信的有效性、可靠性、安全性等方面仍然较为薄弱，无人机集群系统的自主性、协同性、智能化水平还有待优化提升。

科研人员设想了一个无人机集群通信场景：无人机集群在受领任务后，完成集结起飞、分配任务、执行任务、集结返航等一系列活动。在此过程中，无人机集群无须受到或极少受到地面指挥中心的控制，自主进行接入组网、资源分配，集群内部还可以进行高效的信息交互，保证在外部环境发生动态变化或无人机相对位置发生变化时，仍能自适应地调整网络拓扑、优化资源分配，保持智能、稳健、可靠的无人机集群通信。

针对上述场景，可采用自组织网状网，这样就不会因为单架无人机的故障而使整个无人机集群无法正常工作，该网络的自组织特性也保证了无人机集群的分布式架构，无人机可以随时离开或者加入网络，并且网络内的任意两架无人机都可以通过中间多架无人机进行信息交互。但无人机数量众多会使网络规模极其庞大，同时集群内无人机之间相对位置的不断改变，也会造成网络拓扑动态变化以及通信链路频繁中断和建立，故无人机集群需要及时感知外部环境变化并做出最优决策，以实现通信资源的高效共享。

引入认知无线电技术对实现无人机集群通信尤为关键。认知无线电技术主要完成三个认知任务：无线电场景分析；信道识别；发射功率控制和动态频谱管理。前两个任务在接收机中进行，第三个任务在发射机中进行，接收机和发射机之间建立起一个反馈通道，将接收机从通信环境中感知到的信息进行分析处理后传送给发射机，就能指导后续的通信活动。外部环境、接收机、发射机之间构成一个认知环路，使通信拥有了自主观察、学习和决策的能力。

由此可以建立群体智能协同通信模型：无人机先对通信环境进行感知，感知的对象包括但不局限于频谱态势、网络拓扑等通信环境变量。然后，无人机根据感知结果进行自主决策，如分配频谱资源、控制发射功率等。受任务导向、自然地理因素以及无人机执行决策带来的影响，通信环境会动态变化，无人机将重新执行感知任务，以此循环往复，最终可实现灵活智能的无人机无线通信。

1.2.5　大数据分析

大数据分析是针对在一定时间范围内无法用传统计算机技术获取、管理和处理的规模巨大的数据，通过提取有用信息对现有数据加以详细研究和概括总结的过程。通过将大规模计算和机器学习相关算法（如监督学习、非监督学习、强化学习等）应用于大数据分析中，解决了数据的聚类、分类、搜索等问题。相较于传统智能算法，现代群体智能算法展现出了全局最优收敛快、适应性强的特点。在大数据背景下，群体智能在互联网上的新应用形式有：①利用群体智能来制造密钥生成器；②网络攻击源的定位并制定相应的分类规则；③基于融媒体系统，通过群体智能算法对信息数据进行整合、分析，对可视化数据进行信息跟踪。这里以数据迁移为例对相关算法进行介绍。

数据迁移是指在数据中心出现负载异常时，将数据流量向其他服务器迁移以实现负载均衡的过程，这一技术融合了离线和在线两种情况下的存储。数据迁移的效率决定了云计算的能力，在现代大数据分析中起重要作用。

人工鱼群算法是李晓磊等于 2002 年提出的，主要通过模拟鱼的聚群、追尾以及觅食行为构建起的一种群体智能算法。利用人工鱼群算法实现了对服务器 I/O 位置选择的优化和带宽利用率的提升，从而解决了大数据处理中的服务器节点负载不平衡和带宽问题。

具体的算法流程介绍如下[12]。

步骤 1：随机初始化种群 $x^k = \left\{ x_1^k, x_2^k, \cdots, x_n^k \right\}$，$x_i^k$ 表示第 k 代人工鱼 $i(i=1, 2, \cdots, n)$ 的位置，代表着第 i 条数据的存储位置。

步骤 2：定义人工鱼 i 的适合度 $E_i = R_i - C_i^j = R_i - \alpha \times T_i^j$。式中，$R_i$、$C_i^j$ 分别表示第 i 个服务器的可支配资源、数据从服务器 i 迁移到服务器 j 的代价，且该代价可由单位时间迁移成本 α 和迁移时间 T_i^j 表示。接着，每条鱼分别执行聚群和追尾行为。

步骤 3：聚群行为。该行为指人工鱼会在可视范围 S 内向鱼群的中心位置 x_o 聚集，如果适合度 $E_o > E_i$，则人工鱼 i 向鱼群中心移动，其代表的含义分别为：当前数据存储位置 x_i，服务器中随机分配的热门存储位置 x_o，数据可存储位置的最大范围 S。人工鱼（数据位置）的更新规则为：

$$x_{i+1} = x_i + \mathrm{rand}(1) \times \frac{x_o - x_i}{\| x_o - x_i \|} \times \mathrm{step} \qquad (1\text{-}6)$$

式中，$\mathrm{rand}(1)$ 表示产生 $0 \sim 1$ 之间的随机数，step 为移动步长，$\| x_o - x_i \|$ 为 x_o 的邻域。

步骤 4：追尾行为。该行为指人工鱼会在可视范围 S 内向有着最大适合度 $E_{\max}$（且 $E_{\max} > E_i$）的位置 $x_{\max}$ 移动，否则追尾失败。若在 $x_{\max}$ 的 S 范围内能感知到的人工鱼数量为 m，且 $\dfrac{m}{E_i}\dfrac{E_{\max}}{} \in (0,1)$，则该位置为最优且宽松位置，同理为存储最优且非拥挤空间位置。人工鱼（数据位置）更新规则为：

$$x_{i+1} = x_i + \mathrm{rand}(1) \times \frac{x_{\max} - x_i}{\| x_{\max} - x_i \|} \times \mathrm{step} \qquad (1\text{-}7)$$

步骤 5：觅食行为。若解没有得到改善，则执行觅食行为，即人工鱼 i 在可视范围 S 内找寻优于当前适合度的位置 x_j，并向其方向移动。人工鱼（数据位置）更新规则为：

$$x_{i+1} = x_i + \mathrm{rand}(1) \times \frac{x_j - x_i}{\| x_j - x_i \|} \times \mathrm{step} \qquad (1\text{-}8)$$

若无更优位置，则在可视范围 S 内任意方向随机移动 $\mathrm{rand}(1) \times \mathrm{step}$ 的步长以更新位置。

步骤 6：判断迭代结束并输出最优位置，即大数据迁移服务器节点，同时选取最后 N 轮计算的最优解关联带宽目标函数，就可得到占用带宽最小的解。至此，大数据迁移流程结束。

1.2.6 图像处理

随着计算机视觉和人工智能的发展，图像处理相关技术（如图像增强、图像恢复、图像识别、图像编码、图像分割等）被广泛应用于航空航天、工业生产、生物医学等多个领域，这里我们以图像分割为例，对群体智能算法在图像分割中的应用做相关介绍。

图像分割是指将图像中具有相同或相似性质的多个特征区域分割出来用于分类、识别等研究。在图像分割领域中，经典的图像分割方法有以下几种。

① 阈值法：通过设置最佳阈值将图像分割为背景和目标两部分，得到其二值化图像。

② 直方图法：利用直方图中显示出的灰度峰值区分背景和目标，将较大灰度值像素归为背景，较小灰度值像素归为目标。

③ 边缘检测法：将图像中亮度明显变化或亮度不连续的边界标记出来，并描绘该边缘实现分割。

④ 人工神经网络法：通过训练数据样本得到决策函数，然后用决策函数对像素进行分类以实现分割。

上述经典的图像分割方法虽然在多个领域已得到应用，但同时也表现出了一些固有的弊端。例如，阈值法虽然计算简单且速度较快，但由于没有考虑空间特征，导致该方法对噪声比较敏感，当目标和背景灰度相差不大时，得到的分割效果不佳；边缘检测法也类似，虽然能够较快地检测到特征目标边缘，但其精度和抗噪性很难同时达到最优；在提取特征和抗噪性方面有良好表现的人工神经网络法结构复杂，而且需要处理大量数据，故比其他分割方法消耗的时间更多。

目前，已有多种群体智能算法在图像分割中得到应用，利用其较强的寻优能力，能够在保持经典图像分割方法优势的同时实现对图像的快速、高效处理。结合人工蜂群算法的图像分割具体流程如下[13]。

步骤 1：对原图像进行形态学闭运算得到抗噪图像。

步骤 2：根据图像的均值和灰度信息构造出图像的二维直方图。

步骤 3：采用二维最大类间方差法[14]，根据像素点灰度值和其邻域像素的平均灰度值来计算分割阈值，即对应设计人工蜂群算法中的蜜蜂适合度函数，其值对应蜜源的花蜜量。

步骤 4：应用人工蜂群算法寻找最优蜜源，即可得到进行图像分割的最佳阈值。

步骤 5：应用阈值法处理得到分割后的二值化图像。

此外，群体智能算法也常结合聚类算法使用或同神经网络、机器学习结合使用。结合聚类算法时，与上述结合阈值分割的方法类似，通过算法自动得出聚类中心，但在算法应用之前需要人为设定参数；同神经网络或机器学习结合使用时，通过算法自身优势对其进行优化，或在进行识别分割前进行预处理。在群体智能算法结合图像分割技术的使用场景中，大部分研究者将其应用在医学图像（如 CT 图像、MRI 图像）分割领域，也有一些研究人员将其应用于分割红外图像、合成孔径雷达图像等。可见，群体智能算法是一种优秀的优化方法和工具，它能有效地解决原有方法的部分缺陷，从而得到更好的结果。

|1.3 演化博弈论及相关知识|

1.3.1 演化博弈论

在物质社会中，个体之间的交互模式往往是建立在彼此有利益冲突的前提下，这是因为，根据生物学家达尔文的生物进化论，最初的生物在自然界中的生存法则就是物竞天择，适者生存[15-16]。由此可见，利益冲突在人类社会建立之前就是自然界和生物社会的主旋律，这是因为，个体本质上是自私的，它们会以自身的利益为出发点，探求最大化自身收益的生存和行为模式。实现自身利益的最优化可被视作个体生存的基本法则。自然界中的个体离不开各种互相之间的交互，例如竞争、合作、甚至矛盾，演化博弈论是一门起源于现实生活的学科，其主要工作就在于研究智能理性决策者之间冲突与合作的数学模型。对自然界与人类社会的各种交互建立博弈模型，就可以用数学语言描述其中的微观动力学机制。

1. 演化博弈论概述

无论是在自然界还是人类社会中，由简单智能体所构建的复杂系统往往能呈现出一系列复杂且更高级的集群行为。对这样大规模群体的群智能行为进行研究可以借助演化博弈论这一工具。演化博弈论起源于经典博弈论与生物进化论，是二者的融合，能很好地刻画和解释大规模群体内个体间的交互行为及此群体的演化过程，因此被科学家广泛使用。在现实世界里，个体的利益与集体的利益大多是一致的，但有时也存在冲突，当冲突现象发生时，个体与群体之间可能出现竞争或合作甚至破坏现象，演化博弈论可以对合作现象的涌现与演化做出令人信服的解释，具有现实意义[17-20]。

博弈（game）最初源于游戏和比赛，如下棋、球类比赛、打赌等。在我国，人们很早就已用上了博弈论的智慧，如田忌赛马、丁谓建宫等。博弈论（game theory）又叫对策论，成为一门专门的学科被人们提炼出来是在 20 世纪上半叶，是运筹学的一个重要分支[15]。Von Neumann 与 Morgenstern[15]在 1944 年合著的《博弈论与经济行为》标志着博弈论的初步形成。1950 年，Nash 引入了一个非常重要的概念——纳什均衡（Nash equilibrium，NE）[16]，这成为博弈论从数学领域过渡到经济学领域的一个重要的里程碑。纳什均衡定义了由所有博弈参与者策略构成的一种最优的情景，在这种均衡态下，所有博弈参与者的策略都是对其他所有对手策略的最优响应（best response）[21]。一般而言，一个完整的博弈需要包含以下三部分[22-23]。

① 两个或两个以上的博弈参与者。其中，由两个博弈参与者组成的博弈称为"两人博弈"，由两个以上的博弈参与者组成的博弈称为"多人博弈"。

② 博弈参与者进行博弈时可选择的全部策略集合或行为集合。

③ 博弈规则和收益函数，即在所有的博弈参与者根据博弈规则进行博弈之后，按照收益函数可获得的相应的收益。

在博弈论的早期研究中，研究人员主要侧重于两人双策略的博弈类型，即 2×2 博弈。这里首先给出两人双策略博弈模型的基本设定：参与者可选用的两个策略分别为合作策略 C 和背叛策略 D，那么此时的收益矩阵可以表示为：

$$\begin{array}{c} \quad\ \ C \quad D \\ \begin{array}{c} C \\ D \end{array}\begin{pmatrix} R & S \\ T & P \end{pmatrix} \end{array} \tag{1-9}$$

式中，矩阵中的元素 R 为博弈双方选择合作策略时可获得的收益；当博弈双方都选择背叛策略时会受到惩罚，两人可获得的收益值用参数 P 表示；考虑博弈双方采取策略不同的情况，采取策略 D 的个体可以获得最高的收益为 T，而采取策略 C 的个体可以获得最低的收益为 S。

下面介绍博弈论中两个具有代表性的模型：囚徒困境博弈（prisoner's dilemma

game，PDG）[24-25]和雪堆博弈（snowdrift game，SDG）[26-27]，这两个模型的形式虽然并不复杂，但是可以很好地反映博弈论中的相关问题。囚徒困境博弈代表这样一个情景：两名共同犯罪的人作案后被警察关入监狱，警察由于缺乏足够的证据对两名嫌犯进行指证，所以分别对两人进行隔离审查。此时，每名罪犯有两个可选择的策略：坦白（指控同伙）和沉默（拒绝招认）。警方提供了相关的认罪说明：如果两个人都选择沉默（相互合作），那么每个人都会获得一年的刑期；如果一个人选择坦白，而另一个人选择沉默，则坦白者会立刻被无罪释放，而沉默者会被判刑十年；如果两个人都选择坦白（相互背叛），那么两个人都会被判刑八年。在这种情况下，无论博弈对手选择采取哪种策略，对自己最佳的策略选择都是坦白。但是，如果博弈双方都选择沉默，那么每人仅会被判刑一年，这无疑是对两人这个集体最好的结果，但这种情况将与完全理性的假设发生冲突。可以说，在囚徒困境博弈中，由于个人理性做出的决定往往会导致集体的非理性，以致损害集体的利益。因此，通过囚徒困境博弈模型可以很好地刻画个人利益与集体利益之间的冲突。在囚徒困境博弈模型中，收益矩阵中的参数满足 $T > R > P > S$ 且 $2R > T + S$。为简化模型，可将式（1-9）的收益矩阵简化为只含有参数 b 和 c，具体为：

$$\begin{array}{c} \quad\quad C \quad\quad D \\ \begin{array}{c} C \\ D \end{array} \begin{pmatrix} b-c & -c \\ b & 0 \end{pmatrix} \end{array} \qu\quad （1\text{-}10）$$

式中，参数 c 表示博弈参与者采取合作策略时需要支付的成本，而参数 b 表示博弈参与者采取合作策略时可以为对方带来的收益。

雪堆博弈的现实模型是这样的：在一个下雪的夜晚，路面积雪，两个人开车相向而行，但是在路上被一个雪堆挡住了去路。此时，每个人都有两个可选择的策略：自己下车清理雪堆（合作）或者待在车里等待对方清理雪堆（背叛）。假设清理雪堆使道路通畅所需付出的成本 $c > 0$，而道路通畅使每个人可以及时回家给每个人带来的收益 $b > 0$，且 $b > c$，那么现在考虑以下几种可能出现的情况：如果两位司机一起下车清理雪堆，那么他们获得的收益 $R = b - c/2$，相当于每人只需承担一半的代价；如果只有一个人选择下车清理雪堆，而另一个人选择留在车上坐享其成，那么清理雪堆所需的成本要一人承担，即对于该合作者，可获得的收益 $S = b - c$，而另一个背叛者虽逃避了劳动但可以顺利通过道路回家，所以收益 $T = b$；最后一种情况，如果两人都选择不合作而不去主动清理雪堆，那么两人都会由于雪堆挡住无法回家而获得 0 收益。那么，可以用下面的收益矩阵描述雪堆博弈。

$$\begin{array}{c} & \begin{array}{cc} C & D \end{array} \\ \begin{array}{c} C \\ D \end{array} & \left(\begin{array}{cc} b-\dfrac{c}{2} & b-c \\ b & 0 \end{array} \right) \end{array} \qquad (1\text{-}11)$$

此时，模型参数之间满足以下关系：$T > R > S > P$。可以看出，在雪堆博弈模型中，要使个人收到最好的博弈结果，则其策略选择须依照对手采取的策略确定：如果对方采取合作策略，那么个体的最佳策略是背叛；反之，若对方采取背叛策略，那么个体的最佳策略是合作。此外，对比雪堆博弈和囚徒困境博弈还可以发现，雪堆博弈中，合作者与背叛者博弈时的收益要高于博弈双方都采取背叛策略时的收益，所以合作现象在雪堆博弈中更容易涌现。除了上述两个博弈模型外，经典博弈论中还有许多博弈模型深受研究人员的关注，如公共物品博弈（public goods game，PGG）[28-29]、猎鹿博弈 （stag hunt game，SHG）[18]、石头剪子布博弈（rock paper scissors game）[30]等。

在经典博弈论中有一重要的假设，即要求参与博弈的个体是完全理性的[31]。基于该假设，每个个体在博弈过程中都会尽可能地使自己获得的利益最大。然而，由于参与者个人能力和信息收集的局限性，且容易受到内在情绪和外在条件的影响，在执行决定时并不能保证完全的理性。演化博弈论则打破了经典博弈论这一脱离实际的假设[32]，将有限理性的博弈参与者作为分析的基础。有限理性意味着允许参与者在博弈过程中通过不断地学习进行决策，是一个动态调整的过程，这一设定也更加贴合现实的情况。演化博弈论的核心思想直接体现了达尔文关于物种进化的自然选择学说，即适合度更高的物种（或策略）才能产生更多的后代，从而拥有较快的繁殖速度，适合度低的物种因无法保证后代的数量最终会面临淘汰。由此可见，演化博弈论与经典博弈论有明显的不同：经典博弈论的研究对象是理性、自私的个体，着重研究当个体能通过调整策略来优化自身收益这一前提下的策略均衡点；而演化博弈论的研究重点是处于策略不断演化中的群体动态，是一种更宏观的、动态的理论。概括地说，演化博弈论研究的对象是一个群体（或种群），群体中的个体都持有相应的策略，这是他们获得收益的基础。群体中收益（或适合度）较高的策略就会被越来越多的个体选中，从而得到更快的演化（传播）[33]。一般来说，个体的收益会受群体中的策略分布的影响，而群体中的策略分布同时又会被策略的收益函数影响。显然，群体的收益和个体策略分布之间通过个体的博弈和决策相互作用，推动群体状态的不断更新和动态演化。

1973 年，Smith 与 Price 在国际重要期刊 *Nature* 上发表文章，提出了稳定进化对策（evolutionary stable strategy，ESS）这一重要的概念，这一概念的提出也标志着演化博弈论的正式诞生[34]。所谓稳定进化对策，是指群体中大部分个体所采取的策略，该策略的收益为其他策略所不及，所以该群体能够抵挡少数突变策略个体的入侵。随后，生态学家 Taylor 和 Jonker 于 1978 年提出了演化博弈论中的一个重要动态概念——复制动力学（replicator dynamics），该概念的提出是演化博弈论发展史上又一突破性的发展[35]。复制动力学与稳定进化对策是演化博弈论中一对最重要的基础概念，它们分别代表了策略演化的动态收敛过程和系统的稳定策略。一般来说，在不考虑个体策略突变的情况下，复制动力学常用来分析大规模无结构的群体中策略的演化。具体的策略动态方程可表示为：

$$\dot{x}_i = x_i \left(\pi_i - \langle \pi \rangle \right) \tag{1-12}$$

式中，x_i 代表群体中策略 i 所占的比例，π_i 代表群体中策略 i 的平均适合度，$\langle \pi \rangle$ 代表整个群体（即所有个体）的平均适合度。根据式（1-12）可以知道，策略 i 的单位增长率正比于该种策略的平均适合度与群体的平均适合度之差。也就是说，当某一类策略的平均适合度高于群体的平均适合度时，该策略的比例会呈现增加的趋势；而当某一类策略的平均适应低于群体的平均适合度时，则该策略的比例会相应地减少。对于两人博弈而言，种群策略演化会出现以下三种情况：①占优情况，此时系统只存在一个稳定的边界平衡点；②共存情况，此时系统只存在一个稳定的内部平衡点；③双稳态情况，此时系统有两个稳定的边界平衡点，而且该类博弈模型最终稳态的收敛结果与系统中策略的初始分布有关[36]。

演化博弈论中有很多不同的用于研究策略演化的动力学方法，上面介绍的复制动力学是模仿动力学（imitative dynamics）[37]中一个常见的模式，除此之外，还有许多其他不同的动力学方法，如最佳响应动力学（best response dynamics）[38-40]、成对比较动力学（pairwise comparison dynamics）[41-43]等。

演化博弈论是针对无限大均匀混合的种群进行研究的，通常借助微分方程来描述群体中策略的演化情况。考虑到现实情况中任何种群的规模都是有限的，所以要探究随机性对演化的影响，于是产生了基于随机过程理论的随机演化博弈论，该理论可专门用于研究有限群体中的演化博弈[44-45]。时至今日，随机演化博弈论在生物学、社会学、经济学等领域都已有了充分的研究。一般情况下，需要设定微观机制来描述策略扩散的模式，常见的方法有 Moran 过程（Moran processes）[46]、Wright-Fisher 过程（Wright-Fisher processes）[47]和成对比较过程（pairwise comparison processes）[45]。

2. 博弈中的合作

博弈论作为现代数学的一个重要的分支和运筹学的重要组成部分，常被用来分析两个或多个博弈参与者之间建立在相互利益冲突前提下的决策行为。然而，尽管存在一定的利益冲突，智能个体之间除了竞争关系，还存在相互合作的关系。合作以及利他行为是推动生物和人类社会不断进化和发展的重要的内部因素。在生物的进化过程中，为了克服恶劣的外在自然环境，生物种群内部的互助乃至不同物种之间的合作行为均广泛存在。例如，当危险来临时，汤普森瞪羚受到惊吓会做出反应，它们会突然跳得很高，身体腾空向空中跃起且四肢向下伸长，通过此种被称为腾跃的方式警告同伴附近有危险，但却暴露了自身，于是常被称作"死亡之舞"，这是一种典型的自然界中的利他行为；蜜蜂通过彼此之间的分工和协作来完成十分复杂的巢穴的建造工程；海洋中的鱼类通过相互协作从而使整个鱼群保持指定的队形来抵御天敌的捕食，如图 1-2 所示。在人类文明和人类社会的形成和发展进程中，离不开个体之间相互合作的支持，甚至可以说，合作和分工是人类社会向更高层级进化和发展的基础。也正是基于合作，自然界中才演化出了如菌落、群体等复杂的生命组织，并形成了如今丰富多彩的物质世界[48-49]。自然界中广泛存在的相互协作行为从侧面证实了竞争或许并不是生物生存的主旋律，合作和利他行为对于生物群体的演化和发展也必不可少。

（a）汤普森瞪羚的"死亡之舞"　　（b）蜜蜂通过相互协作完成筑巢　　（c）鱼群通过形成指定的队形抵御天敌的捕食

图 1-2　自然界中的生物合作

合作会使个体的简单行为在群体中发挥最大的效果，从而使整个群体自组织地表现出复杂的群体智能行为[50-51]。如何理解这种广泛存在于简单个体之间的合作以及通过个体之间分工协作所产生的群体智能现象引起了各个领域研究人员的高度重视[52-53]。借助经典博弈论和演化博弈论这一数学工具有助于对群体中合作行为的涌现进行解释，并可以从演化博弈论的角度来研究复杂系统和复杂网络中大规模的独立个体之间的相互协作与竞争。许多学者的相关研究将重点放在群体长期的动态演化上，分析个体行为和策略对于群体状态和群体稳态的影响和作用。这是一个交叉学科的研究问题，涉及物理学、工程科学、心理学、医学和社会学等众多学科领域[54-57]，具体研究包括人类社会分工产生的根源、交通拥塞问题、语言的传播、网络谣言的传播、癌症的产生和发展等问题[58-62]。通过演化博弈论能够从更深层次的角度来解读合作行为的产生和维持，这将有利于预测和干预许多事物的发展进程，为一些社会规律和流行趋势的产生和形成提供合理的解释，为政府和国家的政策以及各种制度的制定提供相应的理论参考[63-64]。

从大量的现实例子可发现，理性的个体总是会从自身的利益出发来执行有利于自身的决策，但这往往会违背整个群体的利益，于是就导致了合作困境的产生。合作行为如何在由大量自私个体组成的群体中出现并维持逐渐成为近年来研究人员关注的重点之一。2006 年，Nowak[65]在吸收和发展了众多学者的研究成果之后，总结出了五种合作促进机制：亲缘选择（kin selection）、直接互惠（direct reciprocity）、间接互惠（indirect reciprocity）、群组选择（group selection）和网络互惠（network reciprocity），如图 1-3 所示。到目前为止，已经有大量工作对以上这些合作促进机制开展了研究[66-72]。Haldane 最早曾做出过这样的表述"我愿意跳进河里去营救两个亲兄弟或者八个表亲"。这句话预示着后来由学者 Hamilton 提出的 Hamilton 原则[73]：如果合作成本是 c，给有血缘关系的亲人带来的收益记为 b，亲缘系数用 r 来表示，当 $r > \dfrac{c}{b}$ 时，自然选择将会更加倾向于合作[65]。于是能够得到相应的结论：合作行为在含有亲缘关系的个体之间可以得到促进，这种通过血缘关系维持个体合作的机制被称为亲缘选择[74-75]，如图 1-3（a）所示。

然而，现实生活中的合作关系不仅建立于有血缘关系的亲属之间。例如，公司之间存在的贸易往来与经济合作、国与国之间建立的政治伙伴关系等。合作有时甚至会发生在完全不认识的陌生人之间。基于这些情况，美国进化生物学家 Trivers 于 1971 年提出了直接互惠［见图 1-3（b）］这一机制，直接互惠假定参与博弈的个体之间会进行多轮重复的博弈，同时会将对手和自身的历史表现作为自身选择博弈策略的参考。这一机制对应的典型的博弈论模型是重复囚徒困境（repeated prisoner's dilemma）[76-79]。直接互惠为研究这种广泛存在于不含亲缘关系的人类之间的合作互助提供了依据，并从中衍生出了大量新的概念，如零行列式（zero-determinant，ZD）策略[80-82]。直接互惠能够促进合作的一个重要的衡量标准就是：个体之间再次相遇的概率 W 超过损益比 $\dfrac{c}{b}$（也称合作者的支出成本 c 和收入 b 的比例）。

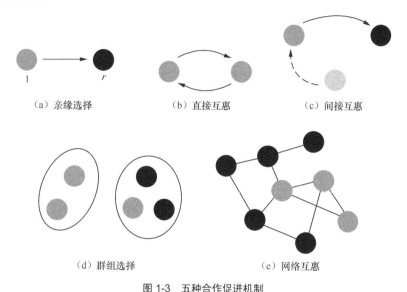

（a）亲缘选择　　　　　（b）直接互惠　　　　　（c）间接互惠

（d）群组选择　　　　　　　　（e）网络互惠

图 1-3　五种合作促进机制

注：图中●表示博弈者采取的合作策略；●表示博弈者采取的背叛策略

　　通常情况下，人与人之间的互动往往是不对称的和临时的。间接互惠[83-84]［见图 1-3（c）］指的是这种情况：一个人帮助了其他人，但几乎不可能立即得到一份实时的回报。例如，在路上对有困难的陌生人给予帮助、向慈善机构捐款等。相比而言，直接互惠就像贸易，强调的是利益的即时交换，而间接互惠则相当于是给自身声誉预先投入的成本。在社会生活中，人们不仅在意一些会直接影响自身利益的事物，并且会在意围绕自身所建立的声誉（他人对自己的看法）。虽然是无形的影响，但人们会为了获得良好的声誉而帮助他人（合作）。简单来说，在间接互惠的作用下，合作得以建立的条件是 $q > \dfrac{c}{b}$。式中，q 表示已知对手声誉的概率，$\dfrac{c}{b}$ 则表示损益比。人类的语言是用来接收信息以及传播与间接互惠相关的声誉的重要途径，从这一点来看，间接互惠不仅会促进合作行为的产生，还会对人类认知、道德和语言的形成及发展产生不可忽视的影响[85-87]。

　　自然选择不仅会作用在单个个体身上，有时也会以群组为单位进行[88]，如图 1-3（d）所示。一般来说，某个全为合作者的群组一定会比全为背叛者的群组更成功。如果同时将某个群体分为若干个小组，并且其中所有个体均会以正比于收益的概率产生后代（后代仍处于同一群组），规模超过一定阈值的群组将会一分为二，同时会有另外的某小组被取代。虽然在群组的内部，背叛者会取得比合作者更高的收益，然而从整个群组的角度来讲，由合作者构成的群组一定会战胜由背叛者构成的群组。在自然选择的作用下，总收益更高的群组将会被留下，而总收益较低的群组就会面临被淘汰。在群组选择的框架下，合作行为被促进的条件是：$\dfrac{c}{b} > 1 + \dfrac{n}{m}$。式中，$n$ 为规模最大的群组中的个体数，m 为整个群体中总的群组的数量[65]。

在亲缘选择、直接互惠和间接互惠中都暗含了一个假定：群体是充分混合的（称为混合群体或非网络群体），个体都是以相同概率相遇并进行博弈。但在现实中，真正的群体混合是不充分的，个体间的相互联系可能受制于空间或社会网络因素。捕捉这一效应的一种方法是进化图论，群体中的个体占据图形的顶点，顶点之间的连线代表谁与谁互动。以合作者和背叛者为例，不考虑其他复杂战略，在一个群体中，合作者付出了，他周围的个体都会得到好处，而背叛者没有付出，他周围的个体都得不到好处。在这种情况下，合作者可以通过形成网络集群来获得胜利，这就是网络互惠，如图 1-3（e）所示。

3. 策略演化分析工具

研究群体合作演化动力学的重要的理论工具就是演化博弈论。其核心概念是由 Smith 和 Price 所提出的稳定进化对策[89]，稳定进化对策能抵御任意突变策略（物种）的入侵，它既可以是某种确定的纯策略，又可以是以某一概率采取特定策略的混合策略。如果用 x 来表示稳定进化对策，y 表示其他任意策略，且 $y \neq x$，那么有：

$$u(x,x) \geqslant u(y,x), u(x,y) > u(y,y) \tag{1-13}$$

式中，$u(x,y)$ 是策略 x 在与另一种策略 y 进行交互时所取得的收益。由式（1-13）可知，稳定进化对策是指当群体中所有个体均采取这一策略时，不会有其他任何的突变策略能够在自然选择的作用下成功入侵这一群体。

在演化博弈论的框架之下，除了前面所提到的复制动力学方程，比较重要的分析工具还包括捕食竞争模型[90]、比较动力学[91]、自适应动态以及针对有限群体策略演化分析所采用的随机过程理论等。

① 为研究捕食模型中捕食者和猎物数量在群体中的变化情况，相关学者提出了 Lotka-Volterra 方程[92-93]。假设群体中捕食者和猎物的个数分别为 $n_{predator}$ 和 n_{prey}，则相应的 Lotka-Volterra 方程为：

$$\begin{cases} \dfrac{\mathrm{d}n_{\mathrm{predator}}}{\mathrm{d}t} = n_{\mathrm{predator}}\left(\alpha - \beta n_{\mathrm{prey}}\right) \\[3mm] \dfrac{\mathrm{d}n_{\mathrm{prey}}}{\mathrm{d}t} = -n_{\mathrm{prey}}\left(\gamma - \delta n_{\mathrm{prey}}\right) \end{cases} \tag{1-14}$$

式中，α 表示猎物的出生率；β 表示捕食者对猎物的猎杀所造成的猎物数量的损失；γ 代表捕食者的死亡率；δ 表示由捕食者内部竞争所产生的对种群数量的影响。

② 比较动力学方程[94]主要用于分析无限大均匀混合群体中的策略演化情况。群体中的不同策略通过比较收益来实现个体策略的相互转化。例如，在某个含 n 种不同策略的群体中，用 $x_i\,(i=1,2,\cdots,n)$ 表示群体中的第 i 种策略。在比较动力学的作用下，群体中的策略演化按照以下方程来进行。

$$\dot{x}_i = \sum_j x_j \rho_{ji} - x_i \sum_j \rho_{ij} \tag{1-15}$$

式中，ρ_{ij} 表示策略 i 的所有个体向策略 j 转化的速率；ρ_{ji} 表示策略 j 的所有个体向策略 i 转化的速率。ρ_{ji} 的取值如下：

$$\rho_{ji} = \sum_{k=1}^{n}(a_{ik} - a_{jk})_+ x_k \tag{1-16}$$

式中，a_{ik} 是策略 i 与策略 k 进行博弈时所得到的收益，且 $(a_{ik} - a_{jk})_+$ 采取下面的形式：

$$(a_{ik} - a_{jk})_+ = \begin{cases} 0, & a_{ik} - a_{jk} \leqslant 0 \\ a_{ik} - a_{jk}, & a_{ik} - a_{jk} > 0 \end{cases} \tag{1-17}$$

③ 自适应动态是另一种基于确定性动力学的分析工具[95-96]。在演化博弈论中，个体的属性往往是理性自私的，于是这种沿着收益最大的方向进行策略更新的规则在演化博弈论中也得到了充分应用。如果考虑混合策略的形式，用 $0 \leqslant x_i \leqslant 1$ 表示个体 i 采取某种策略（如合作）的概率，则相应的自适应动态方程的具体形式给定如下：

$$\Delta_i(t) = x_i(t) + \gamma \frac{\partial f_i(t)}{\partial x_i} \tag{1-18}$$

式中，$x_i(t)$ 是指个体 $i(i=1,2,\cdots,N)$ 在时刻 t 选择的策略（个体 i 选择合作策略）的概率；$f_i(t)$ 是个体 i 的收益；γ 表示演化步长，满足 $\gamma > 0$。对于个体 i 在时刻 $t+1$ 的状态，有：

$$x_i(t+1) = \begin{cases} 0, & \Delta_i(t) < 0 \\ \Delta_i(t), & 0 \leq \Delta_i(t) \leq 1 \\ 1, & \Delta_i(t) > 1 \end{cases} \qquad （1\text{-}19）$$

式中，$\Delta_i(t)$ 用来描述个体的状态由时刻 t 到时刻 $t+1$ 的变化量，它确保个体的状态（策略）永远处于闭区间。

④ 用于研究复杂网络中的策略演化动态的方法主要借助费米函数（Fermi function）[97]。即网络中的个体在进行策略更新时，为使自身的收益最大化，会根据邻居的收益情况，以一定的概率选择学习其中的策略。每个博弈者（假设其收益为 P_1）都会随机选择某一个邻居（假设其收益为 P_2），并以一定的概率 W 模仿他的策略[98]：

$$W(1 \leftarrow 2) = \frac{1}{1 + e^{-\lambda(P_2 - P_1)}} \qquad （1\text{-}20）$$

式中，$P_i(i = 1, 2)$ 表示节点 i 的收益。当 $\lambda \to 0$ 时，表示策略进行完全随机的更新，即随机地选择是否学习邻居的策略。若 $\lambda \to \infty$，则表示确定性的模仿规则，即当邻居的累积收益高于自身时，则必然采取与邻居相同的策略。

1.3.2　复杂网络

无论是人类社会还是自然界都充斥着各种各样的复杂系统，大到全球的经济网、互联网、电力网，小到生物蛋白质、细胞网络[99-102]。这些现实中普遍存在的复杂群体的智能行为往往可被视为由大量简单个体通过相互作用和相互博弈所引发。从 20 世纪 80 年代以来，人们对复杂系统的探索从未止步，对复杂网络上集群行为动力学的建模与研究已成为当下众多研究热点中令人瞩目的前沿领域[103-105]。这是因为，随着社会的发展，无论是人与人之间、社会团体之间还是不同国家之间，交互方式都正朝着多边化、复杂化、高效化、网络化的方向发展[106-109]。因此，研究这样一系列由复杂的关系网络所构成的复杂系统也就愈发必要，这就促使人们希望从更深刻、更全面和更理性的角度来认识我们所接触的外部环境，掌握和了解其内部运行规律，从而反过来造福于人们的生活[110-114]。借助复杂网络的知识可以进一步模拟出不同性质的网络结构，以探究网络结构对群体策略演化的影响。

1. 复杂网络概述

复杂网络（complex network）是指具有自组织、自相似、吸引子、小世界、无标度中部分或全部性质的网络。近年来，随着复杂网络的蓬勃发展，描述群体间复杂的交互关系的困难程度降低了许多，可以借助复杂网络的知识将各种不同的交互结构抽象成由多个相互作用的个体组成的网络[115]。不可否认的是，现如今的我们也的确生活在各种各样的复杂网络——交错的神经网络、复杂的人际关系网中，信息在人和物之间的传递从未间断。运用复杂网络可以模拟真实社会环境的复杂结构，以便探究不同的网络结构对任务分配及分工合作现象的涌现和演化产生的影响。

（1）复杂网络的主要统计特性

一个具体的复杂网络可抽象表示为一个由点集 V 和边集 G 组成的图或网络：$G=(V,E)$。其中，顶点数 $N=|V|$，边数 $M=|E|$。根据图中的边有无方向可将图划分为有向网络和无向网络，所谓无向网络，是指图中任意的点对 (i,j) 和 (j,i) 实属同一条边；反之，则为有向网络。此外，还可以为每条边赋予相应的权值，用以表示对应两个顶点间连接的强度，这样的图称为加权网络；相应地，若每条边没有权值或权值相等，则将该图称为无权网络[103]。本书所涉及的复杂网络均为无向无权网络。下面介绍几个描述网络基本拓扑性质的相关参数。

① 度（degree）与度分布（degree distribution）。一个节点的度通常被定义为所有与该节点直接相连的边的数量。无向网络中一个节点的度也可以称为与该节点相连的邻居节点数量之和。根据边连接方向的不同，有向网络中节点的度可以进一步地划分为出度（out-degree）和入度（in-degree）。一般而言，度越大的节点在网络中的重要性和作用越大，否则作用越小[103]。这里将无向网络中节点 i 的度表示为 k_i，那么网络的平均度 $\langle k \rangle$ 可表示为：

$$\langle k \rangle = \frac{1}{N} \sum_{i=1}^{N} k_i \qquad (1\text{-}21)$$

对于节点度分布的描述，人们常借用分布函数 $P(k)$ 来表示，从数理统计的角度看，$P(k)$ 还可以看作从网络中随机选择一个节点度为 k 的概率。一般情况下，由于网络不同的内在属性，其度分布 $P(k)$ 往往会呈现不同的特性。

② 平均路径长度（average path length）。针对无向无权的网络，i 和 j 是网络中的两个节点，则连接这两个节点的边数最少的路径称为两个节点之间的最短路径。而两个节点之间的距离就可以定义为连接这两个节点的最短路径的边的数量，通常用 d_{ij} 表示。那么，整个网络的平均路径长度是指网络中所有节点对距离的平均值，用参数 L 表示，具体可定义为：

$$L = \frac{2}{N(N-1)} \sum_{i \geqslant j} d_{ij} \qquad (1\text{-}22)$$

此外，网络中任意两个节点间距离的最大值称为网络的直径 D（diameter），即

$$D = \max(d_{ij}) \qquad (1\text{-}23)$$

③ 聚类系数（clustering coefficient）。节点的聚类系数是指该节点的邻居节点之间实际存在的连边数量占这些邻居节点之间最多可能存在的连边数量的比例。以节点 i 为例，假设该节点有 k_i 个邻居，那么在不考虑重复连接和自连接的情况下，这 k_i 个节点之间最多可能存在的连边数量为 $\dfrac{k_i(k_i-1)}{2}$。如果用 E_i 表示这 k_i 个邻居节点间实际存在的边数，那么节点 i 的聚类系数的具体计算式可以表示为：

$$C_i = \frac{2E_i}{k_i(k_i-1)} \qquad (1\text{-}24)$$

整个网络的聚类系数 C 等于网络中所有节点聚类系数的平均值，即

$$C = \frac{1}{N}\sum_i C_i \qquad (1\text{-}25)$$

（2）典型网络拓扑及其生成规则

① 规则网络。规则网络是指节点按一定规则连线所得的网络，其中网络中每个节点的度是一样的，这是复杂网络中最简单的一种网络形式。规则网络中有几种常见的网络结构，如全局耦合网络、最近邻耦合网络、星形耦合网络、方格网络等。全局耦合网络中任意两个节点都相连；最近邻耦合网络是指在一个由 N 个节点围成的环中，每个节点都与它左右各 $\dfrac{k}{2}$（k 为偶数）个邻居相连接；星形耦合网络中只有一个中心节点，其余的节点都要与中心节点相连；方格网络中节点只与最近的邻居相连。在本书中，所使用的二维方格网络（Lattice 网络）[116]即为方格网络，该网络中每个节点只与其最近邻的 4 个节点连接，其中，该网络的周期性边界条件可使网络结构完整和均匀分布。

② ER 随机网络。ER 随机网络是 1960 年由匈牙利的数学家 Erdős 和 Rényi[117]共同提出的，该网络的提出也成了复杂网络研究史上重要的转折点。ER 随机网络的构造方法可表述为：在节点总数为 N 的网络中，任意两个节点以 p 的概率连接，形成一个最终有 $\dfrac{pN(N-1)}{2}$ 条边的网络。ER 随机网络中的节点度服从二项分布，即平均度 $\langle k\rangle = p(N-1)$。当网络规模足够大时，可将度分布近似看作服从泊松分布。

③ WS 小世界网络。1998 年，Watts 及其导师 Strogatz 在规则网络中引入了少量随机性进而产生了 WS 小世界网络模型[114]，该网络是介于完全规则和完全随机网络之间的一种网络结构。研究表明，在现实中有很多网络体现出了小世界特

性，即虽然网络具有较大的规模，但是网络的平均路径较短，聚类系数较大。下面介绍 WS 小世界网络的构造规则：考虑一个含有 N 个节点的最近邻耦合网络，其中每个节点都与它左右各 $\frac{k}{2}$（k 为偶数）个邻居连接，然后以概率 p 随机地重新连接网络中的每条边。在重连的过程中，要保证边的一个节点不变，另一个节点则在网络中随机选择。值得注意的是，在重连的过程中要避免重复连接和形成自环。重连概率 $p=0$ 时对应完全规则的最近邻耦合网络，$p=1$ 时对应完全随机网络，$0<p<1$ 时则为介于这两种网络之间的网络。考虑到 WS 小世界网络模型的断边重连机制会破坏网络的连通性，Newman 和 Wattst 提出了另一种被广泛应用的小世界模型——NW 小世界模型[118]，该模型利用随机加边替换了原来的随机重连。

④ BA 无标度网络。1999 年，Barabási 和 Albertt 基于增长和优先连接的机制提出了 BA 无标度网络[119]，该网络中的度分布服从幂律分布，即网络中有些节点之间的距离很短，而有些却很长，且有相当部分节点集于一个节点周围，而不再像 ER 随机网络和 WS 小世界网络一样集中在平均度附近。构建 BA 无标度网络的模型要从一个具有 m_0 个节点的网络开始，然后每次加入一个新的节点，新加入的节点要在 m_0 个节点中选择 m 个节点进行连接，这里 $m_0 \geqslant m$。这里，新加入的节点选择某个已存在节点进行连接的概率与该已存在节点的度成正比。假设选择的旧节点是 i，对应的节点度为 k_i，那么选择与 i 节点连接的概率 $\prod_i$ 为：

$$\prod_i = \frac{k_i}{\sum\limits_j k_j} \qquad (1\text{-}26)$$

BA 无标度网络的优先连接机制就体现在这里，即新加入的节点会更加倾向于与那些有较大度的节点相连接。

2. 复杂网络的研究现状

在均匀混合的群体之中，所有的个体均会以同等的概率与其他的个体进行交互，并且理性个体所进行的决策往往会使整个群体的状态演化至完全背叛。实际上，均匀混合群体属于一种近似的假设，起初这一假设几乎被所有演化博弈论框架下的方法所采用[16]。然而，许多实际的群体并非处于完全均匀混合这一理想的假设下。空间结构和社会网络意味着处在其中的个体存在着某种特定的连接关系，从而使一些个体之间的连接更为紧密，而另外一些个体之间的连接较为松散[120]。用来研究这些含有特定空间结构群体的基本工具是图论（graph theory）[103]。借助复杂网络理论、图论等相关工具研究空间结构如何对合作行为的演化产生影响是一个跨学科的难题，同时又是近年来的热点问题。

1992 年，Nowak 和 May[120]率先将演化博弈与复杂网络相结合，针对囚徒困境博弈，将其置于二维方格内并研究合作策略在二维方格上的演化情况。他们将群体中的个体与网络中的节点互相对应，节点通过连边进行交互，博弈就发生在不同个体之间的这些连边上。这一工作使越来越多的研究投入到复杂网络及演化博弈的相关研究中。根据收益矩阵（1-10），收益参数取值分别为 $R=1$，$P=S=0$，$T=b$。这里参数 T 是唯一的可调参数。显然，$T=b>1$ 时，对应的是囚徒困境博弈的情况。二维方格上的个体将采取如下最简单的最优规则进行策略更新：网络个体在每轮博弈结束后，就会学习周围所有邻居（包含自身）中收益最高的个体的策略。研究发现，与均匀混合群体中囚徒困境博弈情况下合作行为最终被背叛替代这一结果有所不同，合作现象能够在二维方格所构成的群体中涌现。

关于网络博弈的研究，许多都需要借助计算机仿真才能得到相关的结论。实际上，受个体相互连接关系以及个体策略和收益的影响，复杂网络的演化博弈很难借助数学工具进行准确的理论分析。尽管如此，2006 年，Ohtsuk 和 Hauert 通过采用对估计（pair-approximation）[121]的方法，提出了合作行为能够在网络群体中得以促进的一个十分简单的规则：$\frac{b}{c}>k$。其中，$\frac{b}{c}$ 是损益比，而 k 表示网络的平均度。Ohtsuk 和 Hauert 分别在含有 N 个个体的环形网络、二维方格网络、随机规则网络、规则网络和无标度网络中进行了大量仿真实验，对几种网络结构下的固定概率 ρ 与 $\frac{1}{N}$ 进行大小比较后发现：若合作策略的固定概率 $\rho>\frac{1}{N}$，则群体合作就会得到促进。

根据有限均匀混合的群体中相应的策略入侵和固定的概念可知，某种突变策略能够成功入侵一个含有 N 个个体的群体的前提是 $\rho>\frac{1}{N}$，ρ 是突变策略的固定概率（群体由仅含有一个突变策略的初始状态演化至全为突变策略状态的概率）。后来一些研究对这一概念进行了迁移和扩展，如果某一策略在群体中的固定概率大于 $\frac{1}{N}$（N 是群体规模），即认为自然选择会更倾向于这种策略。

与上述网络博弈在囚徒困境博弈模型下进行研究的相关结论不同，将空间结构理论应用于雪堆博弈，能够产生令人惊讶的结果：在二维方格上，雪堆博弈的合作频率低于均匀混合群体中合作策略的比例。这表明：不同的空间结构抑制了雪堆博弈情况下合作的涌现，从而使人们重新审视空间结构对博弈的作用。

实际社会网络往往具有小世界特性或无标度特性，或者二者兼具。当网络拓扑结构具有上述结构特性时，网络的演化博弈就需要借助特定的复杂网络模型进行研究。尽管该网络模型较环形、二维方格等规则网络更加复杂，但研究这类网络的演化博弈却具有更为重要的现实意义。正则小世界网络（regular small-world network，RSN）又被称作均质小世界网络（homogeneous small-world network）：通过与最近邻的一个网络随机交换一定比例的边生成新的网络。Santos 等在囚徒困境博弈的框架之下，应用均质小世界网络模型进行研究，他们发现，就单纯的小世界效应而言，异质小世界网络（WS 小世界模型）促进了合作的涌现。

此外，Santos 等进一步研究了无标度网络的异质性对群体合作水平的影响。在模仿动力学演化规则的条件下，他们分别比较了多种无标度网络和规则网络中囚徒困境博弈和雪堆博弈的合作水平。结果表明，无标度网络对这两种博弈条件下的合作均具有明显的促进作用，即认为无标度网络能促进网络合作的涌现，从而使合作策略在异质网络中占据主导地位。

1.3.3 任务分配

随着演化博弈论的不断发展，其应用可以延伸到任务分配的研究领域。将描述群体策略演化的框架用于对任务分配现象的抽象建模，并且借助演化博弈论的思想解释群体中分工合作行为的涌现，可以清楚地展示群体中每个个体的交互情况以及每个策略随时间变化的趋势，进而可以确定系统到达的稳定状态，进一步基于对稳定状态的分析就可以得到影响实现任务分配的因素并提炼出相关的促进机制。

1. 任务分配概述

任务分配是一种广泛存在于自然界中的生物集群行为[122-124]。例如，社会性昆虫成员之间通常按照等级分化来实现分工[125-126]，多细胞生物也表现出高度的细胞分化[127-128]，甚至细菌也会通过分工维持菌落的生存[129]。分工合作模式为群体活动提供了有效率的支撑，很多群体的正常运转对分工合作具有依赖性。最初分工合作现象的研究被看作生物学中的一个重要课题，在一些社会性昆虫的群体中，微观层面的每个个体根据不同的行为刺激和从同伴那里获得的信息做出策略选择[130-132]，通过与周围个体不断地交互最终导致宏观的集群行为的出现。所以，群体层面任务分配现象的产生其实依赖个体的行为决策，群体中的个体通过反复且非随机地执行特定的任务使群体实现分工合作的效果，这在自然界是普遍存在的[133-135]。现如今，在经济、军事、社会等系统中同样也可以找到分工合作的发展形式。例如，交通配时问题就是研究如何将合适的信号绿灯时间分配给合适的相位以实现整个交叉口的交通性能最优，其等同于研究如何将合适的任务分配给合适的智能个体以实现整体执行效果最优[136]。无人机集群协同飞行是目前军事领域和消费者商用领域都在关注的热点，在作战行动或执行任务的过程中，任务系统根据它们的实时角色进行分配调度，这里的分配调度机制同样属于分工合作研究的范畴[137-138]。合作是一种带有利他性质的行为，它的表现形式多种多样，但是都具有一个共同的性质，即选择合作行为的个体会付出一定的代价而使他人从中获益。分工现象可以看作是一种特殊的或进一步发展的合作形式，但由于自私个体的存在，每个个体为实现自身利益的最大值都倾向于选择获利较高的任务，而这往往会伤害群体的利益，进而产生分工合作困境[139-141]。所以，在分工合作的模式下，研究获利较低的任务如何在由自私个体组成的群体中得以幸存是一个非常吸引人的课题。在众多分析方法中，演化博弈论为解决这个问题提供了强有力的理论框架[142]。

2. 任务分配模型

2001 年，Besher 和 Fewell 基于对任务分配成因主要假设的不同将其划分成反应阈值模型、自我强化模型、觅食工作模型和网络任务分配模型等。

① 反应阈值模型[143-144]中每个个体对相应的任务都具有各自内部的反应阈值，群体中个体之间通过任务阈值的变化产生分工。具体来说，只有当给定任务的刺激超过自身任务阈值水平时，个体才会执行该任务。此外，该任务的刺激水平也会受到相关参数的影响，即当个体选择执行该项任务时，该任务的刺激水平将基于执行该任务的个体子集的反应阈值逐渐降低；若不执行，则该任务的刺激水平将增加。一般情况下，当执行任务的个体数量与任务的刺激水平相匹配且每个个体保持恒定的任务执行概率时，说明系统达到了稳定状态。但是，反应阈值模型也存在一定的局限性[145-146]，例如阈值的设定、群体中的个体如何感知任务刺激、任务的空间分布和个体流动对模型的影响等问题。

② 进一步地，可以将反应阈值模型中阈值的设定改为自适应的模式，而自适应阈值模型中一种常见的形式就是自我强化模型[147]。自我强化模型是将基于经验的任务执行的变化集成到阈值模型，所以阈值的设定不再是固定不变的。自我强化是一种假设机制，在这种机制下，成功执行某项任务会增加再次执行该任务的概率，而执行失败则会降低再次执行该任务的概率，这种机制可以用来解释各种生物系统中专家的出现。

③ 觅食工作模型[148]不同于前面两个模型的假设，在该模型中，个体任务的执行取决于工作机会而不是内在的任务偏好，即个体在可能的情况下都会重复之前的工作机会，当没有任务要执行时，他们才会主动地寻找工作机会。所以这种模型假设每个个体的本质都是相同的，即所有遇到工作机会的个体都会做出相同的反应，而事实上并非如此。此外，该模型假设空间结构是径向对称的一个形状，较年轻的个体在巢的中心，而较年老的个体将更多地靠近巢的外围。该模型虽与蚁穴的设定较为一致，但有人认为，单一的行为算法不太能解释在许多其他不同的生态环境中任务分配现象的演化[149]。

④ 网络任务分配模型[150-151]探究的是如何通过个体之间简单的交互来解释任务分配和群体行为动力学。该模型也假设个体之间没有内在的差异，任务执行的变化通过个体之间的交互产生。当系统到达稳定点时，每个任务以及分配给每个任务的个体存在活跃和不活跃的平衡。在网络分配模型中，可以通过更改个体接收到的局部信息来进行分工的生成或维护。

通过对上述模型的简单回顾可以发现，通过简单的行为规则可以得到群体层面的任务分配现象的产生，但是上述模型产生的灵感多出自蜂群、蚁群等昆虫的社会行为，而对于其他领域的任务分配现象的解释可能并不具有较强的普适性。此外，大多数的模型尚属于探索阶段，旨在揭示某个特定假设条件下群体中个体状态改变的规律和性质，所以还不能完全地对模型进行定量的解释。

| 本章小结 |

本章是全书的概述部分，首先介绍群体智能的概念以及特点，然后分别介绍群体智能在优化求解、协同搜索、编队控制、协同通信、大数据分析、图像处理等领域的应用情况，最后介绍了演化博弈论、复杂网络和任务分配的相关知识。

第 2 章

基于粒子群优化算法的群体演化博弈

在演化博弈研究中，被假设为理性而自私的个体会以追求自身利益的最大化为目标，从而在博弈过程中对策略进行更新，故可以把以提高自身博弈收益为目标的策略更新过程看作一种寻优过程。本章首先介绍合作演化中的囚徒困境博弈模型和公共品博弈模型，并在考虑实际因素的情况下对其纯策略机制进行扩展；然后结合粒子群优化机制的相关内容对系统演化到稳态时种群的博弈策略分布，以及个体调整方向的分布问题进行介绍。

|2.1 群体演化博弈模型概述|

在合作演化的研究中，囚徒困境博弈是最常用的二人博弈模型，是被广泛应用于博弈研究的经典模型，现已取得了大量的研究成果。在通常的模型中，博弈个体都是纯策略者，即个体的策略可以选择合作（C）或者背叛（D）。当两个合作个体相遇时，双方都会获得相同收益 R；当合作个体遇到背叛个体时，合作者会获得收益 S，而背叛个体会获得收益 T；当两个背叛个体相遇时，双方都会获得相同的收益 P。注意：模型中的博弈参数需要满足 $T > R > S > P$ 以及 $2R > T$，才构成囚徒困境。

公共品博弈（public goods game，PGG）常常被看作囚徒困境博弈在多个体博弈情况下的扩展[152-156]。在典型的公共品博弈中，个体可以采取两种策略——合作或者背叛。合作者贡献一定数额的财富到公共品中，而背叛者不会贡献任何财富。在每个个体进行策略选择后，收集上来的财富经过一个放大系数 r 进行放大，随后放大后的公共品收益在所有参与者中进行平均分配（这里不考虑个体是否进行了贡献）。在这个模型中，合作者会付出一定的贡献，因此合作者的收益总是少于背叛者。可见，博弈的结果就是理性的个体会选择背叛策略作为最优选择。然而，这样一来，当所有个体都选择背叛策略时，整个群体的收益是最小的[157-162]。

在以上研究的假设中，囚徒困境博弈中的个体是纯策略者。然而，在实际的生物界特别是人类社会中，个体进行策略选择是一个比较复杂的过程，其中可能具有一定程度的随机性或者偶然性。为了刻画这种较为复杂的策略选择过程，工作中常采用随机的囚徒困境博弈模型。在该模型中，个体都是以概率的形式来采取合作策略或者背叛策略。当两个个体进行博弈时，收益的计算受到自己和对手采取不同策略的可能性的影响。在进行多次博弈时，个体为了最大化自己的收益，所改变的是自己采取合作策略或者背叛策略的概率[163-165]。

对于公共品博弈来说，简单地假设每个个体所能贡献的财富都是 c。然而，真实社会中个体的活动通常呈现出异质性和多样性。Santos[166]曾经把社会多样性（social diversity）定义为个体参加的公共品博弈的个数和对于不同公共品博弈所贡献的财富，他们的研究结果表明，社会多样性对合作行为在自私群体中的涌现和传播有着较大的促进作用。在这个工作中，定义个体可以贡献的财富的总额是一定的，都是 c。但是，每个个体都可以决定自己贡献的比例，这个比例在[0,1]之间取值：0 表示个体不贡献任何财富，1 表示个体贡献出自己的所有财富。这样一来，个体的策略就是它的贡献比例。不同的贡献比例对应着不同的策略选择。在之后的重复博弈过程中，个体为了最大化自己的收益，可以调整自己在公共品博弈中贡献的比例，也就是对策略进行更新。

综上所述，把传统的囚徒困境博弈和公共品博弈中的纯策略机制扩展为在一定的区间内变化的连续策略时，个体为了获得较多的收益，可以采取各种方式优化自己的策略，而且策略组合可以从二值策略扩展为多值策略。

2.2　粒子群优化机制

粒子群优化算法是一种模仿群体智能行为的优化算法，该算法通过初始化一群随机粒子（每个粒子可以代表一个潜在的解），并利用迭代方式，使每个粒子向自身找到的最好位置和群体中表现最好的粒子靠近，从而在解空间中搜索到最优解[167-170]。在本节中，策略更新规则中引入了个体的粒子群优化算法，使博弈个体以一种具有一定智能的算法进行策略的更新和演化。

具体来说，正如前面已经提及的，博弈个体会有一个合作概率来表示它在博弈活动中的合作程度和意愿。另外，还赋予了每个博弈个体一个速度数值。在每轮博弈结束后，个体会考虑进行自身的策略更新。在这里，假设个体会记忆它在博弈历史里收益最高的策略选择，以及在自己的邻居中，当前博弈里带来最高收益的个体的策略。博弈个体会在这两种最优策略里做出一个选择，而这种选择是通过之前定义的速度参数决定的。确切地说，加入了粒子群优化算法的策略更新过程按以下步骤进行。

步骤 1：初始时，每个个体被随机赋予一个介于 0 与 1 之间的任意数值，作为个体的合作概率 P_c。

步骤 2：计算每个博弈个体的速度数值。

步骤 3：博弈个体进行策略更新，策略更新概率与个体的策略和它的速度数值有关。

步骤 4：返回步骤 2 直至系统演化到稳定状态。

本章工作的目的就在于提出融合了粒子群优化算法的策略更新规则，并观察和验证它对博弈群体的策略演化过程和结果的影响。

前面已经提及，假设个体是具有非理性的，个体采取合作（C）策略还是背叛（D）策略有一定的随机性。也就是说，个体以一定的概率 $0 < P_c < 1$ 进行合作，P_c 刻画了个体采取合作策略的倾向性。个体为提高自己收益而更新策略的过程，可以看作个体优化合作概率 P_c 的过程。

对于个体 i，假设其合作概率为 $P_c(i)$，它与个体 j 进行博弈，个体 j 的合作概率为 $P_c(j)$，那么收益矩阵为：

$$\begin{array}{c} & \begin{array}{cc} C & \quad\quad D \end{array} \\ \begin{array}{c} C \\ D \end{array} & \begin{pmatrix} P_c(i) \times P_c(j) & 0 \\ b \times P_c(j) \times (1 - P_c(i)) & 0 \end{pmatrix} \end{array} \qquad (2\text{-}1)$$

式中，b 表示背叛策略对于博弈个体的诱惑。b 值越大，表示背叛策略给博弈个体带来的收益越高。因此，b 值越大也就意味着博弈环境对合作策略的演化和传播不利。基于囚徒困境博弈的定义，这里要求 $1 < b < 2$。

在加入了粒子群优化算法的策略更新规则中，假设每个个体有两个参数函数：一个是它的策略，即合作概率 P_c；另一个是它的调整速度 v。对于某个个体 i 来说，在博弈过程中，它可以记录自己的博弈历史，记忆自己在已经参加过的博弈中获得最佳收益时的策略选择 $P_{c,h}$。并且，它还可以知道在最近的一次博弈中，自己的所有邻居中，获得最佳收益的那个个体的策略 $P_{c,l}$。在博弈过程中，个体就以这两个值为目标调整自己的策略。这样，在第 n 轮博弈后，该个体 i 的策略调整方式为：

$$v_{i,n+1+i} = v_{i,n+i} + \omega\left(P_c(i,h) - P_c(i,n)\right) + (1-\omega)\left(P_c(i,l) - P_c(i,n)\right) \qquad （2-2）$$

$$P_c(i,n+1) = P_c(i,n) + v_{i,n+i} \qquad （2-3）$$

可以这样理解以上的策略更新算法：博弈个体可以记录自己以往的历史中收益最大的策略（这里是指合作概率），也能观察到在自己的邻居中收益最大的个体的策略（合作概率）。也就是说，个体既有自学习的倾向，又有向成功者学习的倾向。个体会根据这两个值来优化自己的下一步策略。而 $\omega(0 < \omega < 1)$ 表示个体是更倾向于参考自己的历史最优策略选择还是更倾向于参考其他个体的最佳策略选择。据此，可以考察参数 ω 和 b 对系统稳态时的合作水平的影响。

|2.3　仿真实验与结果分析|

2.3.1　实验描述与统计结果

我们利用 2.2 节介绍的粒子群优化机制进行仿真实验，对每一组参数都进行 100 次的独立实验，并且把种群演化到全部是合作者的次数比例作为衡量系统合作水平 f_c 的指标。对于某些参数，系统到达吸收态的收敛时间可能比较长。在这种情况下，如果系统经过 10 000 步演化之后还没有到达吸收态，这时定义系统的合作水平为已经演化的时间中最后 1000 步的取样平均。

图 2-1 所示为个体在策略更新时采用了粒子群优化算法后对群体博弈结果的影响。图中 ω 的取值从上到下依次是：$\omega = 0.01, 0.10, 0.50, 0.90$ 和 0.99，博弈群体的数量 $N = 10\ 000$，图中的每个数据点都是取自 10 000 步演化次数的最后 1000 步的平均取样结果。

很明显，在博弈诱惑参数 b 取值的很大范围内，合作行为依然可以在自私的博弈群体中生存并得以维持。例如，当 $\omega = 0.01$，b 在达到 1.5 之前，系统演化到稳态时的合作策略在自私群体中仍然是占优的。另外，当 b 的值固定时，ω 对博弈群体中合作行为的影响也很明显。当 ω 取值比较小时，在 b 较大的取值范围内，合作策略在群体中占优，只是当 b 接近 2 时，系统演化到稳态时的合作比例较低。与之相反的是，当 ω 取值较大，b 的取值较小时，合作策略在群体中占据的比例较低，但是，当 b 接近 2 时，系统演化到稳态时还会有一定比例的合作者在种群中存在。

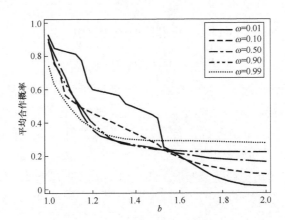

图 2-1　个体在策略更新时采用了粒子群优化算法后对群体博弈结果的影响

从图 2-1 所示可以得出结论：当 b 取值固定时，ω 的取值影响了系统稳态时的合作水平。为了进一步分析参数 ω 对博弈系统的影响，实验记录了当网络达到稳定状态时，所有个体所采取的策略，即合作概率数值，如图 2-2 所示。图 2-2（a）所示为 $\omega = 0.01$ 时，系统演化到稳定状态时的合作概率分布结果，图 2-2（b）所示为 $\omega = 0.99$ 时，系统演化到稳定状态时的合作概率分布结果。横坐标是个体的合作概率，纵坐标是采取某合作概率的个体在博弈群体中占据的比例。博弈群体的数量 $N = 10\,000$。

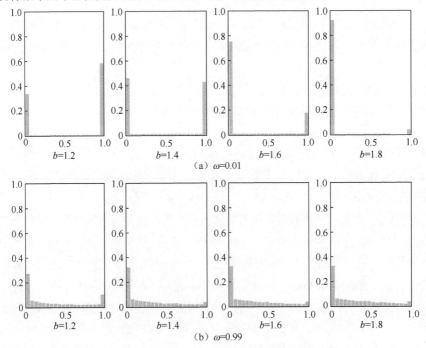

图 2-2　博弈群体中的个体的合作概率分布

从图 2-2 所示可知，当 $\omega = 0.01$ 时，系统演化到稳定状态时个体的策略分布呈现两极化，即 $P_c \approx 1$ 和 $P_c \approx 0$，而采取中间数值的博弈个体几乎不存在。与之相反的是，当 $\omega = 0.99$ 时，系统演化到稳定状态时个体的策略分布相对均匀。虽然随着 b 值的增大，$P_c = 0$ 附近的取值占的比例越来越大，但是总体来说，系统演化到稳定状态时，还是有相当数量的博弈个体采取中间值的合作概率。

可以这样分析参数 ω 对博弈群体合作行为的影响：当 $\omega = 0.01$ 时，个体更倾向于学习自己邻居个体的最优策略选择。这样，一个成功的个体，也就是取得收益较大的那个个体的策略可以很迅速地在群体中传播，这样系统中的个体可以较快地趋向策略一致。反之，当 $\omega = 0.99$ 时，个体更倾向于学习自己的历史最优策略选择，这样一来，周围的邻居对此个体的策略的影响比较弱。而对于每个个体来说，它历史上的最优策略并不一定相同，因为它采取的是带有随机性的连续策略选择。由于个体可以采取的策略呈现多样性，所导致的结果是当系统演化到稳定状态时，个体的最优策略选择也会呈现出多样性。以上关于图 2-2 所示结果的分析也可以从图 2-3 所示的结果中得到验证。

图 2-3 所示为系统演化到稳定状态时个体的策略分布。图 2-3（a）、（b）所示为 $\omega = 0.01$ 时取得的结果，图 2-3（c）、（d）所示为 $\omega = 0.99$ 得到的结果，b 的取值分别为 1.2 和 1.8。个体的策略分布快照取自 100×100 方格中的 50×50 部分。网络中每个节点代表的是博弈个体，颜色表示的是博弈个体的合作概率。

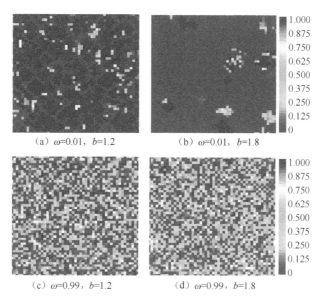

（a）$\omega = 0.01$，$b = 1.2$　　　　　（b）$\omega = 0.01$，$b = 1.8$

（c）$\omega = 0.99$，$b = 1.2$　　　　　（d）$\omega = 0.99$，$b = 1.8$

*图 2-3　参数 ω 和 b 对系统演化到稳定状态时博弈个体的策略分布的影响

注：本书中带*的图见书后彩插。

从图 2-3 所示可以看出，当参数 ω 取值比较小（例如 $\omega = 0.01$）时，由于单个成功者的策略可以得到学习和传播，所以系统演化到稳定状态时，博弈个体倾向于趋于策略一致。如图 2-3（a）所示，当 b 取值较小时，种群中绝大部分个体的合作概率是 1（红色），并且出现了聚集现象，合作概率取值为 0（蓝色）的博弈个体也同样出现了聚集现象。当 b 取值较大时，背叛策略给个体带来的收益诱惑很大，博弈环境不利于合作策略的传播。从图 2-3（b）所示可以看出，网络中的大部分个体的合作概率是 0，它们形成了连片的蓝色区域，说明这些合作概率是 0（即采取背叛策略）的个体已经聚集，而相互背叛给个体带来的相互的收益更低。此时，网络中还存在一些少量的合作概率较高的个体，从图中可以看到，它们也聚集成团簇，与合作概率为 0 的个体形成了一些相互分离的区域。这正好验证了传统意义上的合作者聚集会对合作起促进作用的结论。

本章实验结果说明：相对较高的合作概率会给博弈双方都带来较高的收益，从而在策略传播中可以被学习和模仿，使它们的策略得以传播，从而在较为困难的博弈环境中仍能维持合作策略的生存。只是在 b 取值较大时，较强的背叛诱惑不利于合作策略的传播。与之相反的是，当 $\omega = 0.99$ 时，由于个体更倾向于学习自己的历史最优策略，所以系统演化到稳定状态时，种群中个体的策略的异质性较高。由于成功者的策略传播得比较慢，所以经过长时间演化以后，网络中会形成很多小的团簇，如图 2-3（c）、（d）所示。经过长时间演化形成的这些团簇演化到了比较稳定的状态，在内部的合作概率较高，而较高的合作概率能给博弈的双方甚至群体带来较高的收益，较高的收益可以抵制合作概率较低的策略的入侵。

当 $\omega = 0.01$ 时，系统没有演化固定到一个单一的合作概率数值，即所有的个体会采用同样的全局最佳策略，从图 2-3 所示可以看出，其他的合作概率策略也是存在的。在本章模型中，假设个体获取信息的能力是有限的，所以只能获取自己周围邻居的策略和收益。这种获取信息的能力上的局限性，使策略的传播受到群体结构的影响，在某些参数下，形成了合作概率双值的性质。实际上，网络中的个体是有其他的策略值的，只是比例比较少而已，如图 2-3（a）、（b）所示。由于个体获取信息的能力有限，加上结构的影响，使合作概率的中间值的存在是一个常态。这里进行了大量的足够长的时间的实验，也证实了这个现象：虽然大部分个体的合作概率趋于 0 和 1，但是仍有少量的中间值会长期存在。

此外，可以考察种群中的博弈个体演化到稳定状态后的调整速度 v 分布，如图 2-4 所示。

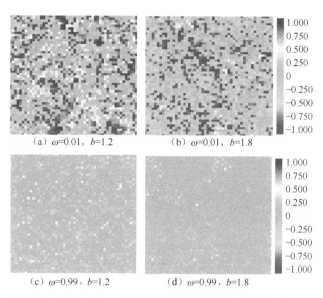

（a）ω=0.01，b=1.2　　　　（b）ω=0.01，b=1.8

（c）ω=0.99，b=1.2　　　　（d）ω=0.99，b=1.8

*图 2-4　参数 ω 和 b 对系统演化到稳定状态时调整速度 v 的影响

上面一组数据［见图 2-4（a）和图 2-4（b）］是参数 $\omega = 0.01$ 时取得的结果，下面一组数据［见图 2-4（c）和图 2-4（d）］是参数 $\omega = 0.99$ 时取得的结果。b 取值分别是 1.2 和 1.8。个体的策略分布快照取自 100×100 方格中的 50×50 部分。网络中每个节点代表的是博弈个体，颜色表示的是博弈个体的调整速度 v。可以看出，当 $\omega = 0.01$ 时，网络中的节点调整得比较剧烈，即使整个网络合作水平趋于不变的时候，也有很多节点在大幅度地调整自己的合作概率。同图 2-3 所示对比可以看出，由于有团簇的存在，边界上的个体会变化得比较剧烈。当 $\omega = 0.99$ 的时候，网络中的个体的调整幅度基本很小。

一般来说，当博弈种群演化到稳定状态以后，博弈群体中的个体的调整速度 $v = 0$。实际上，从图 2-4 所示的仿真结果可以看出，即使博弈群体中的平均的合作概率不再有显著变化时，在某些情况下个体的调整速度却并没有趋向于 0。

从前面的分析知道，参数 ω 的变化可以显著地影响博弈群体中个体策略更新的方式。在图 2-4 所示的结果中，通过 v 的变化情况同样可以看出 ω 对种群策略演化的影响。当 ω 取值比较小（例如 $\omega = 0.01$）时，即使系统演化到稳定状态时的合作水平不再有显著变化，博弈群体中个体策略的调整速度取值还是较大。反之，当参数 ω 取值比较大（例如 $\omega = 0.99$）时，系统演化到稳定状态时的个体策略更容易趋向一致。

值得注意的是，在计算机仿真程序中计算某个个体的合作概率的时候，会出现计算结果高于 1 或者低于 0 的情况，这显然是不符合实际的，这时候应把合作概率限制在区间[0,1]中。但是，根据模型会有下面的设想，当一个个体 x 的合作概率低于其所有邻居个体的时候，那么它的收益应该是比其邻居要高，这里假设其邻居的其他邻居的合作比例并不低于个体 x。这样就会出现一种倾向，在某些情况下，比如博弈诱惑参数 b 较大（接近 2），即系统的博弈环境不利于合作行为的演化的时候，即使是合作比例接近 0 的策略，也会有继续降低自己合作比例的倾向。图 2-4 所示就是这样一种情形，即个体的合作比例普遍较低，但还是有较强的降低自己合作比例的倾向。

2.3.2　特殊策略节点

实际上，种群结构对合作的演化起着很大的作用，局部高合作概率的个体的聚集会使其策略成功（表现是获得高博弈收益）并且向外传播，而低合作概率的个体的聚集，则会使其策略失败（表现是不能获得高博弈收益）并且在种群中得不到有效传播。所以，即使参与博弈的种群数量再大，系统演化到稳定状态时的博弈结果和现有的结果不会有本质上的区别。对此，我们也进行了相应的实验，实验结果证实了上述猜想。

在研究中定义两类特殊策略节点：利他者（A 节点）和自我中心者（E 节点）。假设 A 节点个体的合作概率高于它的所有邻居个体，E 节点个体的合作概率低于它的所有邻居个体。通过定义这两类特殊节点，可以深入地研究博弈个体的策略演化情况。图 2-5 所示为这两种类型的特殊节点在博弈种群中的比例的变化。如图 2-5 所示，博弈群体数量 $N = 10\,000$。A 节点个体：个体的合作概率高于周围所有邻居个体的合作概率；E 节点个体：个体的合作概率低于周围所有邻居个体的合作概率。图中的每个数据点都是取自 10^4 运行次数后的 1000 步的平均结果。

图 2-5（a）、（b）所示为 ω 取值较小（例如 $\omega = 0.01$ 或 0.1）时的情形。从结果中可以看出，A 节点个体在种群中的比例随着博弈参数 b 的增加而增加，只是取值上升的趋势和参数 ω 相关。例如，在 $\omega = 0.01$ 时，A 节点个体在种群中的比例随着 b 增加的速度高于 $\omega = 0.1$ 时的速度。同时，结果也表明在博弈参数 b 取值较大的时候，E 节点个体在种群中占的比例呈现下降趋势。通过统计这两类个体在种群中占据的比例，可以发现 A 和 E 两种特殊策略节点在种群中的比例始终都很小。

图 2-5（c）、（d）所示为 ω 取值较大（例如 $\omega = 0.5$ 或 0.9）的情形。从结果中可以看出，在博弈参数 b 取值较小的时候，这两类特殊的节点在种群中的比例随着 b 的增加而逐步增加。然而，当博弈参数 b 取值增大到一定数值后，这两类节点

的比例随着参数 b 的变化趋势，与参数 ω 的取值相关。当 ω 取值较小时，例如 $\omega = 0.5$，这两类节点的比例会随着 b 的增加而呈现出下降的趋势。当 ω 取值较大时，例如 $\omega = 0.9$，这两类节点在种群中的比例仍有上升趋势。对比图 2-5（a）、（b）所示的结果，可以看到，这两类特殊节点在种群中的比例相对较高。但综上所述，这两种特殊的节点在种群中占据的比例仍然相对较低。这意味着，群体中不会有大量的个体长期采取 A 或 E 两类节点的策略。

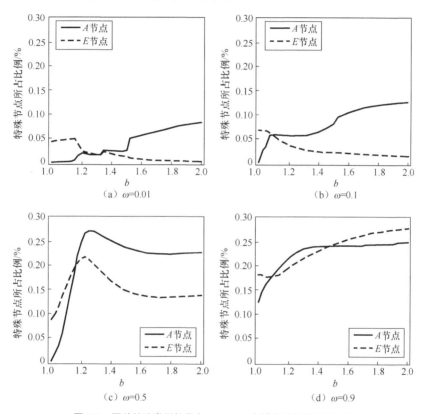

图 2-5　两种特殊类型的节点（A，E）在博弈种群中占的比例

| 本章小结 |

本章在博弈个体的策略更新规则中融合了人工智能领域里的粒子群优化算法。每个博弈个体被赋予一个调整方向，它可以选择学习的目标有两个，分别是

博弈个体自身的历史最优的策略，以及它当前的邻居个体中表现最优的策略。博弈个体通过粒子群优化算法在上述两种最优策略之间进行选择，作为它下一轮博弈所学习和模仿的策略。

仿真实验结果表明合作行为能够在自私的博弈种群中生存和维持下来。具体来说，在博弈诱惑参数 b 取值不高的情况（即温和的博弈环境）下，通过学习邻居个体中的最优策略选择，可以使整个种群在策略演化稳定时达到较高的合作水平。同时，学习自身历史最优的策略，也可以提高整个系统演化稳定时的合作水平，此时即使在博弈环境对合作策略很不利的情况下，合作行为仍然能够生存。通过研究系统演化到稳态时的种群的博弈策略分布，以及个体的调整方向的分布，表明分布的结果与个体的粒子群优化算法紧密相关。

第 3 章

有限群体中任务分配博弈的动力学

考虑到群体规模对演化的影响，有限群体中任务分配博弈的动力学的研究也吸引了多个领域专家学者的广泛关注。群体状态的动态演化会受到收益、效用函数和更新规则等因素的影响[171]。此外，选择强度作为更新规则中的一个重要参数会影响策略更新的概率，当选择强度较大时，即使邻居的收益值并未高出中心个体收益值很多，该中心个体也能以较大的概率更新策略，从而影响群体策略演化的趋势。有限群体中任务分配博弈的动力学分析通常要涉及两个重要的参数：固定概率和固定时间。固定概率是指某个突变策略最终能成功侵占整个群体的概率，而固定时间是指该策略侵占整个群体所需要的时间。

| 3.1 两人参与双策略任务分配博弈模型的动力学 |

本节所介绍的内容包括：两人参与双策略任务分配博弈模型、两人交互博弈规则说明以及任务分配博弈理论分析和仿真实验。

3.1.1 两人参与双策略任务分配博弈模型

首先，考虑两人参与的博弈模式，假设两个需要执行的任务分别为任务 A 和任务 B。每个博弈参与者需要选择执行一个任务并将其作为自己的策略（策略 A 和策略 B），在执行任务的过程中可以获得收益但也要承担与所选任务相对应的成本。为简单起见，这里每项任务的收益值不会根据任务的不同给出区分，而是以奖励的名义定义为任务的执行者可获得的好处，由参数 b 来标记，相应的执行成本则分别由 c_A 和 c_B 给出。在博弈的过程中，若博弈双方选择执行不同的任务，则会给定一个额外的协同收益 β ，该参数在博弈双方策略不同时出现，对群体中两种策略的演化都会产生一定的影响，且设定 β 恒为正。按照之前章节给定的方式，这里也给出一个简单的情景对上述的参数设置进行说明。假设群体中有射击和狩猎两个任务需要执行，这两项任务有不同的执行风险（类似于 c_A 和 c_B 的存在），但每个博弈参与者执行任务后都可以获得一定的生存保障（参数 b）。当博弈参与者选择执行不同的任务时，他们所获得食物会增加（即协同收益 β）。在实际的交互过程中，群体中的参与者无疑会倾向于选择低风险高回报的策略，但这无益于提升整个群体的性能，进而导致分工合作困境的发生[172-175]。上述描述的场景可以通过表 3-1 所示的收益来描述。

表 3-1　两人参与双策略任务分配博弈的收益

	策略 A	策略 B
策略 A	$b-c_A$	$b-c_A+\beta$
策略 B	$b-c_B+\beta$	$b-c_B$

具体来说，当博弈双方的策略都为策略 A 时，每位博弈参与者可获得的收益为 $b-c_A$ ；同理，当博弈双方的策略都为策略 B 时，每位博弈参与者可获得的收益为 $b-c_B$ 。也就是说当博弈双方选择执行相同的任务时，他们的收益值为执行任务的奖励收益 b 减去相应的所执行任务对应的成本。当博弈双方策略不同时，除去上述情况中介绍的收益情况，每个博弈参与者还可以额外地获得协同收益 β 。在后续的演化过程中，为了减少参数的数量，令 $b-c_A=\alpha$ 、 $b-c_B=0$ ，可得到简化的收益矩阵为：

$$
\begin{array}{c}
\quad\quad A \quad\quad B \\
\begin{array}{c} A \\ B \end{array}
\begin{pmatrix} \alpha & \alpha+\beta \\ \beta & 0 \end{pmatrix}
\end{array}
\tag{3-1}
$$

式（3-1）对应的收益矩阵为基于两人博弈进行理论分析和仿真试验的基础，在后续的分析过程中将扮演着重要的角色。

3.1.2　两人交互博弈规则说明

图 3-1 所示为一个基于两人博弈模式的博弈参与者之间的互动。为了将博弈参与者进行博弈时的交互过程展示得更清晰直观，图 3-1 所示只提供了整个群体中的部分网络结构。在实际均匀混合的群体中，每个博弈参与者是可以与所有其他的参与者进行交互的。但是，使用线来描述所有参与者之间的交互关系会使互动

变得复杂，进而无法清晰地给出说明，因此这里只提供了群体中的部分连接用于后续说明。图中的博弈参与者分别持有两种策略，根据图例所示，这里用不同颜色的圆圈对不同策略的参与者加以区分。红色圆圈代表策略 A 的参与者，蓝色圆圈代表策略 B 的参与者。图中的实线和虚线并没有不同的含义，只是为了突出空间感。

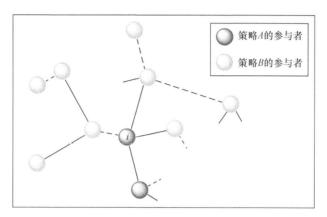

*图 3-1　基于两人博弈模式的博弈参与者之间的互动

下面以红色圆圈 i 为例对基于两人博弈的交互过程进行说明。中心个体 i 会随机地在与它相连接的邻居中选择其中一个参与者与它进行两人博弈。基于收益矩阵和博弈双方不同的策略组合，中心个体 i 会根据收益矩阵的设定获得相应的收益。当所有的参与者都进行一轮博弈之后，群体中的每个个体都可以获得相应的收益值，此时中心个体 i 会与它随机选择的邻居的收益进行比较，然后基于设定的策略更新规则以一定的概率更新自己的策略。

3.1.3　任务分配博弈理论分析

接下来，将结合随机演化博弈动力学对任务分配博弈进行理论分析。

随机演化博弈动力学是为研究随机性对有限群体的演化影响而产生的一种博弈动力学分析方法，其基于随机过程理论，利用固定概率和固定时间来对随机演化博弈进行动态描述。对该任务分配博弈过程的具体分析如下。

首先，计算策略 A 和策略 B 的期望收益。假设在规模为 N 的均匀混合的群体中，策略 A 的参与者数量为 j，那么策略 B 的参与者数量为 $N-j$，他们共存于整个群体中。这里要说明的是，群体中的个体都不包含自我交互的过程。也就是说，对于群体中 j 个策略 A 的参与者，每一个该策略的个体都可能与除去自身外的其

他 $j-1$ 个该策略的个体进行策略的交互，对于策略 B 的参与者同理。这里，基于式（3-1）给定的收益矩阵，可以给定策略 A 的参与者可获得的期望收益为：

$$\pi_A = \frac{j-1}{N-1}\alpha + \frac{N-j}{N-1}(\alpha+\beta) = \alpha + \frac{N-j}{N-1}\beta \qquad (3\text{-}2)$$

而策略 B 的参与者可获得的期望收益为：

$$\pi_B = \frac{j}{N-1}\beta \qquad (3\text{-}3)$$

在演化博弈论[176-179]中，个体的收益值会对策略的演化产生极其深远的影响。在一般情况下，收益高的策略总能在更新策略的环节占据优势。但是，在实际的情况中也的确会发生不占优势的策略取代优势策略的情况。假设从群体中随机选择的两个个体（选择的策略分别为策略 A 和策略 B）。这里采用一个在统计力学中普遍使用的函数——费米函数来描述上述策略更新的规则：

$$p = \frac{1}{1+\exp\left[-\omega(\pi_A - \pi_B)\right]} \qquad (3\text{-}4)$$

式（3-4）给出了策略 A 取代策略 B 的概率。π_A 和 π_B 分别代表策略 A 和策略 B 的收益，ω 表示选择强度。$\omega \ll 1$ 代表弱选择，意味着收益对参与者策略的更新会产生临界的影响，详细的在弱选择下固定概率和固定时间的分析过程将在 3.3 节中给出。在这里首先关注任意选择强度下可以获得的结果。为了后续的计算，需要根据式（3-2）和式（3-3）得到两种策略之间的收益差为：

$$\pi_A - \pi_B = \frac{-2\beta}{N-1}j + \alpha + \frac{N}{N-1}\beta \qquad (3\text{-}5)$$

在不考虑突变的情况下，只有当选定的两个个体持有不同的策略时，给定策略的个体总数才能改变。与文献[180]中描述的 Moran 过程类似，下面定义一个有限状态的马尔可夫过程。这里标记策略 A 的参与者数量从 j 增加到 $j+1$ 的转换概率为 T_j^+；相应地，策略 A 的参与者数量从 j 减少到 $j-1$ 的转换概率为 T_j^-。基于式（3-4）给定的费米函数和式（3-5）计算所得的收益差可以得到以下转换概率的数学表达式：

$$T_j^{\pm} = \frac{j}{N}\frac{N-j}{N}\frac{1}{1+e^{\mp\omega(\pi_A-\pi_B)}} \qquad (3\text{-}6)$$

式（3-6）的前两个分式项分别表示从总体中随机选择一个策略 A 的参与者和策略 B 的参与者的概率，第三项为基于费米函数计算的策略 A（B）可以代替策略 B（A）的概率。这三项的乘积即策略 A 的参与者的数量增加一个或减少一个的概率。

在有限群体的研究中关注的是给定任意的初始分布，所有的参与者最终选择策略 A 的概率。这里使用参数 k 来标记初始时策略 A 的参与者的个数。固定概率的分析需要依赖转换概率的比值，基于式（3-6）可知该比值可表示为：

$$\gamma_j = \frac{T_j^-}{T_j^+} = \exp\left[-\omega\left(\pi_A - \pi_B\right)\right] \tag{3-7}$$

进一步，将该比值代入参考文献[181]给出的固定概率的式中，可以得到：

$$\phi_k = \frac{\sum\limits_{i=0}^{k-1}\prod\limits_{j=1}^{i}\gamma_j}{\sum\limits_{i=0}^{N-1}\prod\limits_{j=1}^{i}\gamma_j} \tag{3-8}$$

经过化简，可以获得上述任务分配博弈模型在有限群体中的固定概率的具体形式为：

$$\phi_k = \frac{\sum\limits_{i=0}^{k-1}\exp\left[-i\alpha\omega - \dfrac{iN}{N-1}\omega\beta + \dfrac{i(i+1)}{N-1}\omega\beta\right]}{\sum\limits_{i=0}^{N-1}\exp\left[-i\alpha\omega - \dfrac{iN}{N-1}\omega\beta + \dfrac{i(i+1)}{N-1}\omega\beta\right]} \tag{3-9}$$

式（3-9）给定的就是初始分布中有 k 个策略 A 的参与者时能使整个群体的策略都演化为策略 A 的概率的数学表达式。它与选择强度、初始时策略 A 参与者的个数以及收益矩阵中的各个参数都有极大的关系。

借助文献[182]给出的积分近似的结果，可以将任务分配博弈中的相关参数代入，进而得到下面的近似结果。

$$\phi_k = \frac{\mathrm{erf}(\xi_k) - \mathrm{erf}(\xi_0)}{\mathrm{erf}(\xi_N) - \mathrm{erf}(\xi_0)} \tag{3-10}$$

式中，$\mathrm{erf}(x) = \dfrac{2}{\sqrt{\pi}}\displaystyle\int_0^x \mathrm{e}^{-y^2}\mathrm{d}y$，$\xi_k = \sqrt{\dfrac{\omega}{-\beta(N-1)}\left(\dfrac{(N-2k)\beta + (N-1)\alpha}{2}\right)}$。

综上所述，这里推导出了任务分配博弈模型中策略 A 的固定概率的理论表达式（3-9）和近似表达式（3-10）。

3.1.4　仿真实验

为了直观地展示相关参数对固定概率的影响，此处进行了数值仿真的实验。在后续的分析过程中，为了减少任务分配博弈模型在不同参数下的不同情况且使分析过程不失一般性，假设收益矩阵（3-1）中的 $\alpha + \beta$ 总是大于零，这样其实与假设 $\alpha + \beta$ 为负，以策略 B 为中心去分析其固定概率是类似的情况（不同于囚徒困境博弈[183-186]和雪堆博弈[187-190]，它们的收益矩阵只满足某一特定的参数关系）。在任务分配博弈模型中，基于收益矩阵中不同的参数关系，任务分配博弈模型可以类比为上述经典的场景。在后续的分析中也会仔细地讨论两种情况下的异同。通过固定概率形式虽然能知道影响该概率的因素，但是具体的影响结果无法直观获得，所以这里通过给定不同的选择强度、不同的任务执行成本和不同的协同收益的值来模拟对固定概率的影响。针对收益矩阵中参数大小关系的不同，可以将任务分配博弈划分为两种情况，下面分别做介绍。

1. 第一种情况：参数满足 $\alpha > \beta$

当参数满足 $\alpha > \beta$ 时，又基于设定的 $\alpha + \beta > 0$，根据收益矩阵可以知道无论博弈对手采取何种策略，策略 A 都是最优选择，也就是说任务分配博弈在该情况下可以看作策略 A 是始终占优的策略。在此参数设置下，很难实现有效的任务分配。接下来，基于式（3-9）和式（3-10）用 MATLAB 实现一系列数值仿真实验，主要用于验证相关参数对固定概率的影响，结果分别如图 3-2 和图 3-3 所示。

图 3-2 所示为基于不同的策略成本差异、选择强度、初始时策略 A 的参与者数量对策略 A 固定概率的影响。图中不同图形标记为基于式（3-9）计算所得固定概率；而不同颜色的线为对应的基于式（3-10）近似计算所得的结果，根据图中给定的结果可以发现两个结果基本保持一致。图中四个子图的横坐标都为初始时策略 A 的参与者的数量，纵坐标为策略 A 的固定概率。四个子图中唯一的不同点为选择强度不同。此外，固定概率也受参数 α 的影响，所以每个子图中给定了四个不同的 α 值：$\alpha = 2.01$、$\alpha = 4$、$\alpha = 6$ 和 $\alpha = 8$。其他还要说明的参数有，$N = 20$，即设定的群体规模为 20；$\beta = 2$，即协同收益的值为 2，四个子图都满足 $\alpha > \beta$ 的参数设定。

在收益矩阵的定义中假设参数 β 是始终为正的，当参数满足 $\alpha > \beta$ 时意味着参数 $\alpha > 0$。而 α 又可以表示为策略 B 和策略 A 的成本差异，即 $\alpha = c_B - c_A$。换句话说，在这种情况下策略 B 的执行成本要高于策略 A，从而导致策略 B 在策略 A 面前失去竞争优势。基于这种考虑，较大的 α 会给策略 A 带来更大的优势，并进一步促进策略 A 在群体中的固定，这在图中都有对应的结果展示，越大的 α 对应的固定概率的值越靠上。而该优势也会受选择强度的影响，基于之前的介绍，较大的选择强度会在一定程度上放大策略的收益差，导致策略之间取代的概率增加进而影响固定概率。在上述参数设定下，选择强度越大就会使策略 A 的固定概率越大（如 $\omega = 1$ 时的情况）。由于策略成本差异，策略 A 的优势在选择强度较弱（如

$\omega = 0.01$）的情况下也能体现。所以，该情况下得到的策略 A 的固定概率始终高于中性选择下的固定概率。此外，考虑策略 A 的数量对固定概率的影响，明显地，随着初始分布中的策略 A 参与者数量的增加，策略 A 的固定概率呈现增长的趋势。而且，在选择强度较大的情况下，即使最初给定较少的策略 A 的参与者，策略 A 仍能扩散到整个群体。

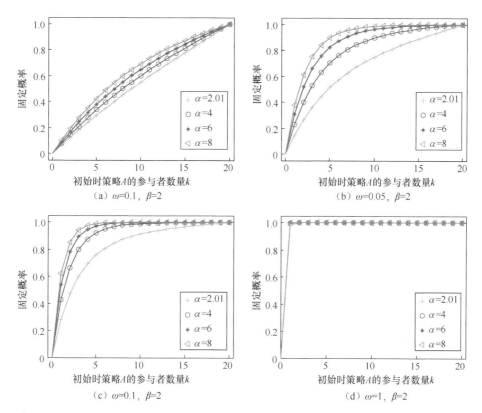

*图 3-2　基于不同策略成本差异、选择强度、初始时策略 A 参与者数量对策略 A 固定概率的影响

图 3-3 所示为基于不同协同收益 β 下策略 A 的固定概率。图中不同图形标记为相应 β 参数下基于式（3-9）计算所得的理论结果，而不同颜色的线为对应的基于式（3-10）近似计算所得的结果。相关的参数设定为：$N = 20$，$\omega = 0.05$，$\alpha = 4$。这里给出了四个不同的协同收益的值，分别为：$\beta = 0.01$、$\beta = 1$、$\beta = 2$ 和 $\beta = 3$。协同收益作为博弈双方策略不同时给定的额外的收益，它的增加将促进两种策略共存状态的出现，即会在扩大策略 B 的优势的同时也扩大了策略 A 的优势，所以改变参数 β 的值对所涉及的策略 A 的固定概率不会产生显著的影响，也正如图 3-3 所示的数值模拟结果。

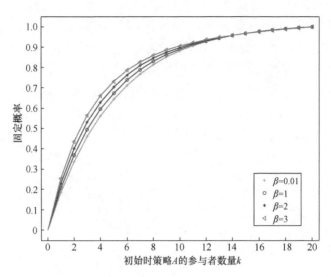

*图 3-3　基于不同协同收益 β 下策略 A 的固定概率

2. 第二种情况：参数满足 $\alpha < \beta$

当参数满足 $\alpha < \beta$ 时，基于 $\alpha + \beta > 0$，根据收益矩阵可知博弈时采取与博弈对手不同的策略是较优的选择。从理论上讲，这种情况下会存在一个中间状态的稳定点，即系统中的部分参与者选择策略 A、部分参与者选择策略 B。但是，在有限群体中的策略的演化一般只会演化到全为策略 A 或全为策略 B 的状态。同样地，为研究不同的参数对策略 A 的固定概率的影响这里给出了两组数值模拟的实验结果，结果如图 3-4〔注意：由于图上空间有限，图 3-4（b）～（d）中图形标记未标注，参见图 3-4（a）。后面类同不再说明。〕和图 3-5 所示。

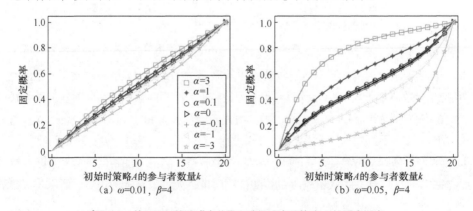

*图 3-4　基于不同策略成本差异和选择强度下策略 A 的固定概率

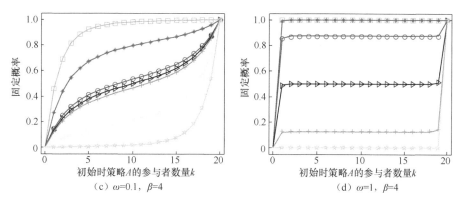

（c）$\omega=0.1$，$\beta=4$　　　　　　（d）$\omega=1$，$\beta=4$

*图 3-4　基于不同策略成本差异和选择强度下策略 A 的固定概率（续）

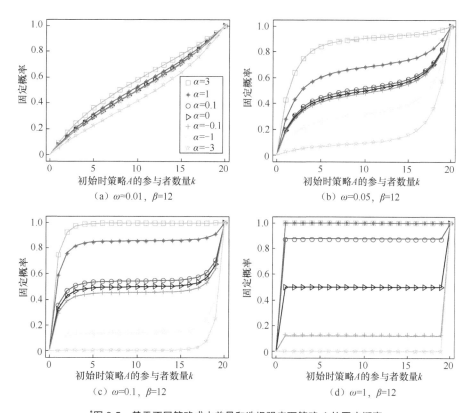

（a）$\omega=0.01$，$\beta=12$　　　　　　（b）$\omega=0.05$，$\beta=12$

（c）$\omega=0.1$，$\beta=12$　　　　　　（d）$\omega=1$，$\beta=12$

*图 3-5　基于不同策略成本差异和选择强度下策略 A 的固定概率

　　在图 3-4 中，设 $\beta=4$，为了研究参数 α 的影响，这里给定了 7 个不同的参数值，分别为：$\alpha=3$、$\alpha=1$、$\alpha=0.1$、$\alpha=0$、$\alpha=-0.1$、$\alpha=-1$ 和 $\alpha=-3$。与之前的设定相同，选择强度也给出了四个不同的值：$\omega=0.01$、$\omega=0.05$、$\omega=0.1$ 和

$\omega=1$。同样地，图中不同图形标记为基于式（3-9）计算所得的固定概率；而不同颜色的线为基于式（3-10）近似计算所得的结果。图 3-4 与图 3-5 所示仅是协同收益值的设定不同，为了研究参数 β 对固定概率的影响，这里将图 3-5 所示的 β 值设为 12 并与图 3-4 所示结果进行对比。

根据图 3-4 和图 3-5 所示的结果可以得出，当选择强度较小时，随着初始时策略 A 的参与者数量 k 从零开始逐渐增加，固定概率也会随之平稳增加。当参数 α 为正值时，表示策略 B 的成本高于策略 A，而负的 α 表示策略 B 相较于策略 A 有一定的收益优势。因此，当给定一个较大的固定的正的 α 时，随着选择强度的增加，策略 A 的固定概率也将增加；当给定一个较小的固定的负的 α 时，策略 A 的固定概率将随着 ω 增加而减少。而当两个策略收益差值并不是很明显的情况下（例如图中 $\alpha=0.1$ 和 $\alpha=-0.1$ 的情况），协同收益 β 将对演化产生主要的影响。协同收益作为博弈双方策略不同时给定的额外收益，对促进两个策略的共存将产生一定的影响。随着选择强度的增加（ $\omega=0.01, 0.05, 0.1$ 时）也会进一步扩大这种倾向，在图中可以看出在 k 较小且尽管 $\alpha=-0.1$ 的情况下，随着选择强度的增加，策略 A 的固定概率也会得到一定的提升，相反地，在 k 较大且 $\alpha=0.1$ 的情况下，随着选择强度的增加，策略 A 的固定概率会减小。但是当选择强度足够大时，略微的差值也将引起策略更新，所以在 $\omega=1$ 时会再次改变固定概率的变化（该现象在图 3-5 中表现得更加明显）。总之，增加任务 A 或任务 B 的执行成本将抑制参与者选择该策略的意愿，因为个体还是会优先选择能带来更高回报的策略。但是，固定概率受到的影响是由各个参数共同作用引起的，所以固定概率单独随某个参数变化的规律并不能简单地被提炼出来。对于图 3-4 与图 3-5 所示的区别，在前面参数介绍的时候已经说明了，通过对两个图进行对比可以很直观地得到该参数的影响。对比图 3-4 与图 3-5 可以看出，当协同收益 β 的值越大，则 k 的取值位于中间值时对应的固定概率会出现一个较大的平台。甚至当选择强度 ω 较大时，其中的固定概率可以不依赖于策略 A 在初始状态时的数量 k，这种现象在 $\omega=0.1$ 和 $\omega=1$ 时会更明显。当 k 的取值越大，也就越有利于策略 A 的固定，此时较大协同收益情况下的固定概率相对于较小的协同收益会有一定程度的降低，而当 k 值比较小时会出现相反的情况。所以，协同收益的存在在一定程度上会平衡策略演化趋势。

至此，针对理论分析所得到的结果，本节完成了相关参数对固定概率影响的数值模拟实验，具体参数的影响分析也已经给出。但是这并不是实际的仿真，所以为了增加结果的普适性，下面基于一个规模为 20 的全连接网络进行真实的仿真实验。这里采用的两个策略分别为 A 和 B，具体的收益矩阵为式（3-1）。

表 3-2 所示为基于式（3-9）根据不同的参数设定计算所得的策略 A 的理论固定概率。表 3-3 所示为初始时策略 A 的参与者数量 k 分别为 5、10、15，选择强度 ω 分别为 0.01、0.05、0.1、1 和任务成本差值分别为 –1、1、3 时，5000 次独立仿真实验统计的策略 A 的固定概率。通过对比表 3-2 和表 3-3 所示的结果，可以发现系统的仿真结果与理论结果基本一致，对于相关参数的反应也呈现一样的变化结果，这进一步验证了理论结果的合理性。

表 3-2　基于式（3-9）根据不同参数设定计算所得的策略 A 的理论固定概率

$N = 20$, $\beta = 2$		$\omega = 0.01$	$\omega = 0.05$	$\omega = 0.1$	$\omega = 1$
	$\alpha = -1$	0.2376	0.1848	0.1193	0
$k = 5$	$\alpha = 1$	0.2762	0.3975	0.5693	1
	$\alpha = 3$	0.3170	0.6168	0.8648	1
	$\alpha = -1$	0.4746	0.3671	0.2353	0
$k = 10$	$\alpha = 1$	0.5254	0.6329	0.7647	1
	$\alpha = 3$	0.5757	0.8360	0.9699	1
	$\alpha = -1$	0.7238	0.6025	0.4307	0
$k = 15$	$\alpha = 1$	0.7624	0.8152	0.8807	1
	$\alpha = 3$	0.7982	0.9380	0.9920	1

表 3-3　5000 次独立仿真实验统计的策略 A 的固定概率

$N = 20$, $\beta = 2$		$\omega = 0.01$	$\omega = 0.05$	$\omega = 0.1$	$\omega = 1$
	$\alpha = -1$	0.2254	0.1680	0.0884	0
$k = 5$	$\alpha = 1$	0.2802	0.4522	0.6581	0.9986
	$\alpha = 3$	0.3382	0.7032	0.9320	1
	$\alpha = -1$	0.4646	0.3146	0.1702	0
$k = 10$	$\alpha = 1$	0.5340	0.6780	0.8282	0.9986
	$\alpha = 3$	0.5994	0.9014	0.9920	1
	$\alpha = -1$	0.6972	0.5488	0.3510	0.0002
$k = 15$	$\alpha = 1$	0.7688	0.8254	0.9066	0.9992
	$\alpha = 3$	0.8100	0.9666	0.9982	1

|3.2 任务分配博弈在弱选择下的固定概率和固定时间|

3.1 节已经给出了适应于任何选择强度的固定概率的计算式，并通过仿真实验分析了相关参数对固定概率的影响。接下来将进一步推导两人参与的弱选择下策略 A 的固定概率和固定时间，并将其与中性选择下的结果进行比较。

3.2.1 固定概率

首先，将式（3-4）中的指数按泰勒级数展开；然后基于弱选择，也就是 $\omega \to 0$，对式（3-4）进行化简；最后将化简后的结果代入式（3-6），得到弱选择下的转换概率为：

$$T_j^{\pm} \approx \frac{j}{N} \frac{N-j}{N} \left[\frac{1}{2} \pm \frac{1}{4} \omega \left(\pi_A - \pi_B \right) \right] \tag{3-11}$$

同样地，固定概率的分析需要依赖转换概率的比值，基于式（3-11），该比值可表示为：

$$\gamma_j = \frac{T_j^-}{T_j^+} \approx 1 - \omega \left(\pi_A - \pi_B \right) \tag{3-12}$$

得到该转换概率的比值后，将式（3-12）代入式（3-8）中，即可得到策略 A 在弱选择下的固定概率为：

$$\phi_k \approx \frac{k}{N} + N\omega \frac{k}{N} \frac{N-k}{N} \left[\frac{(N-2k)}{6(N-1)} \beta + \frac{1}{2} \alpha \right] \tag{3-13}$$

现在考虑中性选择下的结果，此时的选择强度为零，即策略的转换不依赖于收益。对于费米函数，中性选择下的转换概率为：

$$T_j^+ \big|_{\omega=0} = T_j^- \big|_{\omega=0} = \frac{1}{2} \frac{j}{N} \frac{N-j}{N} \tag{3-14}$$

由此可以得出 $\gamma_j = 1$，进而根据式（3-8），可以得到中性选择下的固定概率为：

$$\phi_k \big|_{\omega=0} = \frac{k}{N} \tag{3-15}$$

对比式（3-13）和式（3-15）可以看出，弱选择下的固定概率与中性选择下的固定概率的主要区别由 $(N-2k)\beta+3(N-1)\alpha$ 决定。根据 3.1 节对模型的分析，当 $\alpha>\beta$ 时，弱选择下的固定概率会明显地大于中性选择下的固定概率；而当参数满足 $\alpha<\beta$ 时，两者之间的大小关系并不容易确定。

下面，将注意力转移到另外两个在分析有限群体策略演化的过程中常用的参数：平均时间 t_k 和条件固定时间 t_k^A。平均时间 t_k 描述的是从 k 个策略 A 的参与者的初始状态开始，最终群体演化到全策略 A 或全策略 B 状态所需的平均时间。条件固定时间 t_k^A 描述了从 k 个策略 A 的参与者的初始状态开始，最终群体演化到全策略 A 状态所需的平均时间。下面，重点讨论的是初始时只有一个策略 A 的参与者时，在弱选择下策略 A 的平均时间和条件固定时间。

3.2.2　平均时间

根据文献[191]所得的计算结果，在弱选择下，若最初只给定了一个策略 A 的参与者，那么该平均时间 t_1 可以近似地表示为一个非常简单的形式：

$$t_1 \approx 2NH_{N-1}+\omega vN(N-1-H_{N-1}) \tag{3-16}$$

式中，$H_{N-1}=\sum_{l=1}^{N-1}\dfrac{1}{l}$，$\pi_A-\pi_B=uj+v$。

根据式（3-5）以及 $\pi_A-\pi_B=uj+v$ 可以得到相应的参数 u 和 v。基于式（3-1）给出的任务分配博弈的模型，那么弱选择下初始时只有一个策略 A 的参与者的平均时间 t_1 可以计算为：

$$t_1 \approx 2NH_{N-1}+\omega N(N-1-H_{N-1})\left(\alpha+\frac{N}{N-1}\beta\right) \tag{3-17}$$

很明显，$2NH_{N-1}$ 表示中性选择下初始时只有一个策略 A 的参与者的平均时间。当 N 足够大时，参数 $v\approx\alpha+\beta$。对 $v>0$ 的情况，单个策略 A 的参与者可能会入侵整个群体，但平均时间会大于中性选择下的时间。而对 $v<0$ 的情况，单个策略 A 的参与者很难入侵整个群体，此时就是策略 B 占优的情况，有利于策略 B 在群体中的扩散，此情况下的平均时间也会减少。

3.2.3　条件固定时间

下面讨论弱选择下策略 A 的条件固定时间。基于简化的转移概率，最初只有一个策略 A 的参与者的条件固定时间 t_1^A 可以化简为（详见文献[191]）：

$$t_1^A \approx 2N(N-1) - \omega u N(N-1)\frac{N^2+N-6}{18} \qquad (3\text{-}18)$$

式中，u 可通过 $\pi_A - \pi_B = uj + v$ 得到。

根据式（3-5）可以得到参数 u 在基于两人博弈的分析方法中的具体形式，将其代入式（3-18）中，就得到在弱选择的条件下，系统初始只有一个策略 A 的参与者的条件固定时间 t_1^A 为：

$$t_1^A \approx 2N(N-1) - \omega N(N-1)\frac{N^2+N-6}{18}\left(\frac{-2\beta}{N-1}\right) \qquad (3\text{-}19)$$

式中，$2N(N-1)$ 表示中性选择下的条件固定时间；β 表示博弈双方选择策略 A 和策略 B 时所带来的协同效益，它的存在在一定程度上将增加策略 A 的参与者垄断人口的时间。

综上所述，本节主要分析了任务分配博弈模型基于两人博弈的模式下在弱选择下的固定概率和固定时间，并与中性选择下的结果进行了比较，可对 3.1 节数值模拟的部分提供进一步的理论支持。

| 3.3 多人参与双策略任务分配博弈模型动力学 |

本节将对多人参与双策略任务分配博弈模型、多人交互博弈的具体规则以及基于随机演化博弈动力学对其固定概率进行的理论分析和仿真实验进行说明。

3.3.1 多人参与双策略任务分配博弈模型

在实际的博弈过程当中，博弈不仅仅可以在两两之间进行交互，而且可以进行多人的交互，例如蜂群、蚁群、无人机协同系统等都需要多个参与者同时进行交互才能完成相应的任务。所以本节将基于两人博弈的固定概率的研究扩展到了多人博弈。考虑有 n 个个体参与到多人博弈的过程中，且可选择的策略分别为策略 A 和策略 B 两种，那么可以给定收益的定义如表 3-4 所示。

在多人博弈中，采用 n 来表示参与到多人博弈过程的参与者的数量。在表 3-4 中，最左列为除去中心参与者外其余的 $n-1$ 个参与者中策略 A 的参与者可能出现的数量；中间列为当中心个体是策略 A 的参与者时，对应其他 $n-1$ 个参

与者中不同的策略 A 参与者可能的数量时该个体可以获得的收益值；最右侧一列即为当中心个体是策略 B 的参与者时，对应不同的策略 A 的参与者的数量时该个体可以获得的收益值。假设在 n 人博弈的过程中，其他选定的 $n-1$ 个人中有 m 个策略 A 的参与者，那么中心个体是策略 A 时对应的收益用 a_m 表示。相应地，中心个体是策略 B 时对应的收益用 b_m 表示。考虑整个群体的规模为 N，群体中的每个个体都与其他的个体有连接，基于这样的网络结构下进行后续的理论分析。

表 3-4　n 人参与双策略任务分配博弈模型的收益

策略 A 参与者可能的数量	策略	
	A	B
$n-1$	a_{n-1}	b_{n-1}
$\vdots$	$\vdots$	$\vdots$
m	a_m	b_m
$\vdots$	$\vdots$	$\vdots$
0	a_0	b_0

首先，这里需要进一步地给出 a_m 和 b_m 的具体数学计算式。考虑一个 n 人参与的博弈过程，中心个体可以选择策略 A 也可以选择策略 B，其他的 $n-1$ 个参与者从群体中随机进行选择。假设随机选择的 $n-1$ 参与者中有 m 个策略 A 的参与者，$n-m-1$ 个策略 B 的参与者。那么，中心参与者通过与其余 $n-1$ 个参与者进行博弈可以获得一个平均收益，用参数 p 来表示，并根据中心参与者所采用策略的不同支付相应的成本（如 c_A、c_B）。与两人博弈的形式不同，中心个体通过多人博弈的方式获得利益。此外，当选择的 $n-1$ 个其他参与者中存在与中心参与者策略不同的参与者时，则该中心参与者将获得协同收益 β。不同策略的参与者数量是影响中心个体收益的一个重要参数，它将衡量协同收益带来的程度。那么，参数 a_m 和 b_m 的具体式可表示为：$a_m = p - c_A + (n-1-m)\beta$，$b_m = p - c_B + m\beta$。同样，为了简化后续的分析，令 $p - c_A = \sigma$ 和 $p - c_B = 0$，然后可以得到

$$a_m = \sigma + (n-1-m)\beta \tag{3-20}$$

和

$$b_m = m\beta \tag{3-21}$$

式（3-20）和式（3-21）是后续计算策略平均收益的基础。

3.3.2　多人交互博弈的具体规则

这里通过图 3-6 所示来说明多人参与双策略任务分配博弈模型中的具体交互规则。与前面模型的定义相同，群体有两种可选择的策略：策略 A 和策略 B。不同的策略用颜色进行区分：红圈为策略 A 的参与者，蓝圈为策略 B 的参与者。这里，为了将参与者进行博弈时的交互过程展示得更清晰直观以及便于理解多人博弈时定义的收益，图 3-6 所示只提供了整个群体中的部分结构。需要注意的是，后续所有的分析都是基于充分混合的有限群体结构，因此图中的线条不代表实际的空间结构。此外，图中的实线和虚线并没有不同的含义，只是为了突出空间感。

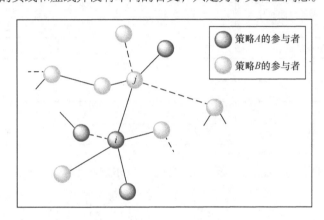

*图 3-6　基于多人博弈的博弈参与者之间互动情况

假设这里定义一个 4 人参与的双策略任务分配博弈模型，如果中心个体的策略为 A，则如图 3-6 所示标有 i 标记的红色圆圈。若此时其他三个被选中的参与者的策略分别是：两个策略 A 和一个策略 B，则该中心个体 i 的收益值可记为 a_2。图中将从整个群体中随机选择的另外三个参与者用红线标出。该个体 i 通过与这两个策略 A 的参与者和一个策略 B 的参与者进行博弈获得收益。同样地，如果中心个体的策略为 B，则如图 3-6 所示标有 j 标记的蓝色圆圈。通过蓝线的标识可以知道该中心个体要与一个策略 A 和两个策略 B 的参与者进行博弈，根据收益矩阵的定义，可知道该中心个体可获得的收益值为 b_1。当然，具体的 a_2 和 b_1 的值要依据式（3-20）和式（3-21）来计算。

3.3.3　基于随机演化博弈动力学对其固定概率进行的理论分析

假设在一个规模为 N 的充分混合的有限群体中，包含策略 A 的参与者数量为 j，策略 B 的参与者数量为 N–j，考虑进行多人博弈的规模为 n。当群体的规模有限时，策略的演化将会受到随机因素的影响。那么，一个策略为 A 的个体与其余 m 个策略为 A 的个体进行交互的概率服从超几何分布。因此，策略为 A 的个体的平均收益可以表示为：

$$\pi_A = \sum_{m=0}^{n-1} \frac{C_{j-1}^{m} C_{N-j}^{n-1-m}}{C_{N-1}^{n-1}} a_m \tag{3-22}$$

同理，按照相同的计算方法可得到策略为 B 的个体的平均收益可表示为：

$$\pi_B = \sum_{m=0}^{n-1} \frac{C_{j}^{m} C_{N-j-1}^{n-1-m}}{C_{N-1}^{n-1}} b_m \tag{3-23}$$

同样地，为了求解固定概率需要先计算转移概率，即将策略 A 的参与者数量从 j 增加到 j+1 的转换概率 T_j^+ 和将策略 A 的参与者数量从 j 减少到 j−1 的转换概率 T_j^-。结合式（3-7）、式（3-8）、式（3-22）和式（3-23）可以得到 n 人参与的双策略任务分配博弈模型的固定概率，具体形式为：

$$\phi_k = \frac{\sum\limits_{i=0}^{k-1} \prod\limits_{j=1}^{i} \gamma_j}{\sum\limits_{i=0}^{N-1} \prod\limits_{j=1}^{i} \gamma_j} = \frac{\sum\limits_{i=0}^{k-1} \prod\limits_{j=1}^{i} \exp\left[-\omega \left(\sum\limits_{m=0}^{n-1} \frac{C_{j-1}^{m} C_{N-j}^{n-1-m}}{C_{N-1}^{n-1}} a_m - \sum\limits_{m=0}^{n-1} \frac{C_{j}^{m} C_{N-j-1}^{n-1-m}}{C_{N-1}^{n-1}} b_m \right) \right]}{\sum\limits_{i=0}^{N-1} \prod\limits_{j=1}^{i} \exp\left[-\omega \left(\sum\limits_{m=0}^{n-1} \frac{C_{j-1}^{m} C_{N-j}^{n-1-m}}{C_{N-1}^{n-1}} a_m - \sum\limits_{m=0}^{n-1} \frac{C_{j}^{m} C_{N-j-1}^{n-1-m}}{C_{N-1}^{n-1}} b_m \right) \right]}$$

$$\tag{3-24}$$

至此求解出了基于多人参与的任务分配博弈模型的固定概率的数学表达式。

3.3.4　基于随机演化博弈动力学对其固定概率进行的仿真实验

由于式（3-24）的复杂性，直接分析相关参数对固定概率的影响是不现实的。所以为了直观地展示相关参数对固定概率的影响，这里基于 MATLAB 进行了数值仿真实验，分析了所涉及的模型参数（如初始时策略 A 的参与者数量、选择强度、策略成本差异 σ、协同收益 β 和参与多人博弈的参与者数量 n）对策略 A 固定概率的影响，结果如图 3-7 ~ 图 3-9 所示。

图 3-7 所示为策略 A 的固定概率在参数选择强度、策略成本差异 σ 等因素的影响下产生的变化。在图 3-7 中，相关参数设定情况为：$N = 20$、$\beta = 2$、$n = 5$。此外，为了研究两个策略的不同成本的差异对策略 A 固定概率的影响，这里给定了六个不同的参数值，分别为：$\sigma = -2$、$\sigma = -1$、$\sigma = 0$、$\sigma = 1$、$\sigma = 2$ 和 $\sigma = 3$。选择强度设

置的值和两人博弈进行数值模拟实验时的参数设定一样，分别为：$\omega = 0.01$、$\omega = 0.05$、$\omega = 0.1$ 和 $\omega = 1$。图中四个子图的横坐标为初始时策略 A 的参与者数量，它们以 1 为间隔从 1 变化到 20，纵坐标表示在相应的参数下策略 A 的固定概率。

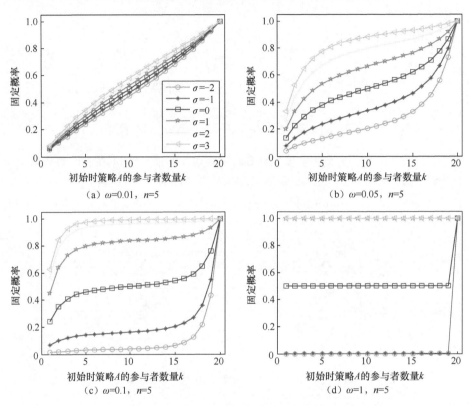

*图 3-7　基于不同策略成本差异和选择强度下策略 A 的固定概率

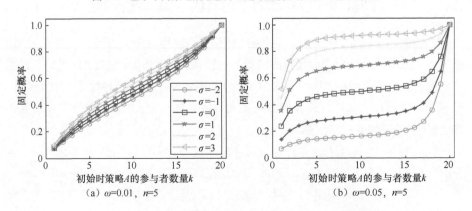

*图 3-8　基于不同策略成本差异和选择强度下策略 A 的固定概率

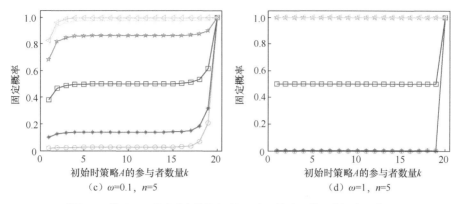

（c）$\omega=0.1$，$n=5$　　　　　　（d）$\omega=1$，$n=5$

*图 3-8　基于不同策略成本差异和选择强度下策略 A 的固定概率（续）

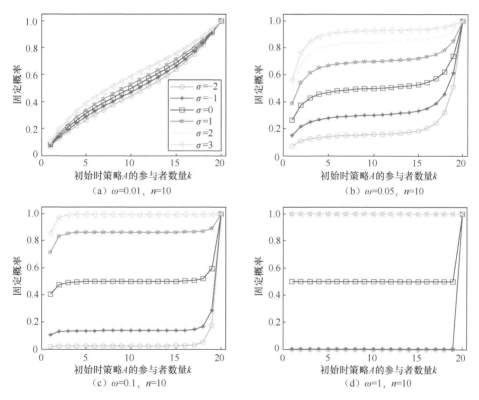

（a）$\omega=0.01$，$n=10$　　　　　　（b）$\omega=0.05$，$n=10$

（c）$\omega=0.1$，$n=10$　　　　　　（d）$\omega=1$，$n=10$

*图 3-9　基于不同策略成本差异和选择强度下策略 A 的固定概率

　　如图 3-7 所示，参数 σ 表示两个策略的成本差异，当 σ 为正时，表示策略 B 的成本较高，那么对于群体中参与者选择该策略的诱惑力就越小，这将导致策略 A 的固定概率升高；当 σ 为负时，表示策略 A 的成本较高，那么对于群体中参与者选择该策略的诱惑力就越小，这将导致策略 A 的固定概率降低，即与 σ 为正时出现的结果相反。此外，考虑另外一个参数选择强度 ω 对固定概率的影响：选择强度越大，收益差对策略转换概率的影响越大；选择强度越小，收益差对策略转换概率的影响越小；选择强度等于零时，总体处于中性选择状态。当 σ 为正时，策略 A 在总体上优于策略 B，那么较大的选择强度有利于策略 A 在群体中的固定。相反地，若是针对一个负的 σ（如图 3-7 所示的 $\sigma = -2$），则策略 B 将在群体中占据优势，导致策略 A 的固定概率随选择强度的增加而降低。

图 3-8 所示为了研究参数 β 对策略 A 的固定概率的变化的影响，在图 3-8 中，设定 $\beta = 4$，其余的参数与图 3-7 保持一致：$N = 20$、$n = 5$，给定的六个不同策略成本差异值分别为：$\sigma = -2$、$\sigma = -1$、$\sigma = 0$、$\sigma = 1$、$\sigma = 2$ 和 $\sigma = 3$。选择强度取值分别为：$\omega = 0.01$、$\omega = 0.05$、$\omega = 0.1$ 和 $\omega = 1$。对比图 3-7 和图 3-8 所示可以发现，在初始策略 A 的参与者数量 k 值较小的情况下，较大的协同收益 β 可以进一步地提高策略 A 的固定概率，也就是说当策略 A 在初始分布上没有优势时，较大的 β 会导致产生较多的策略 A 的参与者以平衡不同策略的参与者在群体中的比例。相反地，当策略 A 在初始分布中占据优势时，较大的 β 的存在会降低策略 A 的固定概率。按照图 3-7 所示的分析，当 σ 为正时，较大的选择强度有利于策略 A 在群体中的固定；当 σ 为负时，较大的选择强度则不利于策略 A 在群体中的固定。这对于图 3-8 基本是适用的，但对于较大的 k 值，例如 $k = 19$ 时，对于正的 σ 值，$\omega = 0.05$ 时的固定概率会出现略小于 $\omega = 0.01$ 时的情况，这也是参数 β 带来的影响。此时策略 A 在群体中占据优势，但仅存的策略 B 此时会获得较高的收益，尤其在 β 值较大的时候，该收益值也会增加，那么针对大的选择强度就会给策略 B 的参与者带来一定的优势，进而导致策略 A 的固定概率有略微的下降。对于较小 k 值情况下出现的固定概率的波动也可以按照上面的思路进行解释。

图 3-9 所示探讨在 n 人参与的任务分配博弈过程中参数 n 对策略 A 的固定概率的影响。在图 3-9 中，四个子图的选择强度分别为：$\omega = 0.01$、$\omega = 0.05$、$\omega = 0.1$ 和 $\omega = 1$。每个子图中为了研究两个策略成本差异对策略 A 固定概率的影响，这里给定了六个不同的参数值，分别为：$\sigma = -2$、$\sigma = -1$、$\sigma = 0$、$\sigma = 1$、$\sigma = 2$ 和 $\sigma = 3$。其他参数设置为：$N = 20$、$n = 10$、$\beta = 2$。所以，图 3-9 和图 3-7 所示为一组对比图，是为了研究参数 n 的影响。通过对比两个图的结果，可以发现参数 n 对固定概率的影响与参数 β 的影响相似。当初始策略 A 的参与者数量 k 值较小时，较大规模（n 较大）的多人博弈的规模可以进一步提高策略 A 的固定概率。相反地，当策略 A 在初始分布中占据优势时，较大规模（n 较大）的多人博弈的存在会降低策略 A 的固定概率。相当于，由于 n 的增加，参与者能更全面地了解到全局的策略

信息，从而在一定程度上平衡策略的演化。而当参数 σ 越大，即策略 A 的成本越低于策略 B，那么策略 A 的固定概率越大。也就是说，较大或较小的 σ 都会增加参与者追求高回报策略的可能性，从而影响策略 A 的固定概率。

综上所述，通过对三个图的分析可以发现，较大的 β 和 n 在一定程度上都可以平衡策略 A 在初始分布中不占据优势时的固定概率。而且，选择强度越大对策略的固定概率影响也越大，并且在选择强度较弱时不会使群体中的某一种策略占据绝对的优势，有利于创造任务分配产生的条件。

根据多人博弈的研究过程，为了增加理论分析结果的可信度，进一步地，在参数空间的所有可能区域内针对多人参与的任务分配博弈模型进行了仿真实验。群体的规模 N 设定为 20，n 设置为 5，即进行 5 人参与的双策略任务分配博弈，采用的两种策略分别为策略 A 和策略 B。表 3-5 所示为基于式（3-24）在不同的参数设定计算所得的理论结果，而表 3-6 所示为在 5000 次独立的仿真实验中统计出的对应参数设定下策略 A 的固定概率，即仿真所得的结果。

表 3-5　基于式（3-24）计算所得的策略 A 的理论固定概率

N=20，β = 2		$\omega = 0.01$	$\omega = 0.05$	$\omega = 0.1$	$\omega = 1$
$k = 5$	$\sigma = -1$	0.1983	0.0329	0.0010	0
	$\sigma = 1$	0.3650	0.8441	0.9888	1
	$\sigma = 3$	0.5443	0.9864	0.9999	1
$k = 10$	$\sigma = -1$	0.3945	0.0640	0.0019	0
	$\sigma = 1$	0.6055	0.9360	0.9981	1
	$\sigma = 3$	0.7830	0.9994	1	1
$k = 15$	$\sigma = -1$	0.6350	0.1559	0.0112	0
	$\sigma = 1$	0.8017	0.9671	0.9990	1
	$\sigma = 3$	0.9127	0.9999	1	1

表 3-6　5000 次独立仿真实验统计的策略 A 的固定概率

N=20，β = 2		$\omega = 0.01$	$\omega = 0.05$	$\omega = 0.1$	$\omega = 1$
$k = 5$	$\sigma = -1$	0.1800	0.0156	0	0
	$\sigma = 1$	0.4246	0.9090	0.9942	1
	$\sigma = 3$	0.6324	0.9948	0.9998	1
$k = 10$	$\sigma = -1$	0.3524	0.0270	0.0008	0
	$\sigma = 1$	0.6448	0.9684	0.9994	1
	$\sigma = 3$	0.8368	1	1	1

续表

N=20，β = 2		ω = 0.01	ω = 0.05	ω = 0.1	ω = 1
k =15	σ = −1	0.5836	0.0840	0.0048	0
	σ = 1	0.8112	0.9876	1	1
	σ = 3	0.9438	1	1	1

表 3-5 和表 3-6 所示主要研究了三个参数下固定概率的情况，初始时策略 A 的参与者数量 k 分别取值 5、10、15，选择强度 ω 分别为 0.01、0.05、0.1、1 和策略成本差异值分别为−1、1、3 时不同参数组合下的固定概率。通过比较表 3-5 和表 3-6 所示的数据可以发现，理论值与仿真结果基本一致，并且对于相关参数的影响也呈现一样的变化结果。例如，当 σ 为正时，策略 A 在群体中占据优势，那么较大的选择强度有利于策略 A 在群体中的固定。相反地，若是针对一个负的 σ，则策略 B 将在群体中占据优势，导致策略 A 在群体中的固定出现阻力。此外，策略 A 的固定概率会随着初始时策略 A 的数量和策略成本差异 σ 的增加而增加。进而，可以进一步地验证理论结果的合理性。

|本章小结|

有效分工的实现与个体行为融入集体层次的任务组织息息相关。分工合作作为一种特殊的集体行为，对复杂的集体任务需要通过局部的协作共同完成。从博弈论的角度来看，由于不同的策略可能导致不同的成本和收益，因此会出现分工合作困境。不同于传统的用来研究任务分配博弈的阈值模型，本章主要从理论上计算了固定概率和固定时间并以此研究影响任务分配博弈中合作演变的因素。基于博弈对象是否仅仅是两两交互，本章分别对双人双策略任务分配博弈和多人双策略任务分配博弈模型进行了研究。

有限的人口假设是比无限的人口假设更接近现实的，通常情况下有限群体的研究方法能较好地捕捉演化的随机性。固定概率是有限群体中研究策略演化的一个关键参数，它是用来描述一个策略由初始的几个演化到整个群体的概率。在两人参与的双策略任务分配博弈中，研究结果从理论上求解了适应于任何选择强度的固定概率的计算式并解释了不同选择强度和博弈诱惑参数对固定概率的影响。为了与中性选择下的结果进行比较，本章还推导了基于两人博弈的任务分配博弈模型在弱选择下的固定概率和固定时间。最后将两人博弈的模式扩展到多人博弈，对多人参与的任务分配博弈模型进行了固定概率的分析。研究表明更大的协同收益和多人博弈的规模在一定程度上可以平衡策略在最初分布中不占优势时的固定概率。理论分析的结果为群体面临任务分配时的自组织行为问题提供新的理论支持，也有助于理解和设计多智能体系统实现最大收益的有效机制。此外，为了验证理论分析结果准确性，在全连接的网络上进行了仿真实验，通过对比发现仿真结果与理论结果基本一致。

第 4 章

带有破坏者的任务分配博弈的演化动力学

一个群体整体的协同作用大于各部分作用的总和，这种现象对于解释分工合作的重要性有很重要的意义。在任务分配博弈中，每一项任务都以收益和成本作为自身的内在属性，这是影响群体中个体进行策略选择的关键因素[192-193]。为了增加系统演化的扰动因素，本章加入破坏者——第三个可选择的策略，破坏者如何影响群体中策略的演化、收益矩阵的参数如何影响演化结果是本章工作的研究重点。考虑到复制动力学[25,194-195]中每种策略的存在比例会影响策略的转换，如果初始时某个策略的存在比例为零，那么它在后续的演化过程中即使是优势策略也不会出现，因此本章考虑一个新的动力学方法——成对比较动力学[196-198]。在成对比较动力学中，当群体的参与者获得更新策略的机会时，它会随机选择一个替代策略，然后基于收益矩阵将自身策略的收益与替代策略的收益进行比较，并且考虑只有在替代策略收益高于自身策略收益的时候才进行策略转换，这样就增加了优势策略出现的机会。

|4.1 带有破坏者的任务分配博弈的演化描述|

任务分配是社会系统中被广泛研究的集体行为问题[199-205]。本节首先对带有破坏者的任务分配博弈模型给予系统描述，这里提供了三种可选择的策略；然后根据博弈双方进行博弈时策略组合的不同定义不同的收益值，得到带有破坏者的任务分配博弈模型的收益矩阵；最后介绍研究本章内容的主要方法——成对比较动力学。

4.1.1　带有破坏者的任务分配博弈模型

在一个足够大且无结构的系统中，假设有两项任务需要执行，每个参与者可以选择其中一个任务执行并以此作为自己的策略。除了这两项给定的任务之外，为了研究外部扰动对演化的影响，这里加入第三种可供选择的策略——成为破坏者，该策略会对其他参与者的任务完成造成干扰。为帮助理解，下面给出一个简单的例子对上述场景进行说明。假设一个群体有狩猎和生火两项任务需要执行。如果群体中的所有成员都选择狩猎，那么他们将获得猎物作为食物。与此同时，他们也要支付相应的狩猎费用。相应地，如果群体中的所有成员都选择生火，那么他们会得到温暖，同时也要支付相应的生火成本。但是，如果群体中既有参与者选择狩猎又有参与者选择生火，那么群体中参与者除了猎物和温暖外还会获得额外的收入，即煮熟的食物。而在此处设定的场景中，破坏者也是群体中参与者可选择的角色之一，当破坏者与其他参与者进行博弈时，狩猎和生火的任务将被摧毁。在这种情况下，任务执行者和破坏者都不会获得任何好处。根据上述描述的场景，这里通过给定相应的参数来描述不同策略的参与者进行博弈时可以获得的收益值。这里三种可选择的策略分别是：策略 A（执行任务 A）、策略 B（执行任务 B）和策略 C（破坏者）。具体的收益如表 4-1 所示。

表 4-1　带有破坏者的任务分配博弈的收益

	策略 A	策略 B	策略 C
策略 A	$b-c_A$	$b-c_A+\beta$	0
策略 B	$b-c_B+\beta$	$b-c_B$	0
策略 C	0	0	0

收益矩阵在后续分析群体策略演化的过程中扮演着重要的角色，这里对表 4-1 所示的参数做一个详细的介绍。参数 b 为群体中选择执行任务的参与者可以获得的奖励，c_A 和 c_B 则分别对应任务 A 和任务 B 执行时所需的成本。当博弈双方选择不同策略时会多获得一个额外的收益 β。详细来说，在具体的博弈过程中，如果博弈双方都执行任务 A 或任务 B，就可以获得相应的收益，但同时也要承担其执行该任务所消耗的成本。为了简化模型，这里采用的收益值并没有根据策略选择的不同而给定不同的参数，统一用参数 b 来标记。对于这两个策略对应的成本则分别标记为 c_A 和 c_B。此外，如果博弈双方各自都选择执行任务且选择执行的任务不同，那么他们除了上述可以获得的收益和付出的成本外，还可以得到一个额外的收益

β，这里将其称为协同收益，也就是之前例子中提到的煮熟的食物。假设协同收益的数值始终为正，即满足 $\beta > 0$。除了选择认真完成策略的参与者，还要考虑参与者中有破坏者的情况。通过前面的介绍可以知道破坏者的行为会严重地干扰对方任务的完成，从而导致双方都不能获得收益，即收益值为零。若双方都是破坏者，由于他们都想干扰对方并使对方不能完成任务，所以双方的既定收益值也在收益矩阵中设置为零。

至此完成了对表 4-1 中的相关参数的解释。为便于后续的理论分析，这里对表 4-1 中的相关参数进行简化，令 $b - c_A = \alpha$ 和 $b - c_B = 0$，那么更新后的收益矩阵为：

$$\begin{array}{c} \\ A \\ B \\ C \end{array} \begin{array}{c} A \quad B \quad C \\ \begin{pmatrix} \alpha & \alpha+\beta & 0 \\ \beta & 0 & 0 \\ 0 & 0 & 0 \end{pmatrix} \end{array} \tag{4-1}$$

这里的 α 还可以用来代表策略 B 和策略 A 之间的成本差异，即 $\alpha = c_B - c_A$，这个参数的正负对后续策略的演化有重要的意义。

4.1.2 Smith 动力学

复制动力学中的策略转换规则为：$\rho_{ij} = x_j[\pi_j - \pi_i]_+$。具体来说，首先基于群体中每个策略存在的概率进行候选策略的选择，所以可以知道基于该方法进行策略的演化分析时，会存在少数的策略不能被选择，而最初不存在于群体中的策略即使是最优策略也将永远不会被选择。考虑到复制动力学中这些性质对策略演化产生的影响，这里考虑另一种常用的动力学方法——成对比较动力学。在成对比较动力学中，当群体的参与者获得修正策略的机会时，他会在所有可选择的策略中随机地选择一个替代策略，然后将自身策略的收益与替代策略的收益进行比较，并且考虑只有在替代策略收益高于自身策略收益时才进行策略的转换。所以，这两种动力学方法在选择候选策略的方式上是不同的，在复制动力学中，个体通过观察群体中对手的策略来选择候选策略；而在成对比较动力学中，个体直接在所有可选择的策略列表中进行选择。

一般情况下，在策略转换概率影响下，群体策略演化的一个通用的动力学方程可表示为：

$$\dot{x}_i = \sum_{j \in S} x_j \rho_{ji} - x_i \sum_{j \in S} \rho_{ij} \tag{4-2}$$

式中，x_i 表示群体中第 i 种策略所占的比例；$\dot{x}_i$ 为第 i 种策略比例的变化率；S 为群体中的参与者可选择的纯策略集合，$S = \{1, \cdots, n\}$。这里的参数 $x_j \rho_{ji}$ 代表由策略 j 向策略 i 的转入。而 ρ_{ij} 代表个体由 i 策略向 j 策略转换的概率，所以式（4-2）的后部分代表由策略 i 向策略 j 的转出，且该参数始终满足 $\rho_{ij} = \rho_{ij}(x) \geq 0$。成对比较动力学中策略转换概率 ρ_{ij} 的形式可以定义为：

$$\rho_{ij} = [\pi_j - \pi_i]_+ \tag{4-3}$$

式中，π_i 代表群体中策略 i 的平均适合度。也就是说，只有当选择的策略的收益值高于本身的收益值时，才会向该被选择的策略转化。可见策略转换概率仅取决于收益差值。那么，将策略转换概率 ρ_{ij} 的具体形式代入式（4-2）中，可以得到如下具体的动力学形式：

$$\dot{x}_i = \sum_{j \in S} x_j [\pi_i - \pi_j]_+ - x_i \sum_{j \in S} [\pi_j - \pi_i]_+ \tag{4-4}$$

式（4-4）被称为 Smith 动力学，是 1984 年由 Smith 提出的[206]，是成对比较动力学中的代表模型。

4.2 基于 Smith 动力学对任务分配博弈进行理论分析

根据 4.1 节介绍的带有破坏者的任务分配博弈模型和 Smith 动力学的思想，本节开始对任务分配博弈模型进行理论分析。考虑在一个足够大的均匀混合的群体中，这里提供的可选择的策略有三个，策略 A（执行任务 A）、策略 B（执行任务 B）和策略 C（破坏者）。每种策略在群体中所占的比例分别用参数 x_A、x_B 和 x_C 表，且参数满足 $x_A + x_B + x_C = 1$。策略演化基于式（4-4）代表的 Smith 动力学。不同于式（4-3）中对策略转换概率的设定，为计算策略的平均收益，这里直接根据收益矩阵中不同策略组合对应的元素值进行策略转换概率的重定义。主要的思想是希望简化策略平均收益的计算过程，直接根据收益矩阵中的元素进行定义，具体形式如下：

$$\rho_{ji}(x) = \sum_{k=1}^{n} (a_{ik} - a_{jk})_+ x_k \tag{4-5}$$

式中，a_{ij} 表示收益矩阵中第 i 行 j 列的元素，式（4-5）中右下标的正号 "+" 代表取 $a_{ik} - a_{jk}$ 的正部分。这意味着在 $a_{ik} - a_{jk} \leq 0$ 的情况下，$a_{ik} - a_{jk} = 0$，而在 $a_{ik} - a_{jk} > 0$ 的情况下，$a_{ik} - a_{jk}$ 保持不变。该转换概率的定义也意味着放宽了对收益的限制，只要存在 $a_{ik} > a_{jk}$ 的情况，就考虑策略 j 向策略 i 转换的可能性。

针对本节研究的模型，三种策略之间的转换如图 4-1 所示，每种策略都可以以一定的概率转移到下一个策略，也就是图中所示的 ρ_{AB}、ρ_{BA}、ρ_{AC}、ρ_{CA}、ρ_{BC} 和 ρ_{CB}。

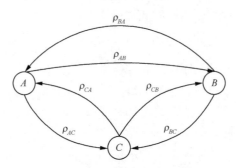

图 4-1 三种策略之间的策略转换图

将参数 ρ_{AB}、ρ_{BA}、ρ_{AC}、ρ_{CA}、ρ_{BC} 和 ρ_{CB} 代入式（4-2）中，可以得到如下针对本节研究内容的基于 Smith 动力学的微分方程：

$$\begin{cases} \dot{x}_A = x_C \rho_{CA} + x_B \rho_{BA} - x_A (\rho_{AB} + \rho_{AC}) \\ \dot{x}_B = x_A \rho_{AB} + x_C \rho_{CB} - x_B (\rho_{BA} + \rho_{BC}) \end{cases} \tag{4-6}$$

这个动力学方程是后续进行理论分析的基础。

由于 ρ_{ij} 的具体形式需要根据式（4-5）进行计算，而其具体的计算过程对收益矩阵中元素的大小关系有比较细致的要求，所以不同的大小关系会计算得到不同的 ρ_{ij} 值，进而影响式（4-6）的计算，导致不同的演化结果。在设定的收益矩阵中只假设协同收益 β 是始终为正的，而参数 α 的正负并不确定。这里，根据收益矩阵中不同元素之间差值的正负结果，将取值情况划分成以下 4 种。

（1）第一种情况：参数满足 $\alpha > \beta$

当参数满足 $\alpha > \beta$ 时，由于参数 β 是始终大于零的，所以在这种情况下也可以得到 $\alpha > 0$。针对式（4-1）的收益矩阵，在满足 $\alpha > \beta$ 的条件下，根据式（4-5）就可以得到不同策略之间的转换概率：

$$\begin{cases} \rho_{AC} = 0 \\ \rho_{CA} = \alpha x_A + (\alpha + \beta) x_B \\ \rho_{BC} = 0 \\ \rho_{CB} = \beta x_A \\ \rho_{AB} = 0 \\ \rho_{BA} = (\alpha - \beta) x_A + (\alpha + \beta) x_B \end{cases} \tag{4-7}$$

将式（4-7）的策略转换概率代入式（4-6），可以得到该情况下系统的动力学方程：

$$\begin{cases} \dot{x}_A = x_C[\alpha x_A + x_B(\alpha + \beta)] + x_B[x_A(\alpha - \beta) + x_B(\alpha + \beta)] \\ \dot{x}_B = x_C \beta x_A - x_B[x_A(\alpha - \beta) + x_B(\alpha + \beta)] \end{cases} \tag{4-8}$$

令 $x_C = 1 - x_A - x_B$，将式（4-8）中的参数做替换，然后令 $\dot{x}_A = 0$ 和 $\dot{x}_B = 0$ 可以求得 $(1,0,0)$ 和 $(0,0,1)$ 这两个平衡点。为了对这两个平衡点的稳定性进行分析，需要求解该情况下动力学方程（4-8）的雅可比矩阵：

$$J(x) = \begin{bmatrix} \alpha - 2\alpha x_A - (\alpha + 2\beta)x_B & (\alpha + \beta) - (\alpha + 2\beta)x_A \\ \beta - 2\beta x_A - \alpha x_B & -\alpha x_A - 2(\alpha + \beta)x_B \end{bmatrix} \tag{4-9}$$

不同平衡点下系统的雅可比矩阵也会不同，这里还需要对不同平衡点下的雅可比矩阵做进一步分析，详情如下。

① 平衡点为 $(1,0,0)$。平衡点 $(1,0,0)$ 意味着系统中只存在策略 A 的参与者。将平衡点对应的各策略的比例值代入式（4-9），可以得到：

$$J_{(1,0,0)} = \begin{bmatrix} -\alpha & -\beta \\ -\beta & -\alpha \end{bmatrix} \tag{4-10}$$

这个雅可比矩阵是用来研究该平衡点稳定性的重要依据。

系统（4-8）在该平衡点下的稳定性可以根据文献[207]提供的方法进行判别：当矩阵的行列式大于零，迹小于零时，该平衡点是稳定的；当矩阵的行列式大于零，迹大于零，该平衡点是不稳定的；当行列式小于零，迹为任意值时，平衡点为鞍点。根据上述文献提供的方法，需要对式（4-10）雅可比矩阵的行列式和迹分别进行求解。通过计算，可以得到矩阵的行列式 $\Delta := J_{11}J_{22} - J_{12}J_{21} = \alpha^2 - \beta^2$，迹 $\mathrm{tr}(J) = -2\alpha$。根据之前的参数设定可以知道 $\alpha > \beta > 0$，所以可以很容易判断（式 4-10）的行列式大于零且迹小于零，根据这些条件可以判断这个平衡点是稳定的。此外，在收益矩阵的设置中有设定 $\alpha = c_B - c_A$，那么在 $\alpha > \beta$ 这个参数设置下，就意味着任务 A 的执行成本始终要低于任务 B 的成本，所以有利于策略 A 在系统中的扩散。

② 平衡点为 $(0,0,1)$。若这个平衡点是稳定的，则意味着随着策略的演化，群体中策略 A 和策略 B 的参与者将消失，只留下破坏者在群体中。为了分析该平衡点稳定性，根据式（4-9）求解 $(0,0,1)$ 这个平衡点下的雅可比矩阵为：

$$J_{(0,0,1)} = \begin{bmatrix} \alpha & \alpha + \beta \\ \beta & 0 \end{bmatrix} \tag{4-11}$$

式（4-11）雅可比矩阵的行列式 $\Delta := J_{11}J_{22} - J_{12}J_{21} = -\beta(\alpha + \beta)$。根据参数设定可知道 $\alpha > \beta > 0$，可判定该行列式小于零。当行列式小于零，迹为任意值时，

平衡点可判定为鞍点，所以可以得到 $(0,0,1)$ 这个平衡点是鞍点。

为了对理论分析的结果进行验证，这里利用 MATLAB 进行了数值模拟仿真实验，通过图 4-2 所示的仿真结果可以看出系统在不同参数设定下的状态收敛情况。为了直观地研究收益矩阵中的参数对演化结果的影响，这里给出了两个子图用作对比。图 4-2（a）中的参数设置为：$\alpha = 0.35$，$\beta = 0.3$；图 4-2（b）中的参数设置为：$\alpha = 0.9$，$\beta = 0.3$，都满足第一种情况下的参数设定，即 $\alpha > \beta$。图中的三个顶点分别表示群体最终演化到全策略 A 的状态、全策略 B 的状态和全策略 C 的状态。为了观察稳定平衡点与初始分布状态的关系，在图 4-2 所示的每个子图中给定了五个不同的初始分布，分别用空心的小方块标记。这五个初始分布在图中由上自下分别为：$(0,1,0)$，$(0.15,0.7,0.15)$，$(0,0.6,0.4)$，$(0.1,0.3,0.6)$ 和 $(0.2,0,0.8)$。箭头指示策略演变的方向，策略初始分布的位置即为箭头线的起始位置。图中的空心圆代表鞍点，实心圆代表稳定点。根据图 4-2 所示可以看出，随着策略的演化，在参数满足 $\alpha > \beta$ 的条件下，系统将收敛到 $(1,0,0)$ 的状态，如箭头指示所示。

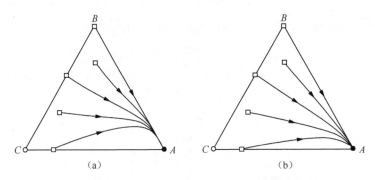

图 4-2　参数满足 $\alpha > \beta$ 时，任务分配博弈模型的策略演化

当参数满足 $\alpha > \beta > 0$ 时，意味着任务 B 相较于任务 A 需要更多的执行成本。此时，给定除鞍点 $(0,0,1)$ 外空间中的任何一个初始状态都可以收敛到 $(1,0,0)$。当初始状态为该鞍点的状态时，系统将保持在此状态。通过给定的两个子图可以看出不同的初始分布和参数 α 并没有对最终的演化稳定点产生影响，但是参数 α 的增加却给演化的过程造成了一定的影响。参数 α 代表策略 B 和策略 A 的成本差异，从这个意义上说，较大的任务 B 的执行成本会抑制策略 B 在系统中的传播，从而导致策略 B 参与者的数量减少。这个现象可从图中窥见一二，较大参数 α 对应的图 4-2（b）在演化的过程中，策略 B 的参与者相对于图 4-2（a）是减少的，这也和理论分析相一致。

（2）第二种情况：参数满足 $0 < \alpha < \beta$

当参数满足 $0 < \alpha < \beta$ 时，在依据式（4-5）计算策略转换概率时会和参数满足 $\alpha > \beta$ 的情况不同，此时计算策略 A 和策略 B 之间的转换概率时要重新考虑参数 α 和 β 的大小关系。在这种情况下，计算策略转换概率可得：

$$
\begin{cases}
\rho_{AC} = 0 \\
\rho_{CA} = \alpha x_A + (\alpha + \beta) x_B \\
\rho_{BC} = 0 \\
\rho_{CB} = \beta x_A \\
\rho_{AB} = (\beta - \alpha) x_A \\
\rho_{BA} = (\alpha + \beta) x_B
\end{cases}
\tag{4-12}
$$

将式（4-12）的策略转换概率代入式（4-6），可以得到该情况下系统的动力学方程：

$$
\begin{cases}
\dot{x}_A = x_C[\alpha x_A + x_B(\alpha + \beta)] - x_A[x_A(\beta - \alpha)] + x_B[x_B(\alpha + \beta)] \\
\dot{x}_B = x_A[x_A(\beta - \alpha)] - x_B[x_B(\alpha + \beta)] + x_C \beta x_A
\end{cases}
\tag{4-13}
$$

令 $x_C = 1 - x_A - x_B$，将式（4-13）中的参数做替换，然后通过对动力学方程求偏导可得到其雅可比矩阵：

$$
J(x) = \begin{bmatrix}
\alpha - 2\beta x_A - (2\alpha + \beta) x_B & (\alpha + \beta) - (2\alpha + \beta) x_A \\
\beta - \beta x_B - 2\alpha x_A & -\beta x_A - 2(\alpha + \beta) x_B
\end{bmatrix}
\tag{4-14}
$$

接下来，令 $\dot{x}_A = 0$ 和 $\dot{x}_B = 0$ 可以求得以下两个平衡点：$(0,0,1)$，$\left(\dfrac{(\alpha + \beta - \sqrt{(\beta - \alpha)(\alpha + \beta)})}{2\alpha}, \dfrac{(\alpha - \beta + \sqrt{(\beta - \alpha)(\alpha + \beta)})}{2\alpha}, 0 \right)$。具体的平衡点稳定性分析如下。

① 平衡点为 $(0,0,1)$。平衡点 $(0,0,1)$ 意味着随着策略的演化，系统中只留下策略 C 的参与者。将平衡点对应的各策略的比例值代入式（4-14）中，可以得到：

$$
J_{(0,0,1)} = \begin{bmatrix} \alpha & \alpha + \beta \\ \beta & 0 \end{bmatrix}
\tag{4-15}
$$

同样地，按照上一种情况中的分析方法：当矩阵的行列式为正值，迹为负值时，判定该平衡点是稳定的；当矩阵的行列式为正值，迹为正值时，判定该平衡点是不稳定的；当行列式为负值，迹为任意值时，判定该平衡点为鞍点。接下来，对式（4-15）雅可比矩阵的行列式和迹进行求解。通过计算，可以得到矩阵的行列式 $\Delta := J_{11}J_{22} - J_{12}J_{21} = -\beta(\alpha + \beta)$，迹 $\mathrm{tr}(J) = \alpha$。根据之前的参数

设定 $0 < \alpha < \beta$，可以判定上述雅可比矩阵的行列为负，所以判定得到这个平衡点是鞍点。

② 平衡点为 $\left(\dfrac{\alpha + \beta - \sqrt{(\beta - \alpha)(\alpha + \beta)}}{2\alpha}, \dfrac{\alpha - \beta + \sqrt{(\beta - \alpha)(\alpha + \beta)}}{2\alpha}, 0 \right)$。若该平衡点是稳定的，则意味着系统在这个稳定状态下只存在策略 A 的参与者和策略 B 的参与者。该情况是有利于保证系统实现有效任务分配的状态，下面将平衡点的具体形式代入式（4-14）中，可以得到：

$$J = \begin{bmatrix} \dfrac{-\beta^2 - \alpha\beta + (\beta - 2\alpha)\sqrt{\beta^2 - \alpha^2}}{2\alpha} & \dfrac{-\beta^2 - \alpha\beta + (\beta + 2\alpha)\sqrt{\beta^2 - \alpha^2}}{2\alpha} \\ \dfrac{\beta^2 - \alpha\beta - 2\alpha^2 + (2\alpha - \beta)\sqrt{\beta^2 - \alpha^2}}{2\alpha} & \dfrac{\beta^2 - \alpha\beta - 2\alpha^2 - (2\alpha + \beta)\sqrt{\beta^2 - \alpha^2}}{2\alpha} \end{bmatrix}$$

（4-16）

首先，计算式（4-16）雅可比矩阵的行列式和迹，行列式 $\Delta := 2(\alpha + \beta)\sqrt{\beta^2 - \alpha^2}$，迹 $\mathrm{tr}(J) = \dfrac{-2\alpha\beta - 2\alpha^2 - 4\alpha\sqrt{\beta^2 - \alpha^2}}{2\alpha}$。基于参数设定 $0 < \alpha < \beta$，所以可以判定该雅可比矩阵行列式的值大于零，迹小于零，因此，可以判断该平衡点是稳定的。

为了直观地展示策略的演化情况，这里利用 MATLAB 给出了一组数值仿真，如图 4-3 所示。图 4-3（a）中的参数设置为：$\alpha = 0.3$，$\beta = 0.35$；图 4-3（b）中的参数设置为：$\alpha = 0.3$，$\beta = 0.9$，都满足 $0 < \alpha < \beta$ 这个参数设定。图 4-3 中通过箭头标识策略的演化方向，箭头线的起始位置为给定的不同的策略的初始分布。在图 4-3 中，设定的六个初始分布为：$(0,1,0)$，$(0,0.8,0.2)$，$(0.1,0.1,0.8)$，$(0.5,0,0.5)$，$(0.8,0.1,0.1)$ 和 $(1,0,0)$，它们分别用空心的小方块标记。图 4-3 中的三个顶点分别表示群体演化到全策略 A 的状态、全策略 B 的状态和全策略 C 的状态。图中的空心圆代表鞍点，实心圆代表稳定点。

在图 4-3 中的每个子图中都可以观察到，除鞍点外，即使给定不同的初始分布，系统也会演化到策略 A 和策略 B 共存的状态，也就是图中箭头汇聚到的 AB 边上的实心圆点，表示稳定状态是策略 A 的参与者和策略 B 的参与者保持共存。同样地，参数 α 在这种情况下的设定也是大于零，所以任务 B 的执行成本要高于任务 A，进而导致系统到达稳定状态时会使策略 A 的参与者占有较高的比例，这在给出的两个策略演化图中也有体现。此外，根据前面对收益矩阵的描述，可以知道参数 β 为博弈双方选择不同任务时给出的额外的奖励，所以它对群体中 A、B 两项任务执行者的存在比例都有较大的影响。为了研究参数 β 对演化结果的影响，这里给定的图 4-3 中两个子图的 β 的参数设定值是不一样的，图 4-3（b）中对应的 β 值更大。通过对比稳定点的位置，可以发现图 4-3（b）中的稳定点比图 4-3（a）更接近 AB 边的中点。具体来说，图 4-3（a）中系统到达稳定状态时各策略的比例为 $(0.7829, 0.2171, 0)$［即图 4-3（a）中实心圆点对应的策略分布比例］；图 4-3（b）中系统到达稳定状态时各策略的比例为 $(0.5858, 0.4142, 0)$［即图 4-3（b）中实心圆点对应的策略分布比例］。参数值 β 对各策略比例分布的影响，也可以通过平衡点的数学表达式得到。当 β 增加到无穷大时，该平衡点可以近似表示为 $(0.5, 0.5, 0)$，这意味着系统中策略 A 和策略 B 的比例基本相同。综上所述，协同收益作为博弈双方选择执行不同策略时的收益，它的增加在一定程度上有利于平衡策略 A 和策略 B 在群体中的比例，所以可以通过调整参数 β 来保证合理的任务分配。

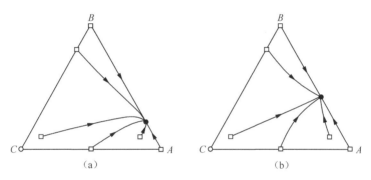

图 4-3　参数满足 $0 < \alpha < \beta$ 时，任务分配博弈模型的策略演化

（3）第三种情况：参数满足 $-\beta < \alpha < 0$

当参数设定为 $-\beta < \alpha < 0$ 时，参数 α 与零的大小关系以及 $\alpha + \beta$ 与零的大小关系都需要重新考虑，所以在根据式（4-5）进行策略转换概率的计算时，策略 A 与策略 B、策略 C 之间相互的转换概率要基于新的参数设定进行计算。具体来说，六个策略转换概率可计算为：

$$\begin{cases} \rho_{AC} = -\alpha x_A \\ \rho_{CA} = (\alpha + \beta) x_B \\ \rho_{BC} = 0 \\ \rho_{CB} = \beta x_A \\ \rho_{AB} = (\beta - \alpha) x_A \\ \rho_{BA} = (\alpha + \beta) x_B \end{cases} \quad (4\text{-}17)$$

在这种情况下，参数 α 是小于零的，所以此时任务 A 的执行成本要高于任务 B

的执行成本，此时对于策略 A 在群体中的传播有抑制作用。接下来通过求解该情况下的动力学方程对策略演化的具体情况进行分析。将式（4-17）中的六个策略转换概率分别代入式（4-6）中，可得到该情况下系统的动力学方程：

$$\begin{cases} \dot{x}_A = x_C\left(x_B(\alpha+\beta)\right) - x_A\left(x_A(\beta-\alpha) - \alpha x_A\right) + x_B\left(x_B(\alpha+\beta)\right) \\ \dot{x}_B = x_A\left(x_A(\beta-\alpha)\right) - x_B\left(x_B(\alpha+\beta)\right) + x_C\beta x_A \end{cases} \quad (4\text{-}18)$$

式中，x_A、x_B、x_C 分别代表群体中策略 A、策略 B 和策略 C 参与者的比例，且三个变量的和为 1，可通过变量替换（x_C 替换为 $1-x_A-x_B$），对式（4-18）中的参数进行化简可得：

$$\begin{cases} \dot{x}_A = (1-x_A-x_B)\left(x_B(\alpha+\beta)\right) - x_A\left(x_A(\beta-\alpha) - \alpha x_A\right) + x_B\left(x_B(\alpha+\beta)\right) \\ \dot{x}_B = x_A\left(x_A(\beta-\alpha)\right) - x_B\left(x_B(\alpha+\beta)\right) + (1-x_A-x_B)\beta x_A \end{cases} \quad (4\text{-}19)$$

然后令 $\dot{x}_A = 0$ 和 $\dot{x}_B = 0$，可得到两个平衡点 $(0,0,1)$ 和 $\left(x_A^*,x_B^*,x_C^*\right)$。为了分析平衡点的稳定性，需要提前求解出式（4-19）的雅可比矩阵：

$$J(x) = \begin{bmatrix} (4\alpha-2\beta)x_A - (\alpha+\beta)x_B & (\alpha+\beta) - (\alpha+\beta)x_A \\ -2\alpha x_A - \beta x_B + \beta & -2(\alpha+\beta)x_B - \beta x_A \end{bmatrix} \quad (4\text{-}20)$$

① 平衡点为 $(0,0,1)$。这个平衡点在之前的两种情况下也有出现过，同样地，为了分析其稳定性要求解该平衡点对应的雅可比矩阵：

$$J_{(0,0,1)} = \begin{bmatrix} 0 & \alpha+\beta \\ \beta & 0 \end{bmatrix} \quad (4\text{-}21)$$

求解该矩阵的行列式 $\Delta := -\beta(\alpha+\beta)$，根据参数设置 $-\beta < \alpha < 0$，所以可以得到 $\alpha+\beta > 0$，而参数 β 也始终满足 $\beta > 0$，所以该雅可比矩阵的行列式为负值，那么可以判定 $(0,0,1)$ 这个平衡点是鞍点。

② 平衡点为 $x^* = \left(x_A^*,x_B^*,x_C^*\right)$。值得注意的是，这种情况下求得的第二个平衡点的解析表达式是很复杂的，所以这里用 $x^* = \left(x_A^*,x_B^*,x_C^*\right)$ 来标记它。按照求解出的结果，该平衡点是三种策略共存的状态，这意味着如果该平衡点是稳定的，那么当参数满足 $-\beta < \alpha < 0$ 时，系统最终演化到稳定状态时，三种策略都存在。接下来，采用相同的方法分析该平衡点下的雅可比矩阵，具体形式为：

$$J_{\left(x_A^*,x_B^*,x_C^*\right)} = \begin{bmatrix} (4\alpha-2\beta)x_A^* - (\alpha+\beta)x_B^* & (\alpha+\beta) - (\alpha+\beta)x_A^* \\ -2\alpha x_A^* - \beta x_B^* + \beta & -2(\alpha+\beta)x_B^* - \beta x_A^* \end{bmatrix} \quad (4\text{-}22)$$

可以判定的是，当参数满足 $-\beta < \alpha < 0$ 时，该矩阵的迹始终为负。然而，由于该平

衡点中各策略的比例的数学表达式的复杂性，无法进一步地对该矩阵的行列式进行计算，所以很难判断该行列式值的正负。因此，有关该平衡点稳定性的判断无法得到确定性的结论。

虽然理论上并不能给出确定性的结论，但这里用表格列出了一些符合当前参数设定的参数组合，并分析了相应情况下的平衡点及其稳定性。具体的分析过程如表 4-2 所示，表中的第一列为设定的收益参数，共包含六组不同的参数组合，后三列则对应了该参数设定下可求得的平衡点、雅可比矩阵和对平衡点进行的稳定性分析。从表 4-2 所示可以知道平衡点 $(0,0,1)$ 为鞍点，而另一个理论表达式相对复杂的平衡点 $\left(x_A^*, x_B^*, x_C^*\right)$ 在对应设定的参数下都可以求得是稳定的。此外，可根据表 4-2 中稳定的平衡点分析参数 α 的影响。根据设定，参数 α 代表执行任务 B 和执行任务 A 的成本差异，在第三种情况的设定中，α 是始终小于零的，所以执行任务 A 的成本较高，那么达到稳定状态时策略 A 的比例应该是少于策略 B 比例的。而随着 α 的增加，则意味着执行任务 A 的成本降低或者执行任务 B 的成本升高，那么策略 A 的比例可以呈现上升的趋势，这可以通过平衡点观察到的，在这种情况下，参数 α 是影响各策略比例分布的重要参数。

表 4-2　不同收益参数下对应平衡点的稳定性判断

收益参数	平衡点	雅可比矩阵	稳定性分析
$\beta = 0.5\ \alpha = -0.45$	$(0,0,1)$	$\begin{bmatrix} 0 & 0.05 \\ 0.5 & 0 \end{bmatrix}$	行列式为负，迹为零（任意值），所以该平衡点是鞍点
	$(0.15, 0.76, 0.09)$	$\begin{bmatrix} -0.46 & 0.04 \\ 0.26 & -0.15 \end{bmatrix}$	行列式为正，迹为负，所以该平衡点是稳定的
$\beta = 0.5\ \alpha = -0.4$	$(0,0,1)$	$\begin{bmatrix} 0 & 0.1 \\ 0.5 & 0 \end{bmatrix}$	行列式为负，迹为零（任意值），所以该平衡点是鞍点
	$(0.21, 0.69, 0.10)$	$\begin{bmatrix} -0.61 & 0.08 \\ 0.32 & -0.24 \end{bmatrix}$	行列式为正，迹为负，所以该平衡点是稳定的
$\beta = 0.5\ \alpha = -0.3$	$(0,0,1)$	$\begin{bmatrix} 0 & 0.2 \\ 0.5 & 0 \end{bmatrix}$	行列式为负，迹为零（任意值），所以该平衡点是鞍点
	$(0.29, 0.62, 0.09)$	$\begin{bmatrix} -0.75 & 0.14 \\ 0.36 & -0.39 \end{bmatrix}$	行列式为正，迹为负，所以该平衡点是稳定的
$\beta = 0.5\ \alpha = -0.2$	$(0,0,1)$	$\begin{bmatrix} 0 & 0.3 \\ 0.5 & 0 \end{bmatrix}$	行列式为负，迹为零（任意值），所以该平衡点是鞍点

续表

收益参数	平衡点	雅可比矩阵	稳定性分析
$\beta=0.5\ \ \alpha=-0.2$	$(0.35,0.58,0.07)$	$\begin{bmatrix} -0.81 & 0.19 \\ 0.35 & -0.52 \end{bmatrix}$	行列式为正，迹为负，所以该平衡点是稳定的
$\beta=0.5\ \ \alpha=-0.1$	$(0,0,1)$	$\begin{bmatrix} 0 & 0.4 \\ 0.5 & 0 \end{bmatrix}$	行列式为负，迹为零（任意值），所以该平衡点是鞍点
	$(0.42,0.54,0.04)$	$\begin{bmatrix} -0.80 & 0.23 \\ 0.32 & -0.64 \end{bmatrix}$	行列式为正，迹为负，所以该平衡点是稳定的
$\beta=0.5\ \ \alpha=-0.05$	$(0,0,1)$	$\begin{bmatrix} 0 & 0.45 \\ 0.5 & 0 \end{bmatrix}$	行列式为负，迹为零（任意值），所以该平衡点是鞍点
	$(0.46,0.52,0.02)$	$\begin{bmatrix} -0.78 & 0.24 \\ 0.29 & -0.70 \end{bmatrix}$	行列式为正，迹为负，所以该平衡点是稳定的

同样地，为了对理论分析的结果进行验证，这里利用 MATLAB 进行了数值模拟仿真实验，给出了不同参数设定下的状态收敛情况，结果如图 4-4 所示。图 4-4（a）中的参数设置为：$\alpha=-0.3$，$\beta=0.35$；图 4-4（b）中的参数设置为：$\alpha=-0.3$，$\beta=0.9$，都满足 $-\beta<\alpha<0$。这里要首先说明的是，在上述给定的两组参数设定下根据雅可比矩阵计算的结果可以得到 $\left(x_A^*,x_B^*,x_C^*\right)$ 是稳定的。在图 4-4 中，通过箭头指向表示策略的演化方向，箭头线的起始位置为给定的六个不同的策略的初始分布：$(0,1,0)$，$(0,0.5,0.5)$，$(0.6,0.4,0)$，$(0.1,0,0.9)$，$(0.45,0.1,0.45)$ 和 $(1,0,0)$，分别用空心的小方块标记；三角形的三个顶点分别表示系统演化到全策略 A 的状态、全策略 B 的状态和全策略 C 的状态；空心圆代表鞍点，实心圆代表稳定点。系统的稳定点位于图中三角形区域的内部，这意味着稳定点是三种策略的共存态。而 $(0,0,1)$ 作为鞍点既不会向稳定点演化，也不会有其他状态演化到鞍点。参数 α 在这种情况下是小于零的，所以执行任务 B 的成本要低于执行任务 A 的成本，进而导致系统到达稳定状态时使策略 B 的参与者占有较高的比例，这在图 4-4 所示的两个策略演化图中也有体现。图 4-4 所示两个子图的不同点就是参数协同收益的值，图 4-4（b）所示的 β 值更大。通过对比图 4-4 所示的两个稳定点的位置，可以知道 β 增加可以在一定程度上平衡策略 A 和策略 B 的分布，并且还可以进一步地减少破坏者在群体中的数量。

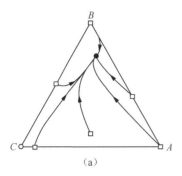 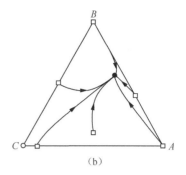

$$\text{(a)} \qquad\qquad\qquad \text{(b)}$$

图 4-4 参数满足 $-\beta < \alpha < 0$ 时,任务分配博弈模型的策略演化

（4）第四种情况：参数满足 $\alpha < -\beta$

当参数满足 $\alpha < -\beta$ 时,意味着策略 A 相对于策略 B 的优势将消失,进而会导致策略 B 向策略 A 的转换概率为零。具体来说,其他策略之间的转换概率可根据收益矩阵和式（4-5）进行求解,详情如下：

$$\begin{cases} \rho_{AC} = -\alpha x_A - (\alpha + \beta) x_B \\ \rho_{CA} = 0 \\ \rho_{BC} = 0 \\ \rho_{CB} = \beta x_A \\ \rho_{AB} = (\beta - \alpha) x_A - (\alpha + \beta) x_B \\ \rho_{BA} = 0 \end{cases} \qquad (4\text{-}23)$$

将计算所得的上述六个策略转换概率代入式（4-6）中,可以得到该情况下系统的动力学方程：

$$\begin{cases} \dot{x}_A = -x_A \left(-\alpha x_A - 2(\alpha + \beta) x_B + (\beta - \alpha) x_A \right) \\ \dot{x}_B = x_A \left((\beta - \alpha) x_A - (\alpha + \beta) x_B \right) + x_C \beta x_A \end{cases} \qquad (4\text{-}24)$$

令 $x_C = 1 - x_A - x_B$,对式（4-24）中的参数做替换,然后求解上述动力学方程的雅可比矩阵：

$$J(x) = \begin{bmatrix} (4\alpha - 2\beta) x_A + 2(\alpha + \beta) x_B & 2(\alpha + \beta) x_A \\ -2\alpha x_A - (\alpha + 2\beta) x_B + \beta & -(\alpha + 2\beta) x_A \end{bmatrix} \qquad (4\text{-}25)$$

进一步地,将式（4-24）中的 x_C 替换为 $1 - x_A - x_B$,然后令 $\dot{x}_A = 0$ 和 $\dot{x}_B = 0$,通过求解微分方程可以得到该情况下的平衡点为 $(0, 1-z, z)$。式中,$z \in [0,1]$。那么该平衡点下的雅可比矩阵为：

$$J_{(0, 1-z, z)} = \begin{bmatrix} 2(\alpha + \beta)(1 - z) & 0 \\ -(\alpha + 2\beta)(1 - z) + \beta & 0 \end{bmatrix} \qquad (4\text{-}26)$$

由于该雅可比矩阵不是满秩的，所以无法进一步对该平衡点的稳定性进行分析。这里借助数值仿真的方法描绘了这种参数情况下的状态演化，如图 4-5 所示。在图 4-5 中，箭头指示策略演变的方向，策略初始分布的位置即为箭头线的起始位置；空心圆代表鞍点，实心圆代表稳定点。根据图 4-5 所示，随着策略的演化，在参数满足 $\alpha < -\beta$ 的条件下，系统将收敛到 BC 边上的一点，如箭头指示所示。

具体来说，在图 4-5 中给定了四种不同的初始分布（即图中空心块的位置），分别是 $(0.4, 0, 0.6)$，$(1, 0, 0)$，$(0.4, 0.6, 0)$ 和 $(0.45, 0.45, 0.1)$。在之前分析的情况中，随着策略的演化，系统的状态会收敛到相同的平衡点，与初始分布无关。而在这个参数条件下，最终的稳定状态受初始分布的影响，但都会演化到 BC 边上，符合理论分析的结果。此外，当初始分布位于 $(0, 1, 0)$ 或 $(0, 0, 1)$ 时，系统将保持在相应的初始状态，即图 4-5 所示的实心圆点 B、C。图 4-5（a）中的参数设置为：$\alpha = -0.8$，$\beta = 0.7$；图 4-5（b）中的参数设置为：$\alpha = -0.8$，$\beta = 0.3$。两个子图中的协同收益 β 的值不同，而越大的 β 对应子图中的稳定点越靠近点 B，可见策略 β 的参与者在该参数设定下可以提升策略 B 的参与者在群体中的比例。

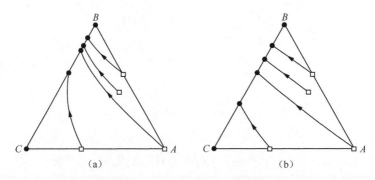

图 4-5　参数满足 $\alpha < -\beta$ 时，任务分配博弈模型的策略演化

（5）第五种情况：参数满足 $\alpha = \beta$ 或 $\alpha = -\beta$

第五种情况为前四种情况进行参数关系分析时留下的两个临界值，即参数分别满足 $\alpha = \beta$ 或 $\alpha = -\beta$ 时的情况。为了更加全面地对取值空间中的所有情况进行分析，这里将对满足这两组参数设定下的情况再进行一下说明。

① 当参数满足 $\alpha = \beta$。根据策略转换概率的计算式（4-5）可求解得到如下六个策略转换概率：

$$\begin{cases} \rho_{AC} = 0 \\ \rho_{CA} = \alpha x_A + (\alpha + \beta) x_B \\ \rho_{BC} = 0 \\ \rho_{CB} = \beta x_A \\ \rho_{AB} = 0 \\ \rho_{BA} = (\alpha + \beta) x_B \end{cases} \quad （4-27）$$

将式（4-27）的策略转换概率代入式（4-6）中，可以得到该情况下系统的动力学方程：

$$\begin{cases} \dot{x}_A = x_C \left(\alpha x_A + x_B (\alpha + \beta) \right) + x_B \left(x_B (\alpha + \beta) \right) \\ \dot{x}_B = x_C \beta x_A - x_B \left(x_B (\alpha + \beta) \right) \end{cases} \quad （4-28）$$

令 $x_C = 1 - x_A - x_B$，然后对式（4-28）中的参数做替换，再令 $\dot{x}_A = 0$ 和 $\dot{x}_B = 0$ 可以求得两个平衡点：$(0,0,1)$ 和 $(1,0,0)$。

同样地，为了分析平衡点的稳定性需要对式（4-28）求解其雅可比矩阵：

$$\boldsymbol{J}(\boldsymbol{x}) = \begin{bmatrix} \alpha - 2\alpha x_A - (2\alpha + \beta) x_B & (\alpha + \beta) - (2\alpha + \beta) x_A \\ \beta - 2\beta x_A - \beta x_B & -\beta x_A - 2(\alpha + \beta) x_B \end{bmatrix} \quad （4-29）$$

那么可以进一步地得到平衡点为 $(0,0,1)$ 时的雅可比矩阵为：

$$\boldsymbol{J}_{(0,0,1)} = \begin{bmatrix} \alpha & \alpha + \beta \\ \beta & 0 \end{bmatrix} \quad （4-30）$$

平衡点为 $(1,0,0)$ 时的雅可比矩阵为：

$$\boldsymbol{J}_{(1,0,0)} = \begin{bmatrix} -\alpha & -\alpha \\ -\beta & -\beta \end{bmatrix} \quad （4-31）$$

通过对上述两个雅可比矩阵进行分析可以得到，式（4-30）的矩阵的行列式 $\Delta := -\beta(\alpha + \beta) < 0$，迹 $\mathrm{tr}(\boldsymbol{J}) = \alpha$，所以可以判定平衡点 $(0,0,1)$ 为鞍点；式（4-31）的矩阵的行列式 $\Delta := 0$，迹 $\mathrm{tr}(\boldsymbol{J}) = -(\alpha + \beta)$，无法从理论层面判断该平衡点 $(1,0,0)$ 是否稳定。通过简单的数值仿真可以发现，当参数满足 $\alpha = \beta$ 时，按照式（4-28）的动力学方程，系统可以演化到 $(1,0,0)$。基于参数的含义可对上述现象进行解释，当参数 α 的数值与 β 相等时，意味着执行任务 A 的成本相较于执行任务 B 的成本是比较低的，所以对策略 A 在群体中的扩散有促进作用，进而使策略分布朝着 $(1,0,0)$ 的状态演化。

② 当参数满足 $\alpha = -\beta$。同样地，首先根据式（4-5）计算策略转换概率为：

$$\begin{cases} \rho_{AC} = -\alpha x_A \\ \rho_{CA} = 0 \\ \rho_{BC} = 0 \\ \rho_{CB} = \beta x_A \\ \rho_{AB} = (\beta - \alpha) x_A \\ \rho_{BA} = 0 \end{cases} \tag{4-32}$$

将式（4-32）中的策略转换概率代入式（4-6）中，可以得到该情况下系统的动力学方程：

$$\begin{cases} \dot{x}_A = -x_A \big(x_A (\beta - \alpha) - \alpha x_A \big) \\ \dot{x}_B = x_A \big(x_A (\beta - \alpha) \big) + x_C \beta x_A \end{cases} \tag{4-33}$$

将式（4-33）中的参数 x_C 替换为 $1 - x_A - x_B$，然后令 $\dot{x}_A = 0$ 和 $\dot{x}_B = 0$ 可以求得和情况四种类似的平衡点：$(0, 1-z, z)$，式中，$z \in [0,1]$。

同样地，为了上述平衡点的稳定性需要对式（4-33）求解其雅可比矩阵：

$$J(x) = \begin{bmatrix} 2(2\alpha - \beta) x_A & 0 \\ \beta - 2\alpha x_A - \beta x_B & -\beta x_A \end{bmatrix} \tag{4-34}$$

进一步地，求解平衡点为 $(0, 1-z, z)$ 时对应的雅可比矩阵：

$$J_{(0,1-z,z)} = \begin{bmatrix} 0 & 0 \\ \beta z & 0 \end{bmatrix} \tag{4-35}$$

式（4-35）雅可比矩阵的行列式 $\Delta := -\beta z < 0$，迹 $\mathrm{tr}(J) = 0$，所以可以判定平衡点 $(0, 1-z, z)$ 为鞍点。此外，利用 MATLAB 进行的数值模拟仿真实验可以发现，当给定初始状态分布中策略 A 的比例为零（即给定的初始状态满足鞍点的形式）时，系统会保持在这一状态；而当初始状态分布中策略 A 的比例不为零时，随着系统的演化，策略 A 和策略 C 的参与者将逐步减少至零，使群体中的参与者都选择策略 B。此时两项任务的收益差值为负，较低的任务执行成本有利于策略 B 在群体中的扩散，与理论分析一致。

本章小结

从集体行为的角度来看，分工合作的研究与个体行为融入集体行为的任务分配有关。考虑到不同任务内在属性的不同，群体中的个体在进行任务选择时也会有所侧重，为了探究如何通过参数的调整来实现群体的任务分配，本章基于 Smith 动力学重点分析了无结构化群体中带有破坏者的任务分配博弈模型。为了增加策略转换的可能性，本章对 Smith 动力学中策略转换概率的计算式做了改进。具体来说，这里提供了三个可选择的策略：执行任务 A、执行任务 B 和破坏者，基于改进的 Smith 动力学对每种策略的比例演化进行了建模，得到了相应的微分方程。然后依据参数关系的不同可以将参数空间划分为四种情况，并对每一种情况下所得到的动力学方程进行了深入的分析，不仅求解了相应的平衡点还对每个平衡点的稳定性进行了判断。

此外，本章还提供了一些数值模拟图表来直观地展示状态演化的过程，系统中策略的演化趋势可以通过调整收益矩阵的相关参数来进行控制。通过理论分析可以知道，协同收益是博弈双方选择执行不同任务时的额外收益，它的增加在一定程度上有利于平衡策略 A 和策略 B 在群体中存在的比例，并且在抑制破坏个体方面也有一定的作用。较大的协同效益有助于在群体中创造一个合理的分工合作的场景，保证实现较好的任务分配。而执行成本作为每项任务的内在属性，会显著地影响该策略在群体中存在的比例，即任务的执行成本越高，则对应策略在群体中的扩散就越会受到抑制。

第 5 章

基于演化博弈论的多智能体系统覆盖控制

在经济学研究领域中衍生和发展出的演化博弈论取得了极大的成功，展现出了非常广阔的潜在应用前景，其他学科和领域纷纷借鉴，以求参考演化博弈动力学和纳什均衡的思想为解决本领域经典问题和前沿热点提供新的思路。多智能体系统也是其中的受益者之一，正如前面介绍，众多学者开始了二者交叉领域的研究，并取得了一些有价值的研究成果。

本章从这一角度入手，对基于演化博弈的多智能体系统覆盖控制问题进行全面介绍。首先介绍演化博弈的相关理论知识和纳什均衡的重要思想，并对本章所属的博弈模型做简要说明，其次对覆盖控制问题的评价指标进行介绍，其中包括本章重要的两个问题的解释：覆盖和连通；最后结合以上理论知识，并运用非合作博弈的相关理论对多智能体系统的覆盖控制进行建模。

此外，本章还对基于演化博弈论的多智能体系统覆盖控制算法的思路和具体流程还进行了详细介绍，并对其中收益函数的设计、最优运动方向的选择和可行运动步长的计算分别加以详细说明。按照给出的多智能体系统覆盖控制评价指标，对多智能体系统覆盖控制算法进行了仿真和分析，并在不同规模的系统下运用该算法进行了比较和性能分析。同时，考虑到实际应用的情况，该多智能体系统应是一个动态的系统，某些智能体随时可能因为种种原因加入或退出。此时，原来的多智能体系统需要有效地容纳或剔除变化的节点，快速地自适应并继续原来的工作，该算法应对智能体的突然加入或退出的能力在本章中得到了验证。

5.1 演化博弈的均衡分析

演化博弈的基本思想源于达尔文的生物进化论——更加适应环境的生物个体

将有机会产生更多的后代。个体的适合度与个体收益成正比，所以适合度高的个体将会在整个群体中产生更多的优势。演化博弈论成功地解释了生物界以及人类社会中的诸多复杂的动物及人类行为，并且为在群体中研究个体行为的演化提供了强大的理论依据。它从理论上解释了合作行为的产生及自然界中生物多样性的维持。在大多数的科学领域中，均衡状态或者系统的稳定状态一直是研究重点，均衡意味着我们的研究目标处于某种平衡或者稳定状态。在演化博弈论中也是如此，在一个系统中，个体的行为或状态往往处于不断演化中，那么通过分析系统达到稳态所需的条件就能够准确预测个体状态（策略）的演化趋势。

5.1.1　稳定进化对策

稳定进化对策是演化博弈论的重要研究目标之一。假设在博弈群体中所有参与主体最初都采取同一种行为策略，当某一主体的行为策略发生了突变，与其他参与主体的策略都不相同时，如果该主体的行为策略带来的收益相较于其他主体更高，那么其他参与主体也会效仿此发生突变的行为主体，采取类似的行为策略，这样在整个博弈群体中采取该新策略的个体所占的比例会越来越大，最后博弈群体中的全部参与主体都将采用这个新策略。

稳定进化对策的核心思想具备相对优势的概念，与以往的绝对优势概念不同。它并不认为生物在进化过程中会选择最优的策略。针对一个进化事件，生物群体一开始会采取多样化的反应策略，但随着时间的推移，最终会停留在一个具有相对优势的策略上，即群体中的大部分个体采纳的策略（少数突变个体的策略在竞争中获胜的概率将会很小）。它类似于纳什均衡当中的吸引域，除非有来自于外部的强大冲击，否则系统就不会偏离进化稳定状态，即系统会"锁定"于此状态。这个定义的直观解释是当一个系统处于进化稳定均衡的吸引域范围之内时，它就能够抵抗来自外部的小冲击。

当群体中所有个体均采取稳定进化对策时，没有任何突变策略能够入侵这个群体。策略 x 是演化稳定的，当其收益满足如下关系时[84]。

$$\begin{cases} u(x,x) \geqslant u(y,x) \\ u(x,y) \geqslant u(y,y) \end{cases} \tag{5-1}$$

式中，y 是除 x 以外的任意策略，也即 $y \neq x$。收益 $u(x,y)$ 表示当策略 x 与 y 进行博弈时，x 所获得的收益。上述条件保证了一个稳定进化对策总是优于入侵策略，在这种情况下，某个被稳定进化对策占据的群体就会一直保持在相应的演化稳定状态。实际上，对于稳定进化对策的定义稍显严格以至于在某些情况下，例如多人重复博弈中常常找不到符合条件的稳定进化对策[208]。假设稳定进化对策存在，那么某个被扰动后的群体就能够通过策略更新重新回到演化稳定状态。

虽然稳定进化对策目前最成功的应用是种内或种间个体竞争行为的分析（这在很大程度上依赖于稳定进化对策数学解析能力的发展），但是稳定进化对策包含的生物学意义远不止于此。它能够帮助我们更好地理解生物进化、生物多样性以及生态系统无可比拟的复杂性，从某种程度上来说它是一种哲学观点而不仅仅是一个数学定义。

达尔文的进化论认为自然选择是进化的动力，变异是进化的基础，最适应环境的个体有较多的机会传播自己的基因，任何有利的突变都有可能被固定下来，因此进化是渐进累积式的。然而从稳定进化对策的观点来看，进化是一个寻优的过程。当达到一个相对优势的状态时，生物的进化过程就会稳定下来直到下一次寻优过程启动，这在宏观上表现为跳跃式的进化模式。

演化博弈不仅在猫、鹿、老鼠、猴子等大型哺乳动物中普遍存在，而且在小型无脊椎动物（如水蚤、粪甲虫）、微生物以及植物中也存在。例如，在植物中，植物高度的增长改善了它们对光线的获取能力，但也会增加生长成本和抵抗枝干重力的压力。然而，对于单个植物来说，它对光线的获取能力同样受到周围植物生长策略的影响，因而存在一个能够让一片区域中大部分植物都采取的增长策略——稳定进化对策。此外，自然界中并存有各种各样的这样的例子，自然界中不同的策略并存的事实告诉我们一个成功的稳定进化对策的引入能够解决在种间争斗的普遍性动物冲突，最终导致了非对称多步博弈的探索。

最初的稳定进化对策的定义为以后的研究者提供了理论基础，但它建立在许多理想化的假定之上，存在着许多不够完善的地方。①稳定进化对策概念是在研究生态现象时提出的，由于动植物的行为完全是由其基因决定的，故每个种群都被程式化为一个纯策略，整个生态环境的所有种群也被看作一个大群体。然而，同一种群的个体由于其性别不同、需求不同、能力不同、基因突变或基因遗传等因素都会影响到它们的行为。把每一个种群行为程式化一个纯策略是没有太强说服力的，把一个生态环境中所有种群看作一个大群体也存在不妥之处。②从稳定进化对策的定义可以看出，它仅适用于互不重叠且相互独立的突变因素的影响，其吸引域半径只与单个突变因素有关，也就是说只有等到一个突变因素对群体的影响消失之后，才能出现另一个突变因素，现实中出现这种现象是非常偶然的。③为了技术处理的方便及更好地利用数学工具和演化博弈论来描述生态演化过程而假定群体规模无限大，这个假定不符合现实。④从最初的稳定进化对策定义可以看出，它是一个静态概念，只能描述系统的局部动态性质，没有涉及动态系统整体的调整过程，而现实中许多系统的均衡依赖于系统的整体动态性质。

5.1.2 纳什均衡

除了稳定进化对策，群体的稳定状态还可以用纳什均衡来刻画。群体的纳什均衡是指这样的一个稳定状态：在此状态下，群体中处于当前策略的每个个体均能获得最大的收益，也就是说，个体不能通过单方面改变自身策略来获得更多收益。

为了便于用式子表述，我们假设某个群体具有有限的 n 个个体，所有可能的策略组成策略空间 $S = \Pi S_i$，这些个体从相应的集合 S_i 中选择策略来进行博弈，所有个体的策略选择就构成了群体的状态，这里用一组 n 维向量来表示系统状态：$(s_1, s_2, \cdots, s_n)$，$s_i \in S_i$。此外，用 $s_{-i} = (s_1, s_2, \cdots, s_{i-1}, \cdots, s_n)$ 表示除第 i 个个体策略以外的群体策略集合。状态 $S^* = (s_1^*, s_2^*, \cdots, s_n^*)$ 是纳什均衡的，当且仅当满足以下收益关系，对任意 i（$i=1, 2, \cdots, n$）来说：

$$u_i(s_i^*, s_{-i}^*) \geqslant u_i(s_i', s_{-i}^*), \quad s_i^* \in S^*, s_i' \notin S^* \tag{5-2}$$

纳什通过数学分析证明了，在任意的多策略博弈过程中，至少能够找出群体的一个纳什均衡。但他并没有对纳什均衡数量的上限值进行约束，也就是说，对于某一个群体而言，可能存在多个甚至无限多个纳什均衡。在演化博弈论中，群体的演化稳定状态与纳什均衡密切相关，一般地，相比于演化稳定的概念，纳什均衡要求相对宽泛一些。在某些博弈情景下，演化稳定的概念能够与强纳什均衡（strong Nash equilibrium，SNE）画等号。而强纳什均衡是相对于整体来说的，它指的是，在强纳什均衡下，群体中个体不能通过同时改变自身策略来得到一组更优的策略组合[209]。一般地，计算某个群体的纳什均衡态往往是非常困难的（可被认为是 NP-hard 问题），所以这种直接求系统纳什均衡的方式，仅在某些特殊情况下才合适。

在纳什均衡中，每个参与者的策略在考虑其他参与者的决策时都是最优的。每个玩家都赢了，因为每个人都得到了他们想要的结果，但同时纳什均衡并不总是意味着选择了最优策略。纳什均衡经常与优势策略进行比较，两者都是演化博弈论的策略。纳什均衡指出，一个参与者的最佳策略是在知道对手策略的同时仍保持其初始策略的路线，并且所有参与者都保持相同的策略。优势策略则认为，无论对手使用何种策略，一个参与者所选择的策略将在所有可能使用的策略中产生更好的结果。

为了在博弈中找到纳什均衡，必须对每种可能的情况进行建模以确定结果，然后选择最佳策略。在两人游戏中，这将考虑到两个玩家都可以选择的可能策略。如果没有一个玩家在知道所有信息的情况下改变他的策略，那么就发生了纳什均衡。纳什均衡很重要，因为它不仅可以帮助玩家根据他们的决定来确定最佳收益，还可以根据其他相关方的决定来确定最佳收益。纳什均衡可用于生活的许多方面，从商业战略到卖房到战争，再到社会科学。

但同时，纳什均衡也存在着一定的限制。纳什均衡的主要限制是它要求个人了解对手的策略。纳什均衡只有在玩家知道对手策略的情况下仍选择保持当前策略时才会发生。在大多数情况下，例如在战争中，无论是军事战争还是竞标战，个人很少知道对手的策略或他们想要的结果。与优势策略不同，纳什均衡并不总是导致最佳结果，它只是意味着个人根据他们所拥有的信息选择最佳策略。此外，在与同一个对手进行的多场比赛中，纳什均衡没有考虑过去的行为，而过去的行为通常可以预测未来的行为。

纳什均衡得名于美国经济学家约翰·纳什（John Nash，1928—2015）。1994年，纳什因对博弈论的贡献而获得诺贝尔经济学奖。他还获得了著名的阿贝尔数学奖。纳什均衡的概念被认为是演化博弈论中最重要的概念之一。

在现实世界中，经济学家使用纳什均衡来预测公司将如何应对竞争对手的价格。如果市场由两个参与者组成，那么合作对双方来说可能都是最好和最有利可图的结果。一开始，两人并没有合作。在构建了一些关于竞争产出的最佳案例后，两者可能会意识到合作是制定定价策略的最佳解决方案，从而在市场上制定高价并伤害消费者。因为这违反了公平竞争的原则，从而引起政府的密切关注。一般而言，如果市场由较少的参与者组成，则政府的关注会更加严格，因为市场参与者串通的可能性更高。

5.1.3 其他分析方法

对于群体中个体数量为无穷大时的情况，除了寻找系统的纳什均衡，可以采用的分析方法还包括捕食竞争模型（Lotka-Volterra 方程）、复制动态方程（replicator dynamics equation）[25]等。另外，对于无结构的有限群体，可以用随机过程理论进行分析，如 Moran 过程[210]、Death-Birth 过程、Birth-Death 过程、Wright-Fisher 过程等。这里简单介绍用复制动态方程来研究群体的演化稳定状态。首先假设系统

中共有 n 种不同的策略，每种策略在整个群体中有一定的占比，它们的比例用一组 n 维向量 $\boldsymbol{x} = (x_1, x_2, \cdots, x_n)$ 来表示，对于第 i 种策略来说，$u_i(\boldsymbol{x})$ 表示第 i 种策略在群体状态为 $\boldsymbol{x}$ 的前提下所获得的收益。群体中策略的演化遵循如下微分方程：

$$\dot{x}_i = x_i \left(u_i(\boldsymbol{x}) - \overline{u}(\boldsymbol{x}) \right) \tag{5-3}$$

式中，$i = 1, 2, \cdots, n$，群体的平均收益用 $\overline{u}(\boldsymbol{x}) = \sum_{i=1}^{n} x_i u_i(\boldsymbol{x})$ 表示。从式（5-3）能够看出，群体中某种策略的增长率与该策略（物种）收益呈正相关，当某种策略的收益高于系统的平均收益时，那么采取该策略的比例将会增加，对于收益较低的策略，往往会在整个群体中处于劣势。简而言之，策略的收益决定了这种策略在整个群体中的比例。群体的状态 $\boldsymbol{x}^* = \left(x_1^*, x_2^*, \cdots, x_n^* \right)$ 是演化稳定的，如果对于所有的状态 $\boldsymbol{x} \neq \boldsymbol{x}^*$，均有

$$\begin{cases} u_i(\boldsymbol{x}) \geqslant \overline{u}(\boldsymbol{x}), & x_i \leqslant x_i^* \\ u_i(\boldsymbol{x}) < \overline{u}(\boldsymbol{x}), & x_i > x_i^* \end{cases} \tag{5-4}$$

如果群体的状态偏离了平衡点 $\boldsymbol{x}^*$，在自然选择的作用下，整个群体的状态将会重新回到稳定状态 $\boldsymbol{x}^*$。平衡点的具体位置与相关博弈参数的设定有关，对于上述 n 种不同策略博弈，其收益矩阵一般由 $n \times n$ 维的矩阵给出：$\boldsymbol{A} = (a_{ij})_{n \times n}$，收益矩阵元素 a_{ij}（$i, j = 1, 2, \cdots, n$）是指当策略为 i 的个体与策略为 j 的个体进行博弈时，策略 i 对应的收益。特别地，对于最简单的 2×2 博弈，其收益如表 5-1 所示。

表 5-1   2×2 博弈收益

	C	D
C	a	b
D	c	d

在博弈论中，最典型的策略分为两种：合作（C）和背叛（D）。根据合作者和背叛者获得的收益的大小关系不同，我们可以得到不同的博弈模型，常见的有囚徒困境博弈模型、鹰鸽博弈模型、猎鹿博弈模型和公共品博弈模型。下面分别介绍这几种典型的博弈模型。

1. 囚徒困境博弈模型

囚徒困境博弈（prisoner's dilemma game，PDG）由普林斯顿的 Albert W. Tucker

教授于 1950 年首次提出：两名罪犯在监狱被警察分开审问，虽然警察已经掌握了这两名罪犯的一些犯罪证据，但如果要使他们所犯的主要罪行成立还需要其中一名犯人来揭发他的同伙。在这种情况下，如果这两名罪犯均不检举对方，他们俩均会被判处一年有期徒刑，如果犯人 D 揭发了他的同伙，而被揭发者 C 保持沉默，那么罪犯 D 就会被无罪释放，而 C 会被判处 5 年监禁。如果他们相互揭发对方，则两人分别被判 3 年。两名犯人在对峙时，所采取的不同决策以及被判处的相应年限（收益），如表 5-2 所示。

表 5-2　囚徒困境博弈收益

	保持沉默	揭发对方
保持沉默	1，1	5，0
揭发对方	0，5	3，3

从表 5-2 所示容易看出，当这两名罪犯相互揭发对方时，他们其中的任何一人都无法通过改变自己的决策来给自己减少量刑，这是因为，保持沉默只会让自己获得更严厉的刑罚（5 年），所以相互背叛就是纳什均衡。实际上，在个体自身利益的驱动下所产生的纳什均衡导致了较低的集体收益。也就是说，这两名犯人本能够相互包庇从而最大限度地逃避惩罚，即，两人均被判一年的刑。自私的个体往往以获得最大的个人利益为目标来进行决策，那么从犯人自身角度来讲，最明智的选择就是采取背叛策略。

如果用收益来描述收益矩阵中的参数，那么如表 5-1 所示，当两个合作者博弈时，它们各自获得收益 a；而当某个背叛者与合作者进行博弈时，背叛者得到收益 c，合作者得到收益 b；两个背叛者博弈时，各自得到收益 d。在囚徒困境博弈模型下，相应的矩阵参数应满足 $c > a > d > b$。此时群体中的策略 D 占优，为了更好地描述合作困境问题，一般还有，$2a > b + c$。这表明，对于个体本身而言，选择背叛策略是比较明智的，因为这样可以避免被骗而获得最低的收益。然而从整体来看，全部合作的个体所带来的集体收益总是会优于有背叛个体存在的情况，于是就构成了合作困境。

2. 鹰鸽博弈模型

鹰鸽博弈（hawk-dove game），又被称为雪堆博弈（snowdrift game），最早是由 Maynard Smith 所提出。在这样的博弈模型下，表 5-1 中的收益矩阵参数满足 $c > a > b > d$。鹰鸽博弈是描述鸟类捕食活动过程的非常典型的一个例子：当两只好斗的鹰相遇时往往会发生争斗从而导致两败俱伤，而如果两只鸽子相遇时，它们就可以一起分享食物，相应的收益如表 5-3 所示。

表 5-3　鹰鸽博弈收益

	鸽	鹰
鸽	1，1	0，2
鹰	2，0	−2，−2

当一只鸟与一只鹰相遇时，那么这只鸟最佳的策略选择就是充当鸽子的角色——飞走，这样它虽然不能获得食物但却能够不损伤自己的羽毛（得 0 分）。如果这只鸟遇到的博弈对手是一只鸽子的话，那么它最好让自己变成好斗的鹰，这样就能够吓跑鸽子而独自享用食物（得 2 分）。显然，在鹰鸽博弈模型下，个体最好的博弈策略是与对手采取相反的决策，因此鹰鸽博弈是一种非协调博弈（anti-coordinating game）。那么，一只鸟的最佳生存策略的选取就取决于迎面飞来的究竟是鹰还是鸽子，如果附近鹰的数量很少，那么选择鹰的生存方式就是比较明智的，因为会以较小的概率遇上与自身相同的物种——鹰。而如果群体中的大部分对手都是鹰，这时采取鸽子的生存方式就往往能避开激烈的打斗。从这点上看，整个生物环境将会进化为鹰和鸽以一定比例共存的状态。这种博弈模型为解决交通拥堵、人群疏散等社会问题提供了理论指导。

3. 猎鹿博弈模型

与上面的鹰鸽博弈对应，猎鹿博弈（stag hunt game, SHG）是一种协调博弈（coordinating game），它主要源于人类在狩猎活动中所采取的一系列决策。设想两个人一起狩猎的场景，如果想要在打猎中成功抓到鹿（共获得最高收益 10），需要两个人的合作，如果一个人单独狩猎，将无法捕获到鹿（收益为 0）。但是对于一些体型较小的猎物，如兔子，一个人单独行动就可以将其抓住（共获得收益 4）。相应的收益如表 5-4 所示。

表 5-4　猎鹿博弈收益

	猎鹿	猎兔
猎鹿	5，5	0，4
猎兔	4，0	4，4

可以看出，无论猎物是什么，猎人最佳的狩猎方式就是与他的伙伴进行同样

的决策，即，两人一起抓鹿或者各自去抓兔子。这就产生了双稳态的情形，群体中有两个纳什均衡，个体全都选择猎鹿或者全都选择猎兔。

4. 公共品博弈模型

上述博弈模型描述的均是两人博弈的情景，然而无论是在自然界还是人类社会中，博弈的参与者往往不仅限于两个。多个人或多个生物体同时进行决策时的情景也是普遍存在的，为了从数学上描述这一问题，一般采用公共品博弈（public goods games, PGG）模型。假设某社区要建造一项公共设施来提高社区居民的生活质量，例如，建造公共健身设施或者建造一个公园。每个人的能力是有限的，但如果有足够的人筹资，这项公共设施就可以被建造完成，在那以后，每个人都能够从中获得一定的公共福利。但往往会有这样的一群人：没有参与捐赠却在享受着公共福利，我们将这样的个体称为背叛者（D）。背叛者不用付钱即可享受到公共利益，但是如果每个人都背叛，这项公共设施将无法建造完成，也就没有任何人能够享受到公共福利。所以，比较合理的捐款行为是，在捐款之前，个体需要确认已经有足够的人参与了捐款（互惠者）。假设整个社区里包含 n 个人，其中有 n_c 个人参与了捐款，这里用合作者（C）来表示。每个合作者捐出的数额为 c，所有合作者的利他行为，使公共收益以 r 的比例产生：rcn_c，那么每个合作者和背叛者（没有参与捐赠个人）获得收益分别如下：

$$\begin{cases} P_c = \dfrac{rcn_c}{n} - c \\[2mm] P_d = \dfrac{rcn_c}{n} \end{cases} \quad (5\text{-}5)$$

毫无疑问，r 越大时，表示公共福利所带来的吸引力也就相对较大，那么增大 r 就能使整个群体中的合作者数量增多。而增加合作者的捐款数额 c 只会让更多的人选择背叛。不仅如此，在这种多人博弈情况下，参与博弈的个体数量 n 也会对最终的博弈结果产生一定的影响[211]。

上述几种经典的博弈模型都从不同的侧面揭示了自然界以及人类社会中个体之间通过竞争、合作、相互交流等方式进行交互的本质。但现实生活中的博弈往往更加复杂，多元化的社会系统都存在着大量的合作行为，为了解释这种广泛存在的合作行为，一些工作从不同角度给出了答案：亲缘选择（kin selection）[212]、直接互惠（direct reciprocity）[213]（考虑个人声誉的影响）、间接互惠（indirect reciprocity）[214]、网络互惠（network reciprocity）[215]、义务（obligations）[216]等。

Haldane 曾说过这样一个观点，"我愿意跳入河中去救 2 个溺水的亲兄妹或 8

个溺水表亲"。他的这一想法体现着亲缘选择对于合作行为的促进作用，这一点很容易理解，在面对自己的亲人时，我们一般不会过于计较自己的利益得失。除此以外，直接互惠在人类社会中也十分常见，尤其是在个体之间进行重复博弈时，Nowak 认为，我们通过帮助他人来获得良好的声誉，而好的声誉会在之后的博弈过程中增加被别人帮助的机会。间接互惠依赖于一定的个体认知能力，个体可以通过不断地观察他人，或者从语言上的交流中获取信息，某种程度上，间接互惠也促进了人类道德与社会规范的形成和发展[217-218]。在网络中，大量合作者集结成团簇从一定程度上就能抵御背叛者的入侵[219]。除了上述合作机制外，还有惩罚机制（punishment）[220]，在这种机制下，通过给背叛者施加一定的惩罚来减少背叛者收益，从而对合作的产生和保持起到促进作用。

演化博弈论是解决上述问题的主要数学工具，除了研究群体中的合作行为，它还可被用于解释人类语言体系的形成，研究癌症的产生（源于 DNA 分子之间的相互作用）。不仅如此，博弈论对于解释生物进化、人类合作、文明产生、社会发展等都具有重要的作用。

5.2　多智能体系统的覆盖控制建模

5.2.1　覆盖问题概述

覆盖控制问题是多智能体系统的一个典型的控制问题，它反映了一个系统或网络在个体数量有限、通信感知范围受限的条件下对目标区域的感知和处理数据的能力。智能体的覆盖范围依照的是传感器节点的感知模型，比较常见的有感知能力随距离增加而呈指数型衰减的指数型感知模型，以及区域内均能被感知而区域外无法被感知的二进制模型[221]。本章采用的是后者中的圆形感知区域，即圆心为智能体，半径为感知半径 R_S 的圆，处于该圆范围内的环境区域均能被该智能体感知，而圆外区域则无法被感知。

本章中研究的多智能体系统是初始随机分布的，且系统中的所有个体均具有移动能力，因此属于随机覆盖中的动态网络覆盖[222]，也就是说随机分布的系统对区域的覆盖是通过所有个体的不断运动实现的。

在其他的覆盖问题中，还有对特殊点和特殊轨迹的重点监测和覆盖的情况。

本章的研究问题是对区域进行覆盖，要求区域内每个点都能被感知到，而智能体的感知范围是有限制的，因此对覆盖的定义给出具体说明。

定义 5.1[223] 若区域中的某个点能被智能体系统中的至少一个智能体所感知，则称该点被多智能体系统覆盖，若某个区域内的所有点都被智能体系统覆盖，则称该区域被该多智能体系统完全覆盖。

5.2.2　多智能体系统覆盖控制评价指标

5.2.1 节对研究的覆盖问题的所属分类和定义进行了介绍，本节将介绍本章中使用的评价多智能体系统覆盖控制及其算法的性能指标。

1. 相对覆盖率

首先介绍一种对称平铺网络，按照文献[224]中的定义，该网络中每个个体均有 k 个邻居且它们对称、均匀地分布在该个体周围，任意两邻居之间的距离为通信半径（邻居间能达到的最大距离）R_C，如图 5-1 所示。

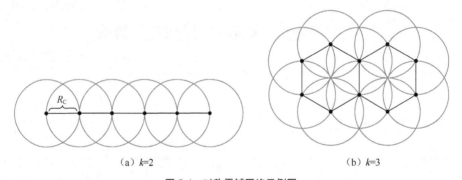

(a) $k=2$ 　　　　　　　　　　　(b) $k=3$

图 5-1　对称平铺网络示例图

图 5-1 中的各圆心点表示网络中节点的位置，圆表示每个个体的覆盖范围，线段表示邻居节点之间的连接关系。对称平铺网络是一种在全局视角下形成的网络，要求每个个体有 k 个邻居以保证系统的连通。如图 5-1（a）所示，当 $k=2$ 时，所有个体排成一条直线，任意两邻居之间的距离为通信半径 R_C，假设系统共由 N 个个体组成，则系统的覆盖面积 S 与 N 的关系为：

$$S\left(k=2\right) = \pi R_C{}^2 + \left(N-1\right)\cdot\left[\pi R_C{}^2 - 2\left(\frac{\pi R_C{}^2}{3} - \frac{\sqrt{3}R_C{}^2}{4}\right)\right] \tag{5-6}$$

实际上，这种 $k=2$ 的对称平铺网络并不实用，因为节点的排列仅仅是一维的。

当 $k=3$ 时，邻居间的角度为 $120°$ 且以正六边形的形状排列，这是全局视角下二维平面的最优覆盖。但理论上，$k=2$ 的对称平铺网络是保持连通的系统对特定区域实现的最大覆盖，即覆盖面积的理论最优值。因此，此处用多智能体系统的实际覆盖面积 S_r 和该理论最优值的比值（定义为相对覆盖率 ρ）来表示系统的覆盖能力。

$$\rho = \frac{S_r}{\pi R_C^2 + (N-1) \cdot \left[\pi R_C^2 - 2\left(\frac{\pi R_C^2}{3} - \frac{\sqrt{3}R_C^2}{4} \right) \right]} \qquad (5\text{-}7)$$

相对覆盖率这一指标以算法使多智能体系统实际达到的覆盖面积相对于理论最优值的比值来评价算法的覆盖能力，是比较不同算法下相同规模系统的覆盖控制效果的最主要的性能指标。由于式（5-7）中分子分母均与通信半径的平方有关，所以不同通信范围的系统也能用该评价指标进行比较。

2. 邻居间平均距离

在 t 时刻，位于智能体 i 的通信范围内的所有其他智能体为智能体 i 的邻居，即：

$$N_i(k) = \{ j \in N \mid \sqrt{(x_j(t) - x_i(t))^2 + (y_j(t) - y_i(t))^2} \leqslant R_S, j \neq i \} \qquad (5\text{-}8)$$

式中，$(x_i(t), y_i(t))$ 和 $(x_j(t), y_j(t))$ 分别为智能体 i 和智能体 j 在 t 时刻的位置；R_S 为感知半径。由式（5-8）可以看出，在所有个体均一致的系统中，邻居间能达到的最大距离为设定的通信半径 R_C。可以想象，覆盖控制效果较好的算法得到的邻居间平均距离应该比较接近通信半径 R_C，这样个体间距离较远且方差较小，说明系统得到了充分的、比较均匀的扩散，因此，用该性能指标结合相对覆盖率就可以对算法的覆盖控制效果进行评价。

3. 连通性

对多智能体系统而言，个体的通信能力往往是有限的，但为了以群体合作的方式完成复杂且体现群体智能性的任务，保持连通性以便交流和分享数据和信息就显得非常重要。在本章的研究中，所有智能体是相同的，有相同的通信半径 R_C，因此两两个体间的通信是双向的，这就意味着彼此距离小于通信半径的邻居之间是可以彼此通信的，不存在单方向连通的情况，因此可以用一个无向图来描述多智能体系统的拓扑结构，每个智能体可以看作一个节点，任意能通信的两个智能体之间有边相连[225]。因此，多智能体系统连通指的是该系统中的无向图中任意两个个体之间有边相连，即系统的无向图连通。

本章的某些仿真稍微放宽了连通的条件，认为在通信范围边缘外 5%R_C 的圆环内的个体与圆心处智能体连通，但是在算法中它们依然不算作邻居，彼此不分享信息，只是用以分析算法结果的连通性。

4. 每个智能体平均移动的距离

由于多智能体系统和个体的能量是有限的，减少智能体在算法过程中移动的路程可以直接减少能量的消耗，从而为智能体间的通信、连接和感知节省能量。本章对能量消耗的数值不做研究，而是通过每个智能体在覆盖控制算法中平均移动的距离来体现能量消耗的高低。显然，为了节约能量，我们希望算法能够使每个智能体平均移动的总距离较小。在本章中，假设系统中有 N 个智能体，算法的迭代步数为 T，T 即是离散的时刻的最大值，智能体 i 的初始位置为 $(x_i(0), y_i(0))$，在任意时刻 t 的位置为 $(x_i(t), y_i(t))$，则算法中每个智能体平均移动的总路程为：

$$\overline{d_s} = \frac{1}{N} \sum_{i=1}^{N} \sum_{t=0}^{T} \sqrt{[x_i(t+1) - x_i(t)]^2 + [y_i(t+1) - y_i(t)]^2} \qquad (5\text{-}9)$$

覆盖控制的性能指标还有很多，本章选取以上几种最主要的也是最能体现和判断算法的覆盖控制效果优劣性的几种评价指标，下节中的算法仿真和实验正是通过这几个性能指标对结果进行分析和检验。

5.2.3 建立基于演化博弈论的多智能体系统覆盖控制模型

本节研究的是在二维无边界的环境中，存在一群初始随机分布且连通的多智能体，它们具有计算、移动、感知和通信的能力，所有个体均完全一致，它们要在通信范围受限的条件下，仅利用自己和周围邻居的局部信息，通过自己独立决策出的运动方向和步长进行移动，使整个系统在尽可能保持连通性的条件下，实现对周围环境的较大覆盖。通信范围和感知范围均为以智能体为圆心，一定距离为半径的圆盘区域，其半径分别为通信半径 R_C 和感知半径 R_S。对于系统中的智能体 i，它在时刻 t 的位置表示为 $(x_i(t), y_i(t))$，时刻 t 的运动方向和运动步长分别表示为 $\theta_i(t)$ 和 $p_i(t)$，这也是智能体 i 在时刻 t 的策略和控制变量。由此得到计算下一时刻智能体位置的运动方程如下：

$$\begin{cases} x_i(t+1) = x_i(t) + p_i(t) \cdot \cos[\theta_i(t)] \\ y_i(t+1) = y_i(t) + p_i(t) \cdot \sin[\theta_i(t)] \end{cases} \qquad (5\text{-}10)$$

本章将覆盖控制看作演化博弈的过程，博弈的几个基本要素如下。

① 博弈的参与者为多智能体系统中所有的 N 个智能体，表示为 $I=\{1,2,\cdots,N\}$。所有的参与者均为理性个体，这意味着所有智能体在进行策略的选择时，都会选择使自己收益最大的策略。

② 每个智能体在每次博弈中要选择的策略是当前时刻的运动方向。为了精简算法便于计算，将 $[0,2\pi)$ 平均分成 20 个相等的角度作为运动方向并构成智能体 i 的策略空间 S_i。

$$S_i = \left\{ \frac{m\pi}{10} \middle| m = 0,1,\cdots,19 \right\} \qquad （5-11）$$

③ 对于每个智能体 i，如果在当前时刻 t 选择了策略 $\theta_i(t)$，而其他所有个体的策略组合为 $\theta_{-i}(t)$，那么它的收益函数记为 $f_i\big(\theta_i(t),\theta_{-i}(t)\big)$。基于每个个体都是理性的假设，当其他个体的策略已定时，每个智能体会选择使自身收益函数最大的策略 $\theta_i^*(t)$。

④ 在本章博弈的过程中，处于通信范围内的个体之间不存在欺骗和伪装，它们彼此分析的是真实、准确的信息，所有个体从全局视角来看应是合作的关系，且不考虑损害其他个体的收益。每一步博弈和运动同时进行，这就要求每个智能体选择自己的策略时无法准确地确定其他个体的策略组合 $\theta_{-i}(t)$，只能通过其他个体的收益函数进行分析或者通过分享的信息进行估计。

5.3　基于演化博弈论的多智能体系统覆盖控制算法

前面介绍了博弈论的基本思想和类型，并运用非合作博弈的相关理论对多智能体系统覆盖控制进行建模。本节对基于演化博弈论的多智能体系统覆盖控制算法的思路和具体流程进行详细介绍，并对其中收益函数的设计、最优运动方向的选择和可行运动步长的计算分别加以详细说明。

5.3.1　覆盖控制算法流程

1. 算法的实现思路

由于多智能体系统中的每个智能体在各个时刻的绝对位置信息和运动信息无法被其他个体随时获取，也就是多智能体系统中的每个智能体在每一时刻只能得到通信范围内其他智能体的位置和上一时刻的运动方向和步长。在仅根据这些局部信息的情况下，每个智能体需要结合自己的位置信息和历史时刻的运动情况，同时独立决策使自己的收益函数最大化的当前最优运动方向以及相应的步长。这一分布式控制的优点在于，该算法不需要预先知道环境的模型（例如障碍物和边界）等全局信息，因此能对复杂多变的环境和任意时刻其他智能体状态的突然变化做出实时的反应，适应性和鲁棒性较强。最后，所有智能体同步执行自己的决策，运动到新的位置。这个过程反复进行，直到所有智能体基本保持在某些接近的位置不变为止。

2. 详细流程

针对上节提出的覆盖控制模型，基于演化博弈论的多智能体系统覆盖控制算法的详细流程如下。

步骤 1：初始参数设置。人为设定所有智能体的通信半径 R_C、感知半径 R_S、默认步长 p_0 和系统规模 N。设定初始时刻 $t=0$，在保证系统初始时刻是连通的条件下，根据系统个体数量随机生成所有智能体的位置，即对于系统中智能体 i（$i=1$，2，$\cdots$，N），位置为 $(x_i(0), y_i(0))$，初始运动方向为 $\theta_i(0)$，初始步长为 $p_i(0)$。

步骤 2：在当前时刻 t，每个智能体与位于它通信范围内的邻居们分享信息，对于邻居智能体 j，其中 $j \in N_i(t)$，信息内容包括它当前时刻的位置 $(x_j(t), y_j(t))$、上一时刻运动方向 $\theta_j(t-1)$ 和上一时刻运动步长 $p_j(t-1)$。

步骤 3：建立孤立节点回归机制。在当前时刻 t，系统中没有邻居的孤立智能体将朝着自身的初始位置运动，用这种向初始状态聚集的行为尽可能向大多数个体靠近以寻求连接。

$$\forall i \in \left\{N \| N_i(k) \| = 0\right\}, \theta_i(t) = \begin{cases} \arctan \dfrac{y_i(t) - y_i(0)}{x_i(t) - x_i(0)}, & x_i(t) \leqslant x_i(0) \\[3mm] \arctan \dfrac{y_i(t) - y_i(0)}{x_i(t) - x_i(0)} + \pi, & x_i(t) > x_i(0) \end{cases} \tag{5-12}$$

建立快速逃离机制：在当前时刻 t，系统中通信范围边缘圆环区域有 4 个或以上邻居的智能体将以较大步长向远离自身初始位置的方向移动，用这种快速远离大量节点聚集的区域以寻求整个系统的快速扩张和较大的覆盖面积。

$$\forall i \in \left\{N \| N_i(k) \| \geqslant 4\right\}, \theta_i(t) = \begin{cases} \arctan \dfrac{y_i(t) - y_i(0)}{x_i(t) - x_i(0)} + \pi, & x_i(t) \leqslant x_i(0) \\[3mm] \arctan \dfrac{y_i(t) - y_i(0)}{x_i(t) - x_i(0)}, & x_i(t) > x_i(0) \end{cases} \tag{5-13}$$

对于有邻居的智能体，基于已获得的邻居信息，它选择运动方向的原则是使自身收益最大化。根据邻居的当前位置信息，这些智能体们将重新计算出上一时刻的最优运动方向。

步骤 4：每个智能体与位于它通信范围内的邻居们分享步骤 3 中计算出的上一时刻的最优运动方向。

步骤 5：每个智能体都认为它的邻居们当前时刻会采取步骤 3 中计算的上一时刻最优运动方向和实际的上一时刻运动步长作为策略。基于此，这些有邻居的智能体们再选择使收益函数最大的运动方向作为当前时刻的策略，即得到 $\theta_i(t)$ 作为当前时刻 t 的运动方向。

步骤 6：这些有邻居智能体根据步骤 5 中已经决定的运动方向和当前的邻居数按照一定的规则计算出当前时刻 t 的运动步长 $p_i(t)$。

步骤 7：所有智能体同时执行策略，即运动方向 $\theta_i(t)$ 和步长 $p_i(t)$，移动到新的位置 $(x_i(t+1), y_i(t+1))$，此时时刻 t 变为 $t+1$。返回步骤 2 重复进行该算法流程，直到所有智能体基本保持在某些接近的位置为止。

5.3.2　关键参数的选取和设计

本节将对 5.3.1 节中详细流程涉及收益函数的设计、最优运动方向的选择和可行运动步长的计算进行具体的解释。

1. 收益函数的设计

为了减少重叠区域，智能体之间应该保持足够的距离以覆盖更大的范围。为了提高覆盖率这一最主要的评价指标，我们考虑每个智能体的收益函数为与其他智能体的距离和。比较直观地来看，当距离和越大时，也就意味着离其他个体越远，当系统中所有个体普遍都离其他个体较远但是仍与一定数量的个体在通信范围内保持着连接关系时，整个系统的覆盖范围就越大。由于当前时刻的步长还未确定，因此用上一时刻各智能体的运动步长作为当前时刻的步长进行估计。将每个智能体的收益函数设计为：

$$f_i\left(\theta_i\left(t\right),\theta_{-i}\left(t\right)\right)=\sum_{j\in N_i(t)}\hat{d}_{ij}\left(t+1\right) \tag{5-14}$$

式中，邻居智能体之间的距离估计值 $\hat{d}_{ij}\left(t+1\right)$ 为：

$$\hat{d}_{ij}\left(t+1\right)=\sqrt{[\hat{x}_i\left(t+1\right)-\hat{x}_j\left(t+1\right)]^2+[\hat{y}_i\left(t+1\right)-\hat{y}_j\left(t+1\right)]^2} \tag{5-15}$$

按照上节所述的运动方程，下一时刻智能体的位置估计值为：

$$\begin{cases} \hat{x}_i(t+1) = x_i(t) + \hat{p}_i(t) \cdot \cos(\theta_i(t)) \\ \hat{y}_i(t+1) = y_i(t) + \hat{p}_i(t) \cdot \sin(\theta_i(t)) \end{cases} \quad (5\text{-}16)$$

该收益函数表示如果智能体 i 选择 $\theta_i(t)$ 作为运动方向即此刻它的策略，那么收益为下一时刻来自当前所有的邻居的距离和。值得注意的是，即使它们中有些在下一时刻可能会超出通信距离范围并断开邻居关系，我们在收益函数中仍然保留了对应的距离值作为收益的一部分。这是我们与文献[223]的工作的一个显著的区别，他们放弃了下一时刻失去邻居关系的智能体之间的距离值。通过理论和仿真的对比，本节提出的收益函数有利于系统扩散得更快、更远。

2. 最优运动方向的选择

收益函数已经设计好，接下来要说明的是博弈的所有参与者（即多智能体系统的所有智能体）如何在同时做出决策的情况下都做出使自身收益函数最大的策略并使整个系统最终得到较大的覆盖控制范围。

如 5.31 节中步骤 3 所述，为了防止孤立的智能体运动到太远而无法长时间跟系统保持连通（此时周围没有邻居信息可以使用），该智能体仅利用自身的信息是可以朝着自己的初始位置运动的。这种孤立节点回归机制在较大程度上有利于系统连通性的保持，而且简单高效。即邻居数为 0 的智能体决策出的当前时刻的最优运动方向为回到自身初始位置的方向。

而快速逃离机制的作用是：一些智能体在扩散初期可能有太多的邻居，或者扩散规模较大时虽然有更好的位置但由于步长限制而无法到达。在这种情况下，快速逃离机制可以帮助他们迅速离开他们目前的位置，从而在算法初期加快系统的扩散速度，增大系统的覆盖范围。我们规定，位于通信范围边缘圆环的邻居数超过 3 个时，智能体决策出的当前时刻的最优运动方向为远离自身初始位置的方向。

除以上两种情况外，在时刻 t，对于智能体 i，假定多智能体系统中其他所有智能体的策略组合为 $\theta_{-i}(t)$，它会选择使它收益函数最大的策略 $\theta_i^*(t)$。显然，根据本节收益函数的设计，那些非邻居的策略不会对当前时刻的智能体 i 的收益函数产生直接影响，即

$$\forall \theta_i' \in S_i, f_i(\theta_i^*, \theta_{-i}) \geq f_i(\theta_i', \theta_{-i}) \quad (5\text{-}17)$$

因此，当所有智能体都能准确预测其他个体的策略并做出相应的最优策略 $\theta_i^*(t)$ 时，整个群体的最终状态会演化为纳什均衡，即

$$f_i\left(\theta_i^*, \theta_{-i}^*\right) \geqslant f_i\left(\theta_i', \theta_{-i}^*\right), \forall i \in I, \forall \theta_i' \in S_i \qquad (5\text{-}18)$$

在多智能体系统的个体都是理性的假设条件下，对于每个智能体来说，它仅仅知道自身的收益函数值，为了得到自己的最优策略 $\theta_i^*(t)$，它还需要知道每个邻居智能体的收益函数并预测邻居的最优策略 $\theta_j^*(t)$。但遗憾的是，由于邻居的收益函数是由邻居的位置和方向步长等运动信息决定的，而这些信息则是每个智能体无法获得的，也就无法得到邻居的最优策略组合 $\theta_{-i}^*(t)$。而演化博弈能通过一些方法在不断地学习和演化的过程中求得纳什均衡解。借鉴古诺的思想，每个智能体每一时刻所做出的策略是对其他个体在上一时刻所做策略的最优反应，假如这一过程最终稳定，那么可以认为系统达到了演化稳定状态。

按照这种思路，对于智能体 i，它认为当前时刻它的邻居 j 会采取上一时刻的最优反应策略，即智能体 i 认为智能体 j 当前会选择的运动方向为：

$$\theta_j(t) = \theta_j^*(t-1) \qquad (5\text{-}19)$$

采取的方法是通过增加一次计算和通信的方式，智能体 i 的每个邻居 j 算出 $\theta_j^*(t-1)$，并分享给智能体 i。这里可以这样理解：对于智能体 i 的邻居——智能体 j，智能体 i 已经知道了智能体 j 上一时刻的运动方向 $\theta_j(t-1)$，但智能体 j 在上一时刻却有更好的策略，这个策略可以通过智能体 j 的邻居当前位置求出，即 $\theta_j^*(t-1)$（这两个值可能是相等的）。那么智能体 i 就认为当前时刻邻居智能体 j 采取的策略 $\theta_j(t)$ 就是 $\theta_j^*(t-1)$。基于此，智能体 i 的邻居们的策略被确定了，智能体 i 根据自身的收益函数选择最优的策略 $\theta_i^*(t)$，也就确定了当前时刻的运动方向。

3. 可行运动步长的计算

运动方向确定之后，接下来就要根据邻居的数量来确定智能体的运动步长，从而在下一时刻移动到新的位置。

邻居数为 0 的个体采取孤立节点回归机制，令其步长 $p_i(t)$ 为默认步长值 p_0。

对于采取快速逃离机制的个体，为了使其快速离开原来位置，令其步长 $p_i(t)$ 为 4 倍的默认步长值 $4p_0$。

对于其他情况，为了保持系统的连通情况，我们希望智能体至少要与 k 个个体保持连接关系，k 的值可以人为设定。如果邻居数大于 k，令其步长 $p_i(t)$ 为默认步长值 p_0。

如果邻居数小于等于 k，为了与这些邻居的距离仍然处于通信范围内而不断开连接，运动步长应该受到几何关系的限制[226]。对于智能体 i 和它想保持连接关系的每个邻居——智能体 j，单独设置一个可行位置的圆盘 D_{ij}，圆心位于智能体 i 和智能体 j 的中点，半径为 5.3.1 节算法步骤 1 中设定的通信半径 R_C 的一半，显然，只要下一时刻，智能体 i、智能体 j 二者的位置都落在该圆盘内，他们之间的距离就不会超过通信范围，也就仍然能够保持连接。

如图 5-2 所示，在当前时刻 t，若智能体 i 想保持与智能体 j 的邻居关系，则对于智能体 j，它的可行运动步长为：

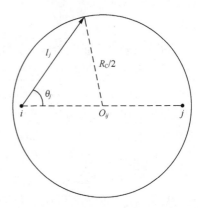

图 5-2　智能体 i 相对于邻居智能体 j 的可行运动步长

$$l_j(t) = \frac{d_{ij}(t)}{2} \cdot \cos\theta_j + \sqrt{\left(\frac{R_C}{2}\right)^2 - \left(\frac{d_{ij}(t)}{2} \cdot \sin\theta_j\right)^2} \qquad （5\text{-}20）$$

式中，$d_{ij}(t)$ 表示的是在时刻 t 时，智能体 i 与智能体 j 之间的距离；θ_j 表示智能体 i 的运动方向 $\theta_i^*(t)$ 相对于射线 ij 的角度。为了使智能体 i 在时刻 $t+1$ 能够与当前时刻 t 的所有邻居节点保持连接，则对于所有的邻居，智能体 i 在时刻 $t+1$ 的位置都应该落在对应的圆盘上：

$$\left(x_i(t+1), y_i(t+1)\right) \in \bigcap_{j \in N_i} D_{ij} \qquad （5\text{-}21）$$

要维持这样的连接关系，智能体 i 就要受到所有邻居的可行运动步长的限制，在此条件下，可以取步长 $p_i(t)$ 为：

$$p_i(t) = \min(p_{max}, \min_{j \in N_i(t)}(l_j(t))) \qquad （5\text{-}22）$$

仿真和实验部分我们分别选取 k 的值为 2 或 3 进行了独立实验，以分析 k 的取值对覆盖控制效果和各项评价指标的影响。显然，$k=1$ 时，只要求每个智能体有一个邻居即可，系统会出现大量的分支，连通性必然无法得到保障。$k=4$ 或更大时，系统的扩散将受到较大的限制，智能体之间的重叠的覆盖范围较多，算法性能较差。

5.4　覆盖控制算法仿真分析

本节按照之前给出的多智能体系统覆盖控制评价指标，对该算法进行了仿真和分析，并在不同规模的系统下运用该算法进行了比较和性能分析。

5.4.1　小规模系统仿真示例

为了便于比较和检验算法效果，我们先对规模较小的系统进行仿真，将算法步骤 1 中的初始参数分别设置为：多智能体系统的智能体数量 N=20，通信半径 R_C=20，感知半径 R_S=20，默认步长 p_0=0.5，均取任意单位。本节中我们分别选取 k 的值为 2 或 3 进行独立的实验，所有智能体是相同的，初始以随机分布但是连通的状态聚集在一片很小的区域内（见图 5-3），从零时刻开始，按照算法步骤随着离散时刻 t 的递增而迭代，每一步中都遵循"通信—计算—通信—计算—移动"的模式，得到了图 5-4 所示的仿真结果。在图 5-4 中，每个点代表一个智能体，以该点为圆心的圆代表该智能体的覆盖范围。点与点之间的绿色连线表示两点之间的距离小于通信半径 R_C，也就代表了邻居关系；而点与点之间的红色连线表示二者之间并非邻居，但是彼此之间的距离介于 R_C 与 $1.05R_C$ 之间（在本仿真中的值为 20 和 21 之间），也就是位于通信范围边缘圆环区域，但仍然可以视作连通。

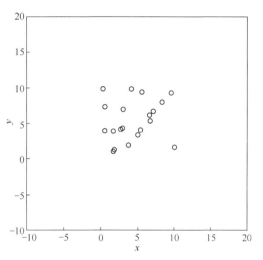

图 5-3　N=20 时，多智能体系统的初始随机分布

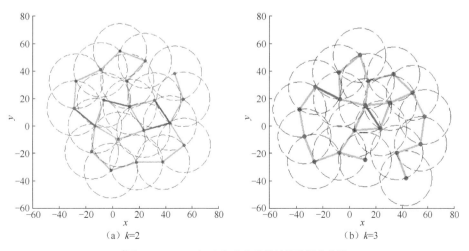

（a）k=2　　　　　　　　　　（b）k=3

*图 5-4　N=20 时，多智能体系统的最终覆盖效果

通过图 5-4 所示的仿真结果可以看出，该算法可以在多智能体系统基本保持连通性的情况下对周围环境实现覆盖控制，且智能体之间的距离都比较接近于圆的半径，即通信范围。

在 N=20 时，对 k=2 和 k=3 各自进行 50 次独立实验，对多智能体系统的相对覆盖率、邻居间的平均距离和每个智能体平均移动距离进行分析。

多智能体系统的相对覆盖率随时间变化的曲线结果如图 5-5 所示。

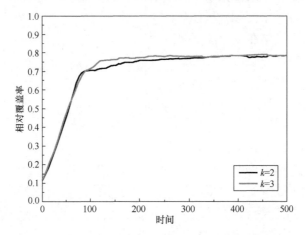

图 5-5 N=20 时，多智能体系统的相对覆盖率随时间变化的曲线

从图 5-5 所示可以看出，在 N=20，k 分别取 2 和 3 时，系统相对覆盖率随时间的变化大致相同，二者的大小关系并不十分明确，但都在时间为 200～300 时逐渐趋于稳定，算法结束时达到的相对覆盖率几乎相等，均约等于 0.788，达到了较好的覆盖效果。

多智能体系统邻居间的平均距离随时间变化的曲线结果如图 5-6 所示。

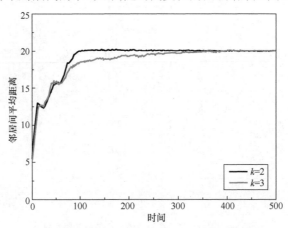

图 5-6 N=20 时，多智能体系统邻居间的平均距离随时间变化的曲线

从图 5-6 所示可以看出，在 N=20 时，多智能体系统在随时间扩散的大部分过程中，k=2 比 k=3 的邻居间的平均距离更大。这是因为 k=2 时，多智能体系统要求智能体维持的邻居数更少，各智能体受到来自邻居的约束更少，邻居间平均距离会较早地到达一个较高的值。

从图 5-6 所示还可看出，时间在 20～30 时，平均距离有一个较为明显的下滑，这是由于时间很小时系统扩散快速，这时系统内绝大多数个体都互为邻居，他们之间的平均距离也随之快速增加。当时间稍大时，扩散已有一定规模时，系统内个体的邻居关系大量断开，这会使该多智能体系统的性能指标下降。

此外，在计算邻居间平均距离时，算法将那些位于覆盖范围边缘圆环区域的个体也纳入在内，即所有小于等于 21 的距离值。这样做的目的是可以更真实地反映这个连通的系统内部个体之间的间距，这也是图像中部分数值超过了通信半径 R_C 的原因。

在算法结束时，无论 k=2 或 k=3，智能体间的平均距离都非常接近系统设定的通信半径 R_C，这说明算法的扩散效果是令人满意的，个体得到了充分的扩散，几乎都实现了邻居间能达到的最大距离。

每个智能体的平均移动距离随时间变化的曲线结果如图 5-7 所示。

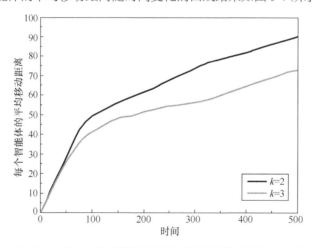

图 5-7　N=20 时，每个智能体的平均移动距离随时间变化的曲线

根据图 5-7 所示可以看出，在 N=20，k=2 比 k=3 时的每个智能体平均移动距离更远，也就是运动路程更远，这是由于 k=2 时需要维持的邻居数少，个体受到的运动步长的限制也就更少，运动步长更大，从而运动的路程更远。相反地，k=3 时，需要维持的邻居关系增多，智能体在运动步长上会受到更多限制，运动步长较小，平均运动的总路程也就更短。

k=2 和 k=3 的相同之处在于，随着时间的推移和扩散的进行，个体间的距离增加，邻居数减少，运动步长会逐渐减小，导致平均移动距离的增加会越来越慢，图像曲线的总体趋势随时间增加而逐渐平稳。

5.4.2　大规模系统仿真示例

本节研究了当系统规模增大、智能体数量增多的情况下算法的覆盖控制效果，算法的初始参数设置与 5.4.1 节除了智能体数量以外完全相同，仍旧对 k 取 2 和 3 分别进行仿真。

系统规模 N 分别为 30、40、60、80，使用该算法进行仿真，结果如图 5-8～图 5-11 所示。

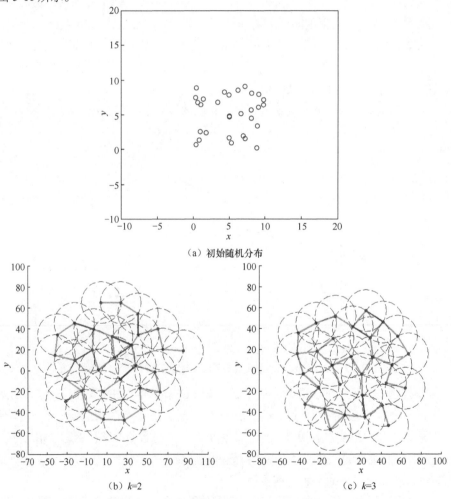

（a）初始随机分布

（b）k=2

（c）k=3

*图 5-8　N=30 时，多智能体系统的初始随机分布及最终覆盖控制效果

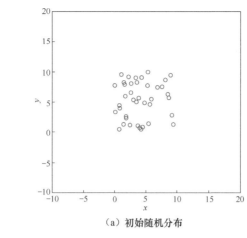

（a）初始随机分布

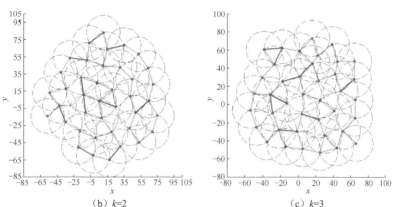

（b）k=2　　　　　　　　　　　　　　　（c）k=3

*图 5-9　N=40 时，多智能体系统的初始随机分布及最终覆盖控制效果

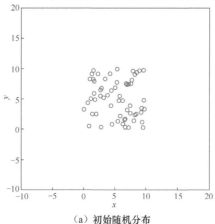

（a）初始随机分布

*图 5-10　N=60 时，多智能体系统的初始随机分布及最终覆盖控制效果

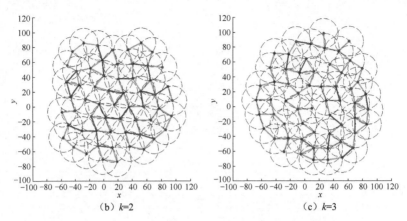

（b）k=2 （c）k=3

*图 5-10　N=60 时，多智能体系统的初始随机分布及最终覆盖控制效果（续）

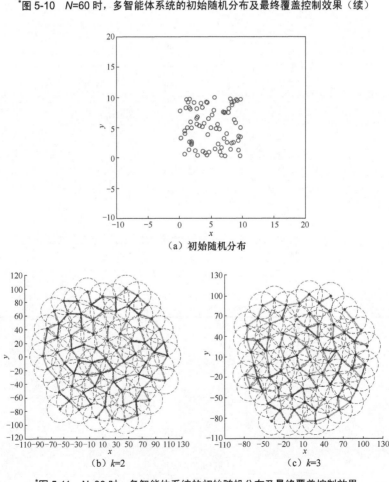

（a）初始随机分布

（b）k=2 （c）k=3

*图 5-11　N=80 时，多智能体系统的初始随机分布及最终覆盖控制效果

从以上 N 取不同值时系统能达到的覆盖控制效果来看，在系统规模由小变大的过程中，本章算法基本可以在保证系统连通性的情况下实现较大范围的覆盖。在 $k=3$ 时，系统要求智能体必须维持的邻居个数较多，因此连通性较好，即使去掉红色线段表示的个体间距离介于 R_C 和 $1.05R_C$ 之间的连接关系（即只关注纯粹的邻居关系），系统在绝大多数的实验中都是连通的。在加入红色线段连接关系后，所有仿真实验中系统的连通性都得到了满足。在 $k=2$ 时，由于智能体的邻居数变少，易出现不连通的情况，即系统会出现几个分支。但是，我们注意到各分支之间的距离并非很远，在图中可以看出，加入红色线段表示的个体间距离介于 R_C 和 $1.05R_C$ 之间的连接关系后，系统的连通性大大改善。也就是说，如果我们认为距离小于 $1.05R_C$ 的智能体之间是能彼此通信并且是连通的，那么系统的连通性也是较大概率上可以保证的，在 $k=2$ 的实验中，我们对每个 N 值进行了 50 次实验，所有结果平均有约 96% 的概率得到了最终连通的系统，只有极个别次数的仿真在放宽连通条件的情况下仍有多个分支。

为了研究算法在大规模系统中的覆盖控制效果和对性能指标的影响，在 $N=80$ 时，对 $k=2$ 和 $k=3$ 也各自进行 50 次实验，对系统的相对覆盖率、邻居间的平均距离和每个智能体平均移动距离进行分析。多智能体系统的相对覆盖率随时间变化的曲线结果如图 5-12 所示。

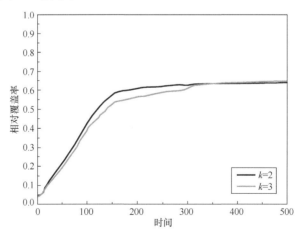

图 5-12　$N=80$ 时，多智能体系统的相对覆盖率随时间变化的曲线

根据图 5-12 所示可以看出，在 $N=80$，k 分别取 2 和 3 时，多智能体系统相对覆盖率随时间变化的增长趋势基本一致，在时间小于 150 时增长较快，此后增长速度稍微放缓，时间约为 300 时基本趋于稳定。在扩散过程中，$k=2$ 的算法相对覆盖率会较高一些，但算法结束时会比 $k=3$ 稍小一些，二者达到的相对覆盖率几乎

相等，分别约为 0.644 和 0.652。

邻居间的平均距离随时间变化的曲线结果如图 5-13 所示。

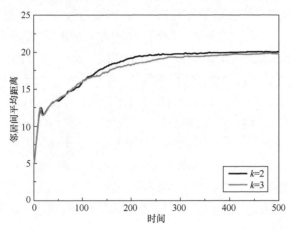

图 5-13　N=80 时，邻居间的平均距离随时间变化的曲线

根据图 5-13 所示可以看出，在 N=80，k=2 比 k=3 时，系统在随时间扩散的大部分过程中，邻居间平均距离更大。该特点及原因与小规模系统 N=20 时相同。

此外，在算法迭代的过程中，N=80 与小规模系统邻居间的平均距离随时间变化的趋势基本相同。在算法结束时，无论 k 取 2 或 3，智能体间的平均距离都非常接近系统设定的通信半径 R_C，二者分别为 19.97 和 19.76，k=3 时较小，这说明算法在系统规模较大时的扩散效果较好，没有因个体数量太多而变得拥挤，多智能体系统得到了较为充分的扩散。

每个智能体的平均移动距离随时间变化的曲线结果如图 5-14 所示。

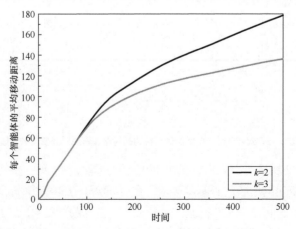

图 5-14　N=80 时，每个智能体的平均移动距离随时间变化的曲线

根据图 5-14 所示可以看出，在 $N=80$，$k=2$ 比 $k=3$ 时，系统每个智能体的平均移动距离更远，也就是运动路程更远，该特点及其原因也与小规模系统相同：即要求的邻居数少会导致运动步长更少受到限制，从而运动的距离也更远。

同样地，随着时间的推移和扩散的进行，个体间的距离增加，邻居数减少，运动步长会逐渐减小，导致平均移动距离的增加会越来越慢，图像曲线斜率随时间增加而逐渐减小。

5.4.3　各项评价性能指标在不同系统规模下的比较

从 5.4.1 节和 5.4.2 节可以看出，该算法在小规模系统和大规模系统中都有较好的控制效果，某些性能指标的性质比较类似。为了研究该算法随着系统规模增大如何影响覆盖控制的效果，本节分别取系统的智能体总数为 20、30、40、50、60、70、80，k 分别取 2 和 3，每组进行 50 次仿真，在仿真中的算法参数设置除智能体个数外全部相同：通信半径 $R_C=20$，感知半径 $R_S=20$，默认步长 $p_0=0.5$。每组仿真取平均值，研究系统的相对覆盖率、邻居间的平均距离和每个智能体平均移动距离在系统规模不相同时随时间变化的关系。

在不同系统规模下，系统的相对覆盖率随时间的变化如图 5-15 所示。

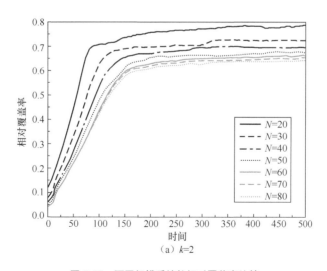

图 5-15　不同规模系统的相对覆盖率比较

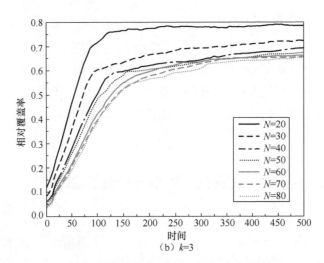

（b）k=3

图 5-15　不同规模系统的相对覆盖率比较（续）

　　从图 5-15 所示可以看出，当系统规模增大时，系统趋于稳定需要的时间也在增加，变化的基本趋势相同，系统最终都能达到稳定，k 的取值对最终的相对覆盖率影响不大。算法最终得到的相对覆盖率会随着系统规模的扩大而减小，这是由于智能体系统数量变大时，系统内个体相互之间重叠的覆盖区域也会增加，这就导致了相对覆盖率的减小。无论 k 取 2 或 3，在本仿真实验中，系统规模每增加10，相对覆盖率的减小量不断降低，这表明当系统中智能体数量不断增加时，相对覆盖率最终可能会趋近于一个特定的值。

　　在不同系统规模下，系统的邻居间平均距离随时间变化的曲线结果如图 5-16 所示。

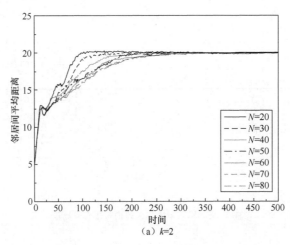

（a）k=2

图 5-16　不同规模系统的邻居间平均距离随时间变化的曲线比较

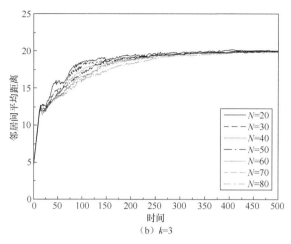

（b）k=3

图 5-16　不同规模系统的邻居间平均距离随时间变化的曲线比较（续）

　　比较邻居间平均距离是为了研究算法是否会因为智能体数量的增加而得不到充分的扩散，从而导致覆盖控制效果不佳。从图 5-16 所示可以看出，随着时间的增加，邻居间平均距离总体呈逐渐上升趋势最终趋近于设定的智能体通信半径 R_C，规模越小的系统会越早趋于稳定。k=2 会比 k=3 使算法在相同的时刻有更大的邻居间平均距离，算法结束时同样地也略高一些，与前面分析该性能指标类似，这也是扩散时受到的邻居限制更少造成的。系统规模的增大会延缓系统扩散的速度，绝大部分时间内平均距离较小，但最后都能接近于通信半径 R_C，这说明该算法应用于不同规模系统时均能使系统得到较为充分且连通性得到一定保证的扩散。

　　在不同系统规模下，每个智能体的平均移动总距离随时间变化的关系曲线如图 5-17 所示。

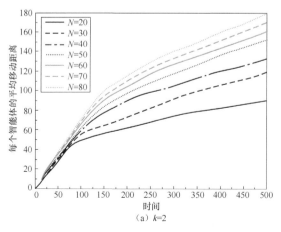

（a）k=2

图 5-17　不同规模系统的智能体平均移动距离随时间变化的曲线比较

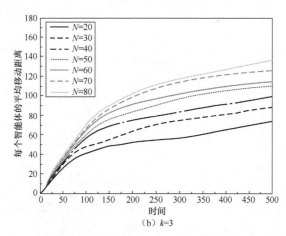

（b）k=3

图 5-17　不同规模系统的智能体平均移动距离随时间变化的曲线比较（续）

从图 5-17 所示可以看出，最初每个智能体都以给定的默认步长移动，它们的斜率几乎相同，因为所有智能体都有许多邻居。当邻近体的数量随着扩散而减少时，会触发算法中的快速逃离机制，一些智能体可能会迅速地远离它们的位置，因此斜率稍有增加。在此之后，为了保持与邻居的联系，步长会受到限制，行走距离的增长也会减慢。总体来看，随着系统规模的增加，每个智能体的平均移动总距离也随之增加，这是由于更大的系统规模意味着更大的扩散范围和覆盖面积，所以个体移动的路程必然增加。比较明显的一点区别是，当 k=2 时，平均移动距离这一性能指标要比 k=3 时多出约 33%，这意味着系统消耗在智能体移动的能量上更多，不利于系统的节能。

综上所述，在比较了系统的相对覆盖率、邻居间的平均距离和每个智能体平均移动距离这三个值随系统规模和 k 的取值变化结果后，我们可以得到如下结论：算法能有效地应用于不同规模的系统，能够在基本保证连通性的情况下实现对周围环境的较大覆盖；除了 k=2 时邻居间平均距离稍优于 k=3 外，k=3 时不仅相对覆盖率稍优于 k=2，而且在系统的连通性和节能性上，k=3 都要明显优于 k=2。

5.5　覆盖控制算法控制效果的比较与扩展

5.4 节在不同规模的系统上进行了覆盖控制算法的仿真和分析，为了进一步地体现该算法的控制效果，本节介绍了关于多智能体覆盖控制的其他算法并针对各评价指标进行了比较。此外，考虑到实际应用情况，该多智能体系统还是一个动态的系统，某些智能体随时可能因为种种原因加入或退出。此时，原来的多智能体系统需要有效地容纳或剔除变化的节点，快速地自适应并继续原来的工作。因此，本节验证了该算法应对智能体的突然加入或退出的能力。

5.5.1　与其他覆盖控制算法的比较

1. G–MAC 算法

G-MAC 算法是已有的一种基于演化博弈论的多智能体系统覆盖控制算法，本章借鉴其使用演化博弈论为理论模型对多智能体系统覆盖控制问题建模的思路，修改了收益函数、算法流程、确定运动方向和步长的方式。

解决覆盖控制问题的比较常见和主流的算法有虚拟势场法[224]和启发式的自扩散算法[227]。虚拟势场法认为系统中智能体的运动可以看作是受到来自周围个体的吸引力和排斥力共同作用的结果，类似于带电粒子在电场中的运动。在虚拟的势场中，在合力的作用下从高势能点移动到低势能点，使智能体之间相距一定的距离，实现对周围环境的覆盖。启发式的自扩散算法也是基于个体间的相互作用力，当智能体的分布一致时，认为实现了对周围环境的覆盖。

而 G-MAC 算法的建模思路也是将智能体的移动看作连续博弈的过程，在提出该算法时已将算法的控制效果与虚拟势场法和自扩散算法进行了性能上的比较。相较于这两种算法，该算法能大大减少系统中的冗余连接关系，从而使邻居间的平均距离更接近于通信半径，从而提高系统覆盖率。

图 5-18 所示为 G-MAC 算法流程。

本章算法与 G-MAC 算法的区别在于，除了改进了收益函数和加入孤立节点回归机制和快速逃离机制以外，在"根据邻居信息计算当前时刻最优运动方向"这一关键步骤时，G-MAC 算法对邻居个体当前时刻的运动方向采取的是根据演化博弈论估计的结果，而本章算法加入了令所有个体一次计算上一时刻最优方向的步骤，并将该值分享给邻居。

2. 算法之间各项评价指标的比较

文献[223]已经给出了 G-MAC 算法在覆盖率、邻居间平均距离等主要性能上优于虚拟势场法和自扩散算法的结论，因此本章仅比较 G-MAC 算法和 $k=3$ 的对称平铺网络与本章算法在相对覆盖率、邻居间平均距离和每个智能体平均移动总距离各项性能指标上的差异。

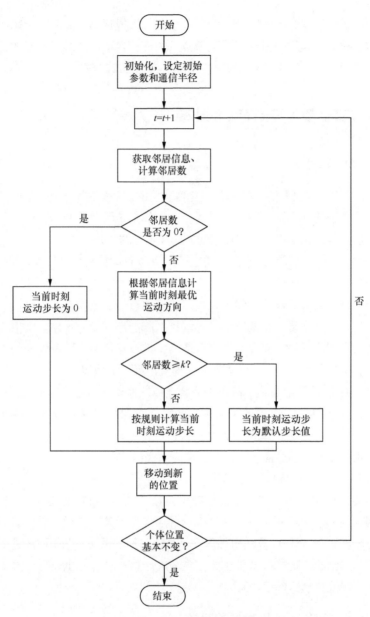

图 5-18　G-MAC 算法流程

　　按照 5.2.2 节对覆盖控制评价指标的介绍，首先比较的是以 $k=3$ 的对称平铺网络为理论最优值计算得到的相对覆盖率。相对覆盖率是以体现每个个体平均覆盖能力的覆盖率的值相对于 $k=3$ 的对称平铺网络的覆盖率理论最优值的比值，且与个体的感知半径无关，是能直接体现不同数量个体、不同感知范围的系统的对周围特定环境的覆盖能力的评价指标。

在智能体个数相同且所有智能体一致，通信半径及感知半径均为 20 的情况下，对各项算法在不同规模的系统上最终实现的相对覆盖率进行比较。其中，对称平铺网络结构是固定的，故相对覆盖率为固定值，它和 G-MAC 算法的相对覆盖率的值均来自于文献[223]的覆盖率经计算后得到；本章算法的每组仿真结果均取自 50 次实验的平均值，对比结果如图 5-19 所示。

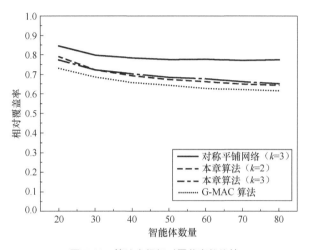

图 5-19　算法之间相对覆盖率的比较

图 5-19 所示从上到下的四条折线分别为 $k=3$ 的对称平铺网络、$k=3$ 的本章算法、$k=2$ 的本章算法以及 G-MAC 算法应用在不同规模的系统上得到的系统相对覆盖率。从图 5-19 所示可以看出，随着系统中多智能体数量的增加，个体之间重叠的覆盖面积也随之减少，相对覆盖率也会下降，但下降的幅度也越来越小；本章算法相较于 G-MAC 算法，在对收益函数和算法流程修改之后，提高了系统的相对覆盖率，且两种算法均能极大概率地保证系统的连通性，也就意味着相同的多智能体系统将对周围环境实现更大的覆盖面积，其值约为 $k=3$ 的对称平铺网络的 90%。

图 5-20 所示为不同算法实现的覆盖中邻居智能体间平均距离的比较，该评价指标能够体现系统扩散得是否充分。显然，当系统中某些个体距离较近时，也就意味着该系统还有继续扩散和扩大覆盖范围的空间，该算法并未完全实现对周围环境的较大覆盖，此时邻居间的平均距离也较低。当此值比较接近于智能体的通信半径时，说明个体之间的扩散已在保持连接且不断开邻居关系的同时形成了一定的规模。图 5-20 所示将对称平铺网络、本章算法与 G-MAC 算法的邻居间平均

距离进行了对比，均取智能体的通信半径（即邻居间能达到的最大距离值）为 20。对于对称平铺网络，由于系统的结构固定，所以平均距离正是通信半径的值；对于本章算法，每种规模的系统的该指标的值均是 50 次仿真结果的平均值，且由于考虑连通性时，将介于 R_C 和 $1.05R_C$ 的连接关系认为是非邻居但连通，所有小于 21 的距离的平均值能更真实地反映相距较近的个体之间的相隔距离状态，因此在统计时也加入了一项所有小于 $1.05R_C$（即本例中为 21 的距离值）的比较；对于 G-MAC 算法，它的邻居间平均距离的数据来自文献[223]。

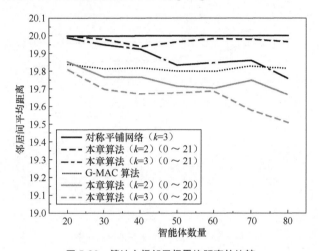

图 5-20 算法之间邻居间平均距离的比较

图 5-20 所示从上到下依次是 $k=3$ 的对称平铺网络、本章算法 k 取 2 和 3 时所有小于 21 的距离值、G-MAC 算法、本章算法 k 取 2 和 3 时邻居间的平均距离。从图 5-20 所示可以看出，本章算法在邻居间平均距离这一项评价指标中相较于 G-MAC 算法略有下降但相差不大，都非常接近于通信半径 R_C。此外，$k=2$ 时，个体移动时受到的邻居个体的约束更少，相对于 $k=3$ 时邻居间的平均距离也会稍大一些。

每个智能体在算法的整个扩散过程中平均移动的总距离是一个能够体现算法节能与否的重要指标。例如，当不同算法在相同的时间内以相同的移动能力和覆盖能力达到相同或相近的覆盖面积时，每个智能体平均行走的总路程越少的算法节能性也越好，这意味着系统消耗在个体移动上的能量较少，减小了能耗有利于系统的长时间工作。因此，本章在通信半径和感知半径相等、初始默认步长值相同、时间即算法迭代步数相同的条件下，对不同规模的系统应用了本章算法和 G-MAC 算法。其中，本章算法每组数据的取值来自 50 次实验的平均值，G-MAC

算法的每个智能体平均移动距离的数据来自文献[223]。另外，由于对称平铺网络是集中式而非分布式的控制方式，是直接移动到规定的目标点，因此这种网络的个体平均移动距离研究意义不大，本章并未对此进行比较。

图 5-21 所示为采用 G-MAC 算法、本章算法（k 分别取 2 和 3）时，每个智能体的平均移动距离随时间变化的曲线结果。可以看出，相较于 G-MAC 算法，本章算法能大大减少个体的移动路程，也就意味着系统消耗在智能体移动上的能量大大缩减，说明本章算法的节能性和效率更高。另外，k=2 时，由于智能体受邻居个体约束更少，相较于 k=3 时移动得更加自由，平均每个时刻的步长也就更大，导致了最终平均每个个体的移动距离更远。

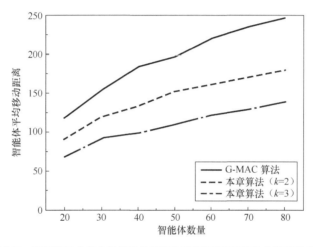

图 5-21　不同算法中每个智能体平均移动距离随时间变化的曲线结果比较

5.5.2　智能体突然加入、退出或停滞的仿真

在算法中频繁变化的多智能体系统拓扑结构使系统中的智能体面临着环境和自身带来的不确定性，因此要求多智能体系统应是一个动态的网络，可能有新智能体的加入和已有智能体的失效和退出。此时，原有的系统可以有效地容纳或剔除变化的节点，自适应地快速形成新的网络并继续原来的算法。在实际应用中环境是未知的，算法应对外界环境的变化和系统内部个体的变化的能力非常重要，当算法具有较强的自适应性时，更有利于其在实际应用中的使用和扩展。因此，本节以 20 个智能体组成的多智能体系统为例，比较了 k 取 2 和 3 时该算法应对智能体突然加入、退出或停滞并形成新的网络的能力。

1. 智能体突然加入系统

为检验该算法能否应对智能体突然加入，本节对初始只有 17 个智能体组成的系统使用该覆盖控制算法进行仿真，并在算法扩散中随机地加入 3 个智能体，新加入的智能体与原有个体完全相同，也能进行感知、通信、计算和移动，以此来模拟实际应用中对原系统进行补充和规模扩张。图 5-22 和图 5-23 所示中分别为 $k=2$ 和 $k=3$ 时，在新的智能体突然加入时和算法结束时系统的连通情况和覆盖范围。可以看出，该算法能够有效地容纳智能体的突然加入并迅速形成新的网络，并实现覆盖控制的目标，连通性也得到了保证，在实际应用中将有利于已有系统规模的补充和再扩大。

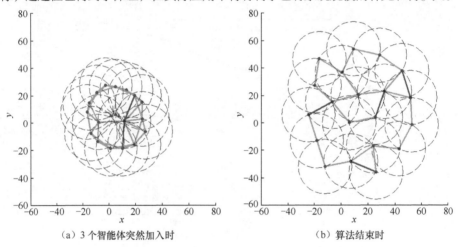

（a）3 个智能体突然加入时 （b）算法结束时

*图 5-22 $N=17+3$ 时，多智能体系统的覆盖效果（$k=2$）

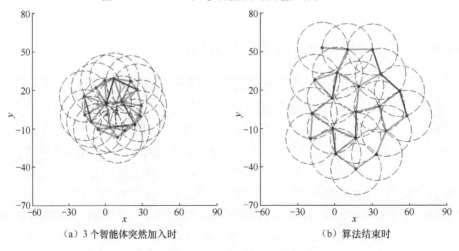

（a）3 个智能体突然加入时 （b）算法结束时

*图 5-23 $N=17+3$ 时，多智能体系统的覆盖效果（$k=3$）

在图 5-22 和图 5-23 中，红色的 17 个点分别表示系统中原本存在的智能体，3 个蓝色的点表示算法进行过程中突然随机加入的智能体。

2. 智能体突然退出系统

为检验该算法能否应对智能体的突然退出情况，本节对初始 23 个智能体组成的系统使用该覆盖控制算法进行仿真，并在算法扩散中随机地剔除 3 个智能体，剔除后，这 3 个个体失去感知、通信和移动的能力，在仿真中完全消失，不再影响多智能体系统后续的控制，以此来模拟实际系统中智能体因故损坏、被恶意破坏或人为关闭。得到的结果如图 5-24 和图 5-25 所示。

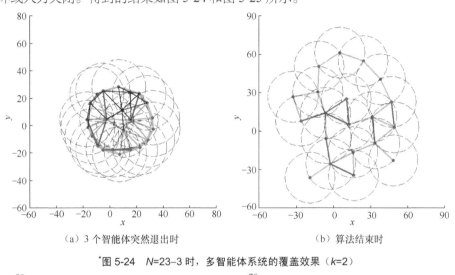

　　（a）3 个智能体突然退出时　　　　　　　　（b）算法结束时

*图 5-24　N=23–3 时，多智能体系统的覆盖效果（k=2）

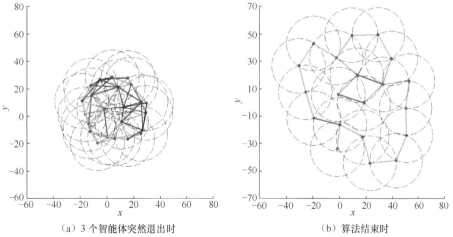

　　（a）3 个智能体突然退出时　　　　　　　　（b）算法结束时

*图 5-25　N=23–3 时，多智能体系统的覆盖效果（k=3）

由于智能体的突然剔除有较大概率会对系统的拓扑结构产生不利的影响，因此对多智能体系统的连通性是一个严峻的考验，但算法中的孤立节点回归机制在一定程度上有效地弥补了由智能体突然退出导致的缺陷。在图 5-24 和图 5-25 中，红色的 20 个点表示系统中正常的智能体，3 个蓝色三角形表示算法进行过程中突然随机退出的智能体，黑色的线段表示由于智能体的退出而断开的连接关系。图 5-24 和图 5-25 所示分别为 $k=2$ 和 $k=3$ 时，在新的智能体退出时和算法结束时系统的连通情况和覆盖范围。可以看出，该算法能够有效地弥补智能体的突然退出对系统连通性的影响并迅速形成新的网络，最终在系统连通的条件下实现覆盖控制的目标，这在实际应用中将有利于防止系统因个体被破坏而导致系统整体崩溃的情况的发生。

3. 智能体突然停滞

为检验该算法能否应对智能体停滞的情况，对初始 20 个智能体组成的系统使用该覆盖控制算法进行仿真，并在算法扩散中随机地选取 3 个智能体剥夺它们的移动能力，仅仅具有覆盖环境和通信的能力，以此来模拟实际应用中由于机械故障或者能量耗尽等原因而无法移动的情况，得到的结果如图 5-26 和图 5-27 所示。

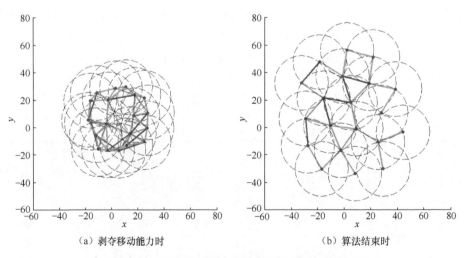

（a）剥夺移动能力时　　　　　　　　（b）算法结束时

图 5-26　$N=20$ 时，3 个智能体无法移动的覆盖效果（$k=2$）

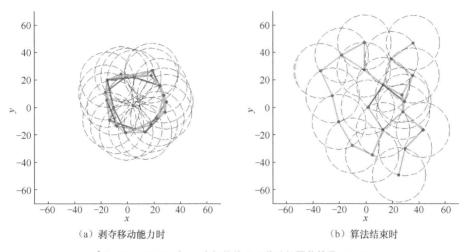

（a）剥夺移动能力时　　　　　　　　　（b）算法结束时

*图 5-27　N=20 时，3 个智能体无法移动的覆盖效果（k=3）

当 k=2 时，图中 3 个以蓝色上三角形表示的点代表因各种原因失去移动能力的智能体。本节选取了所有随机实验中 3 个个体距离较远的图像；k=3 时选取了所有随机实验中 3 个个体距离较近的图像，用以展示不同情况下算法的适应性。可以看出，在这 3 个个体无法移动而位置固定的情况下，该算法能够在此基础上形成新的网络，并在基本保证连通性的情况下实现覆盖控制的目标，但覆盖率有所下降。这一性质在实际应用中将有利于防止系统因个别智能体机械故障或能耗问题导致的无法移动而整体失控的情况的发生。此外，这种情况下，本章这种分布式算法可以体现的另一大优势是：假如某些个体位置固定，想要求解整个系统最大覆盖范围的全局最优解是比较复杂的，且需要对发生的每种可能的情况单独求解，这在实际应用中是不现实的，但分布式的算法由于其高度的灵活性和适应性，能够较好地实现覆盖控制的目标。

4. 覆盖效果的对比

为比较该算法在应对智能体突然加入、退出、停滞和正常状态下的覆盖控制效果，将本节中上述仿真进行相同初始条件下的多次模拟，每组仿真最终都是由 20 个智能体组成的系统对周围环境进行覆盖，每组进行 50 次仿真并取相对覆盖率的平均值，最终结果如表 5-5 所示。

表 5-5　不同情况下系统的相对覆盖率比较

k 的取值	正常情况	3 个智能体加入	3 个智能体退出	3 个智能体无法运动
k=2	0.7885	0.7825	0.7846	0.7122
k=3	0.7884	0.7829	0.7843	0.7037

从表 5-5 所示可以看出,在系统中的智能体发生不同状况时,k 的取值对最终的相对覆盖率影响很小。在本节的比较分析中,无论系统是无特殊情况发生或者有智能体的突然加入或退出,系统最终都是由 20 个智能体组成的,经由本章算法得到的最终相对覆盖率相差不大。这说明该算法能够有效地容纳和剔除加入或退出的智能体并继续完成覆盖控制,也说明了该算法有较强的适应性和鲁棒性。当系统中有 3 个个体仅能通信而无法移动时,算法得到的相对覆盖率有所降低,这是由于选取的剥夺运动能力的智能体是随机的,必然有一些是原本距离较近的,也就导致了覆盖率的降低,这是可以理解的,且从覆盖效果图 5-26 和图 5-27 所示来看,其他个体受到的影响较小,这说明该算法能够在某些个体位置固定的条件下完成覆盖控制的目标。

| 本章小结 |

在本章,首先对演化博弈论这一理论工具做了详细的介绍,对稳定进化对策和纳什均衡的相关理论、基本要素、稳定状态和关系等进行了说明,介绍了群体的状态、平衡点和个体的策略、收益函数及一些典型的博弈模型和相关的收益矩阵。基于以上演化博弈的理论,本章对覆盖控制模型进行了探索,明确了本章研究的覆盖问题所属的类型,介绍了覆盖和连通的概念,也说明了评价覆盖控制效果的性能指标。多智能体系统中所有的个体被看作是博弈的参与者,将使用本章算法后整个覆盖环境的过程视为演化博弈的过程。在每一个时刻即每次博弈中,所有智能体在策略空间中选择使自己收益函数最大的策略,该决策是同时进行的。基于以上过程,确定了算法的基本思路,建立了基于演化博弈论的覆盖控制模型。接着介绍了本章提出的基于博弈论的覆盖控制算法的实现思路和详细流程,算法中每一时刻所有智能体通过"通信—计算—通信—计算—移动"的模式进行迭代,利用通信得到的邻居信息,结合自己的位置信息和历史时刻运动情况,计算自己上一时刻的最优运动方向并分享给邻居,所有智能体同时独立决策使自己的收益函数最大化的当前最优运动方向并确定相应的步长,移动到新的位置并开始下一步的迭代。

接下来对于模型中基于个体与邻居之间的距离和设计的收益函数进行了说明,对于每一时刻的策略即最优运动方向的选择进行了理论分析,介绍了依据已选择的运动方向和当前时刻邻居个数选取或计算相应的运动步长的规则。

　　另外，本章通过对不同规模的多智能体系统在初始随机分布的条件下，在二维无障碍无边界环境中进行大量的仿真以对算法的覆盖控制效果进行检验，并统计和分析了在不同规模的系统下算法的评价性能指标，结果表明本章算法能够使不同规模的系统在基本保证连通性的情况下实现对周围环境的较大覆盖。

　　此外，本章中还简要介绍了几种多智能体系统的覆盖控制算法，并且针对覆盖控制问题的几个重要的评价指标将本章算法与其他算法（对称平铺网络和G-MAC 算法）进行覆盖控制效果的比较。经过仿真、比较和分析，认为本章算法在相对覆盖率和节能性能上均体现了优越性。

　　最后，对本章算法的应用进行了扩展和检验，考虑到实际应用中可能面对动态系统，我们在算法进行过程中模拟了多个智能体突然加入、退出或停滞的状态。经过仿真和检验，证明本章算法能够有效地应对突发状况并迅速自适应地形成新的网络来完成相应的覆盖。这说明了该算法的有效性和鲁棒性，最终通过相对覆盖率的对比证明了本章算法适应突变个体的能力。

第 6 章
基于演化博弈论的集群编队

在本章中，基于动态演化博弈论与分布式决策的编队控制和避障方法被提出。不同于以往的编队控制和避障，此方法中的智能体之间是彼此独立的，且采取同一种分布式决策。智能体的状态由策略选择和演化决定。本章的研究内容是多智能体如何通过更少的损失和更少的步数完成编队任务。首先，分析在不同情况下策略的演化过程和固定概率。其次，根据数值仿真结果讨论在不同碰撞损失、不同的区域面积下群体的演化过程和编队任务的完成情况。再次，将编队模型拓展到一个更大的群体规模，即在固定区域面积内加大群体的密度，以此分析一种更复杂的情况。仿真实验结果旨在解释多智能体系统中的编队控制和群体演化问题。最后，提出一种结合演化博弈论和分布式智能控制的算法流程。在这种算法中，智能体在一个预先设定好收益矩阵的博弈中运动，并完成特定的编队任务。

| 6.1　集群编队概述 |

演化博弈论已被广泛用于描述群体动态演化[228-229]。研究人员基于演化博弈论做了大量研究，以此来解决理论和现实中的诸多问题[230-232]。例如，复杂网络的动态演化[233-235]、任务分配和群体决策制定[236-237]等。在一个双人两策略的群体博弈中，存在两种吸收态，即要么群体中的所有智能体选择演化成 A 状态，要么所有智能体选择演化成 B 状态。通过固定概率的计算能够解释动态演化过程[238-239]，以及使一个智能体突变形成一种新策略，并占据整个群体。在动态演化博弈中，智能体的策略选择取决于自己与对手的交互博弈和自己当下的收益[240]。在交互博弈后，智能体通过比较自己与对手的收益并以一定概率更新自己的策略。目前，许多典型的更新规则已经被提出。例如，死生过程（death-birth process）、生死过程（birth-death process）、模仿更新（imitation updating）和费米更新函数（Fermi updating function）等。其中，费米更新函数主要描述了一个随机选择的个体，计算自己与对手的收益，并比较两者之间存在的收益差，然后再以一定概率更新自己的策略。

在多智能体系统中，智能体通过预先规划好的路径完成大量复杂的任务。解决编队控制和避障的方法，如领导者-跟随者方法[241-242]、基于个体行为的方法[243-244]和虚拟结构方法[245]等被广泛应用于各种领域（包括移动机器人[246-247]、空中无人机[248-249]和水下航行器[250]等）。对于领导者-跟随者方法，领导者设定为少数智能体，跟随者则设定为其余智能体，这就是领导者-跟随者方法的实质。跟随者根据局部信息和领导者的位置决定自己当下实时的位置。虽然这种方法非常简单且易于操作，但是对于一个大规模的群体而言，如果没有来自分布式领导者的控制反馈，群体通常很难完成编队任务。基于个体行为的方法为智能体创造了一种分布式控制决策方法，通过控制智能体的局部动作，完成智能体运动状态的改变，从而适应环境和编队任务的动态变化。基于个体行为的方法的优点在于分布式控制和时效性。然而，该控制法的缺点在于当多智能体系统规模较大时，系统编队的稳定性难以保证。另外，虚拟结构方法也被广泛应用于编队控制。这种控制法是将多智能体系统看成一个虚拟的刚性结构，智能体按照指定的控制方法运动后完成编队任务。虚拟结构方法的优势在于系统能够快速达到稳定状态，且系统误差小。然而，这种方法受限于群体的规模和它本身的适应性和鲁棒性。

编队控制旨在通过研究并设计出合理的编队控制协议，促使多智能体系统形成一定的几何编队队形，并在时间上保持一定的稳定性[251]。编队控制所要解决的主要问题是如何确保多智能体系统在向特定目标或者方向运动的过程中，既要适应外界干扰、躲避障碍等环境的约束，又能够控制整个系统的几何稳定。由此，我们自然思考如何将多智能体系统的编队控制问题同演化博弈论相结合。一方面，可以从演化博弈论的角度对多智能体系统在编队控制任务中的群体演化动力学等方面进行研究；另一方面，围绕多智能体系统，开展编队控制的相关工作，可以利用演化博弈论促使系统更好、更快地完成编队任务。

考虑到群体智能能够驱动行为的演化，我们假设编队任务中的智能体能够基于自己当下的状态和周围环境决定自己的策略或行为，即群体中的所有智能体是分布式的。智能体自己控制和决定自己的行为，而不是通过中央控制节点控制自己。智能体的性格和对手的态度决定了智能体自己的策略。然而，智能体的性格特质并不是一成不变的，其可能受自己当下的状态、对手的状态和环境等因素的影响。如果一个智能体当下的态度是温和的，那么它可能以很大的概率在编队任务中选择避让。相反，如果它是激进、冲动的，那么它很可能选择在区域内横冲直撞，不去避让其他个体。通过这种方式，编队控制任务可以借助演化博弈论抽象成一个具体的数学模型。

|6.2 集群编队控制建模与分析|

6.2.1 集群编队的博弈模型

本章考虑在一个固定区域内由 N 个个体组成的离散多智能体系统。群体的智能体描述为 $\{N_i\}(i=1,2,\cdots,N)$。群体中策略概率的类型个数为 T，策略概率集合描述为 $S=\{S_t\,|\,t=1,2,\cdots,T\}$，策略概率 S_t 的频率为 x_t。因此可以得到策略概率的频率加和 $\sum\limits_{t=1}^{T}x_t=1$。在本节中，设定有 10 种策略概率区间，表示智能体倾向于温和、激进的性格特质，表现为在遇到对手时将会横冲直撞，而不会绕行避让的可能性。策略概率区间为：$[0,0.1),[0.1,0.2),\cdots,[0.9,1]$，数字越小表示智能体越温和。

博弈模型中存在两种固定的策略：A 和 B。群体中的每个智能体 $N_i(i=1,2,\cdots,N)$ 在每轮博弈中，选择策略 A 或 B 的概率为 ϕ_i，被选择的策略充当当前策略 C_i。所有的智能体均在一个双人两策略博弈模型中进行博弈，博弈的收益矩阵描述为：

$$G=\begin{pmatrix} a_1 & a_2 \\ a_3 & a_4 \end{pmatrix} \tag{6-1}$$

式中，收益矩阵中四个元素的大小关系为：$a_1<a_3<a_4<a_2$。当一个智能体同其对手进行博弈，智能体可以选择 A 或 B 作为其当下的策略。如果智能体与其对手均选择策略 A，则两者因碰撞而产生碰撞损失 a_1；如果智能体选择策略 A，而其对手选择策略 B，则智能体的收益为 a_2，其对手收益为 a_3；如果智能体与其对手均选择策略 B，则两者收益均为 a_4。

6.2.2　平均收益与群体适合度建模

假设群体中一部分智能体的策略的平均概率为 α ，剩余其他智能体的策略的平均概率为 γ ，则平均概率为 α 的智能体的平均收益可以分别表示为：

$$\begin{cases} \pi_{A\alpha} = \dfrac{N(\alpha x_\alpha + \gamma - \gamma x_\alpha)(a_1 - a_2) + Na_2 - a_1}{N-1} \\ \pi_{B\alpha} = \dfrac{N(\alpha x_\alpha + \gamma - \gamma x_\alpha)(a_3 - a_4) + a_3 - a_4}{N-1} + a_4 \end{cases} \tag{6-2}$$

式中，x_α 表示平均概率为 α 的智能体在群体中的频率；$\pi_{A\alpha}$ 表示当平均概率为 α 的智能体选择策略 A 作为其当下策略时的平均收益；$\pi_{B\alpha}$ 表示平均概率为 α 的智能体选择策略 B 作为其当下的策略时的平均收益。

此外，当平均概率为 γ 的智能体选择策略 A 或策略 B 作为其当下的策略时的平均收益可以分别表示为：

$$\begin{cases} \pi_{A\gamma} = \dfrac{\gamma N(a_1 - a_2) + Na_2 - a_1}{N-1} \\ \pi_{B\gamma} = \dfrac{\gamma N(a_3 - a_4) + Na_4 - a_4}{N-1} \end{cases} \tag{6-3}$$

当智能体在一次博弈中选择策略 A 或策略 B 作为其当下的策略（收益为 π）时，智能体的适合度 F 可以表示为：

$$F = 1 - \omega + \omega\pi \tag{6-4}$$

式中，ω 代表选择强度。

当选择强度 $\omega \rightarrow 0$ 时，意味着适合度 $F \rightarrow 1$ ，此时群体内的其他智能体愿意以很大的概率学习策略 A 或策略 B 。相反地，如果选择强度 $\omega \rightarrow 1$ ，则其他智能体将会以很小的概率学习此智能体的策略。

6.2.3　演化过程中的固定概率与策略演化

1. 有限群体中演化博弈模型固定概率的计算

在博弈动力学中，存在两种吸收态：要么所有个体的最终状态是 A ，要么最终状态是 B 。其中，一个非常重要的、具有决定性因素的概念就是策略固定的可能性：一个突变体产生一个新的策略，同时这个突变体的策略最终占据整个种群。为简化模型，我们利用死生过程来分析此问题，即一个个体一次只产生一个后代。

考虑一个规模为 N 的种群，其中策略 A 的参与者数量为 j，策略 B 的参与者数量为 $N-j$。策略 A 的参与者数量从 j 增加到 $j+1$ 的转移概率为 T_j^+。类似地，策略 A 的参与者数量从 j 减少到 $j-1$ 的转移概率为 T_j^-。我们的目标是计算原始采用策略 A 的 j 个个体成功在群体中占据优势，并使策略 A 成为优势策略的可能性 ϕ_j。根据种群中的两种吸收态，可得出：

$$\begin{cases} \phi_0 = 0 \\ \phi_N = 1 \end{cases} \tag{6-5}$$

对于其中间状态，固定概率为：

$$\phi_j = T_j^- \phi_{j-1} + \left(1 - T_j^- - T_j^+\right)\phi_j + T_j^+ \phi_{j+1} \tag{6-6}$$

合并得到：

$$0 = -T_j^- \underbrace{\left(\phi_j - \phi_{j-1}\right)}_{y_j} + T_j^+ \underbrace{\left(\phi_{j+1} - \phi_j\right)}_{y_{j+1}} \tag{6-7}$$

式（6-7）可以写成固定概率之差的递归形式：

$$y_{j+1} = \gamma_j y_j \tag{6-8}$$

式中，$\gamma_j = \dfrac{T_j^-}{T_j^+}$。根据此递归方程，可进一步得出：

$$\begin{cases} y_1 = \phi_1 - \phi_0 = \phi_1 \\ y_2 = \phi_2 - \phi_1 = \gamma_1 \phi_1 \\ \qquad\qquad \vdots \\ y_k = \phi_k - \phi_{k-1} = \phi_1 \displaystyle\prod_{j=1}^{k-1} \gamma_j \\ \qquad\qquad \vdots \\ y_N = \phi_N - \phi_{N-1} = \phi_1 \displaystyle\prod_{j=1}^{N-1} \gamma_j \end{cases} \tag{6-9}$$

通常，设定 $\displaystyle\prod_{j=1}^{0} \gamma_j = 1$。计算所有 y_j 的总和：

$$\sum_{k=1}^{N} y_k = \phi_1 - \underbrace{\phi_0}_{0} + \phi_2 - \phi_1 + \phi_3 - \phi_2 + \ldots + \underbrace{\phi_N}_{1} - \phi_{N-1} = 1 \tag{6-10}$$

结合式（6-9）和式（6-10），可以得到 ϕ_1 的值：

$$1 = \sum_{k=1}^{N} y_k = \sum_{k=1}^{N} \phi_1 \prod_{j=1}^{k} \gamma_j = \phi_1 \left(1 + \sum_{k=1}^{N-1} \prod_{j=1}^{k} \gamma_j\right) \tag{6-11}$$

因此，一个单一策略 A 个体的固定概率为：

$$\phi_1 = \frac{1}{1+\sum_{k=1}^{N-1}\prod_{j=1}^{k}\gamma_j} \tag{6-12}$$

对于 $T_j^- = T_j^+$，有 $\gamma_j = 1$。 因此，当所有个体都是策略 A 个体时，可以得到 $\phi_1 = \frac{1}{N}$。至此，我们已经计算出一个单一突变体在种群中的固定概率 ϕ_1。通常，固定概率 ϕ_i 的计算如下：

$$\begin{aligned}
\phi_i &= \sum_{k=1}^{i} y_k \\
&= \phi_1 \sum_{k=1}^{i}\prod_{j=1}^{k-1}\gamma_j \\
&= \phi_1(1+\sum_{k=1}^{i-1}\prod_{j=1}^{k}\gamma_j) \\
&= \frac{1+\sum_{k=1}^{i-1}\prod_{j=1}^{k}\gamma_j}{1+\sum_{k=1}^{N-1}\prod_{j=1}^{k}\gamma_j}
\end{aligned} \tag{6-13}$$

对于自然选择，由于 $\gamma_j = 1$ 时，有 $T_j^+ = T_j^-$。在这种情况下，固定概率 $\phi_i = \frac{i}{N}$。

一般来说，可以在利用复制动态方程预测策略共存的系统中计算固定概率，如无固定均衡点的情况。同时也可以证明，在这些情况下固定的平均时间会随着种群规模的增加[252]和选择强度的增加而呈指数增长[253]。通常，关于一个单一策略 A 个体占据 $N-1$ 个策略 B 个体的可能性和一个单一策略 B 个体占据 $N-1$ 个策略 A 个体的可能性之间的比较，决定了哪种状态达到固定状态[254]将会使系统花费更多的时间。一般来说，概率 ρ_B 表示当种群中只有一个策略 B 个体时，$N-1$ 个策略 A 个体不能成功占据整个种群，因此可以得出：

$$\begin{aligned}
\rho_B &= 1-\phi_{N-1} \\
&= 1-\frac{1+\sum_{k=1}^{N-2}\prod_{j=1}^{k}\gamma_j}{1+\sum_{k=1}^{N-1}\prod_{j=1}^{k}\gamma_j} \\
&= \frac{1+\sum_{k=1}^{N-1}\prod_{j=1}^{k}\gamma_j}{1+\sum_{k=1}^{N-1}\prod_{j=1}^{k}\gamma_j} - \frac{1+\sum_{k=1}^{N-2}\prod_{j=1}^{k}\gamma_j}{1+\sum_{k=1}^{N-1}\prod_{j=1}^{k}\gamma_j}
\end{aligned} \tag{6-14}$$

$$= -\frac{\prod\limits_{j=1}^{N-1} \gamma_j}{1 + \sum\limits_{k=1}^{N-1}\prod\limits_{j=1}^{k} \gamma_j}$$

$$= \rho_A \prod\limits_{j=1}^{N-1} \gamma_j$$

即两种策略的固定概率之间的比例 $\dfrac{\rho_B}{\rho_A} = \prod\limits_{j=1}^{N-1}\gamma_j$。如果产生的后代少于 1，说明 $\rho_B < \rho_A$；如果多于 1，说明 $\rho_B > \rho_A$。对于小的固定概率 $\rho_B < \rho_A$，因为通过策略 A 到达固定状态所需的入侵尝试较少，意味着系统将在策略 A 状态上花费更多时间。换言之，在策略 B 的群体中，策略 A 突变体到达固定的可能性要远高于策略 B 突变体达到固定的可能性。

（1）死生过程与弱选择下的固定概率

考虑到进化生物学上的相关限制，我们采用更接近于中性选择的演化方式，即在弱选择的条件下，利用死生过程得出固定概率的更简单的表达式[37,255]。首先，计算出策略 A 和策略 B 的平均收益。群体中采用策略 A 的个体和采用策略 B 的个体的平均收益分别为：

$$\begin{cases} \pi_A = \dfrac{j-1}{N-1}a_1 + \dfrac{N-j}{N-1}a_2 \\[2mm] \pi_B = \dfrac{j}{N-1}a_3 + \dfrac{N-j-1}{N-1}a_4 \end{cases} \tag{6-15}$$

这里，我们不考虑参与者同自身进行博弈，即一个群体中存在 j 个策略 A 的参与者，每个策略 A 个体与其他 $j-1$ 个个体进行交互博弈。设定种群适合度为 1，则假设种群适合度和收益的线性组合形成了个体适合度：

$$\begin{cases} F_A = 1 - \omega + \omega\pi_A \\ F_B = 1 - \omega + \omega\pi_B \end{cases} \tag{6-16}$$

j 增加到 $j+1$ 和减少到 $j-1$ 的转移概率分别为：

$$\begin{cases} T_j^+ = \dfrac{jF_A}{jF_A + (N-j)F_B}\dfrac{N-j}{N} \\[3mm] T_j^- = \dfrac{(N-j)F_B}{jF_A + (N-j)F_B}\dfrac{j}{N} \end{cases} \tag{6-17}$$

转移概率之比为：

$$\gamma_j = \frac{T_j^-}{T_j^+} = \frac{F_B}{F_A} = \frac{1 - \omega + \omega\pi_B}{1 - \omega + \omega\pi_A} \tag{6-18}$$

考虑弱选择的情形，即 $\omega \ll 1$，则固定概率 ϕ_i 近似为 ϕ_1。对于任意数值的弱选择，γ_j 可以简化为：

$$\gamma_j = \frac{1 - \omega + \omega \pi_B}{1 - \omega + \omega \pi_A} \approx 1 - \omega(\pi_A - \pi_B) \tag{6-19}$$

式（6-19）的乘积可以简化为：

$$\prod_{j=1}^{k} \gamma_j = \prod_{j=1}^{k} [1 - \omega(\pi_A - \pi_B)] \approx 1 - \omega \sum_{j=1}^{k} (\pi_A - \pi_B) \tag{6-20}$$

根据式（6-15），将 $\pi_A - \pi_B$ 记为：

$$\pi_A - \pi_B = \underbrace{\frac{a_1 - a_2 - a_3 + a_4}{N-1}}_{u} j + \underbrace{\frac{-a_1 + a_2 N - a_4 N + a_4}{N-1}}_{v} \tag{6-21}$$

据此，可以计算出收益差 $\pi_A - \pi_B$ 的加和，即：

$$\sum_{j=1}^{k} (\pi_A - \pi_B) = \sum_{j=1}^{k} (uj + v) = u\frac{(k+1)k}{2} + vk = \frac{u}{2}k^2 + \left(\frac{u}{2} + v\right)k \tag{6-22}$$

由此，可推导出弱选择下 $\prod_{j=1}^{k} \gamma_j$ 的一般形式。两策略的固定概率之比为：

$$\begin{aligned}
\frac{\rho_B}{\rho_A} &= \prod_{j=1}^{N-1} \gamma_j \approx 1 - \omega \sum_{j=1}^{N-1} (\pi_A - \pi_B) \\
&= 1 - \omega \left[\frac{u}{2}(N-1) + \frac{u}{2} + v\right](N-1) \\
&= 1 - \frac{\omega}{2} \underbrace{[(a_1 - a_2 - a_3 + a_4)(N-1) - a_1 - a_2 - a_3 + 3a_4 + (2a_2 - 2a_4)N]}_{\Omega}
\end{aligned} \tag{6-23}$$

当 $\Omega > 0$ 时，可以得到 $\rho_A > \rho_B$。当群体规模较大，如 $N \gg 1$，存在：

$$0 < \Omega \approx N(a_1 + a_2 - a_3 - a_4) \tag{6-24}$$

式（6-24）也等价为：

$$x^* = \frac{a_4 - a_2}{a_1 - a_2 - a_3 + a_4} < \frac{1}{2} \tag{6-25}$$

因此，$\rho_A > \rho_B$ 等价于 $x^* < \frac{1}{2}$。根据上述情况的讨论，表明风险型策略占主导地位，并与固定概率建立如下关系：在弱选择的前提下，拥有更大固定概率的策略在群体中具有更强的吸引力，其他个体将以更大的概率学习模仿此种策略，以进行演化更新。

将式（6-20）和式（6-22）代入式（6-12），可以得到群体中单一策略 A 个体的固定概率的近似形式：

$$\phi_1 = \frac{1}{1+\sum_{k=1}^{N-1}\prod_{j=1}^{k}\gamma_j} \approx \frac{1}{1+\sum_{k=1}^{N-1}\left[1-\omega\left(\frac{u}{2}k^2+\left(\frac{u}{2}+v\right)k\right)\right]} \quad （6\text{-}26）$$

在式（6-26）中，$\sum_{k=1}^{N-1}k = \frac{N(N-1)}{2}$ 和 $\sum_{k=1}^{N-1}k^2 = \frac{N(N-1)(2N-1)}{6}$，则：

$$\phi_1 \approx \frac{1}{N-\omega u\dfrac{N(N-1)(2N-1)}{12}-\omega\left(\dfrac{u}{2}+v\right)\dfrac{N(N-1)}{2}}$$

$$=\frac{1}{N}+\frac{\omega}{4N}\underbrace{\left[(a_1-a_2-a_3+a_4)\frac{2N-1}{3}-a_1-a_2-a_3+3a_4+(2a_2-2a_4)N\right]}_{\varGamma} \quad （6\text{-}27）$$

对于其他各类的演化过程，在弱选择下具有相同的固定概率[256-257]。对于任意初始数量为 i 的策略，可以近似得到：

$$\phi_i \approx \frac{i}{N}+N\omega\frac{N-i}{N}\frac{i}{N}\left(\frac{a_1-a_2-a_3+a_4}{6(N-1)}(N+i)+\frac{-a_1+a_2N-a_4N+a_4}{2(N-1)}\right) \quad （6\text{-}28）$$

将固定概率 ϕ_1 的结果与中性选择 $\omega=0$ 的结果进行比较，可以导出三分之一法则。中性选择意味着不存在选择的力量，只有随机性决定固定的发生概率。在这种情况下可以得到：$\phi_1 = 1/N$。由于我们只关注固定概率是否大于或小于 $1/N$，因此我们只关注 $\varGamma$ 的具体数值。如果 $\varGamma>0$，那么固定概率的数值大于 $1/N$。对于大规模的群体 N，$\varGamma$ 可以简化到：

$$\frac{a_1-a_2-a_3+a_4}{3}+a_2-a_4>0 \quad （6\text{-}29）$$

这种情况等价于：

$$x^* = \frac{a_4-a_2}{a_1-a_2-a_3+a_4}<\frac{1}{3} \quad （6\text{-}30）$$

三分之一法则是指：在合作博弈中，如果不稳定的固定点在距离要替换的策略的三分之一附近，基于弱选择，那么一个策略对应的固定概率高于 $1/N$。三分之一法则的直观解释可以追溯到这样一个事实，即在策略入侵过程中，一个入侵者将平均与三分之一自己类型的其他个体进行交互，并同时与三分之二另外类型的其他个体进行交互[258]。如果我们在这种协同博弈中系统地提高策略 A 的优势（例如通过增加策略 A 与策略 A 交互时产生的收益），从而将混合均衡点 x^* 转移到更低的值，则会发生以下情况[37]：（1）当策略 A 在群体中不占优，而策略 B 在群体中占优（$\rho_A < \dfrac{1}{N}, \rho_B > \dfrac{1}{N}$）时，$x^* > \dfrac{2}{3}$；（2）当策略 B 在群体中处于风险性占优，且策略 A 和策略 B 在群体中均不占优（$\rho_A < \rho_B, \rho_A < \dfrac{1}{N}, \rho_B < \dfrac{1}{N}$）时，$\dfrac{2}{3} > x^* > \dfrac{1}{2}$；（3）当策略 A 在群体中处于风险性占优，且策略 A 和策略 B 在群体中均不占优（$\rho_A > \rho_B, \rho_A < \dfrac{1}{N}, \rho_B < \dfrac{1}{N}$）时，$\dfrac{1}{2} > x^* > \dfrac{1}{3}$；（4）当策略 B 在群体中不占优，而策略 A 在群体中占优（$\rho_A > \dfrac{1}{N}, \rho_B < \dfrac{1}{N}$）时，$x^* < \dfrac{1}{3}$。

值得注意的是，三分之一法则也适用于共存博弈的情况。在这种情况下，群体达到稳定时，稳定的内部固定点必须小于该策略的三分之一。换句话说，在共存博弈中，如果稳定的固定点大于该策略的三分之二，基于弱选择，那么本策略固定概率数值高于 $\dfrac{1}{N}$。但是，固定概率在这里只受到有限的关注，因为对于大规模群体而言，平均固定时间变得非常大。文献[259]中介绍了弱选择下的平均固定时间。

（2）费米更新函数与弱选择下的固定概率

在弱选择下，死生过程只能导出简单的分析结果，但是对于更高的选择强度，不可能进行类似的简化。相比之下，由收益差的费米更新函数推导出的成对比较过程可以计算出任意选择强度下固定概率的简单分析结果。j 增加到 $j+1$ 和减少到 $j-1$ 的转移概率分别为：

$$T_j^{\pm} = \frac{j}{N}\frac{N-j}{N}\frac{1}{1+\mathrm{e}^{\mp\omega(\pi_A-\pi_B)}} \tag{6-31}$$

转移概率之比为：

$$\gamma_j = \frac{T_j^-}{T_j^+} = \mathrm{e}^{-\omega(\pi_A-\pi_B)} \tag{6-32}$$

对于任意选择强度 ω，两种策略的固定概率之比可以写作：

$$\frac{\rho_B}{\rho_A} = \prod_{j=1}^{N-1}\gamma_j = \exp\left[-\omega\sum_{j=1}^{N-1}(\pi_A-\pi_B)\right] = \exp\left(-\frac{\omega}{2}\Omega\right) \tag{6-33}$$

式中，$\Omega = (a_1-a_2-a_3+a_4)(N-1)-a_1-a_2-a_3+3a_4+(2a_2-2a_4)N$。当 $\Omega > 0$ 时，有 $\rho_A > \rho_B$。当 N 较大时，仍可以得出 $\rho_A > \rho_B$，且等价于 $x^* < \dfrac{1}{2}$。对于任意选择强度，固定概率与风险性占优之间的关系仍是合理的。因此，此结论并不只适用于弱选择的情况。

由于 γ_j 之间的乘积变为可以精确求解的总和，所以上述固定概率的表达式得到简化。一种特殊情况是由收益差 $a_1 - a_3 = a_2 - a_4$ 的频率独立性决定的，这种情况被称为"从转换中获得的平等收益"，因为从策略 B 转换为策略 A 会导致相同的收益变化，而与对手的策略转移无关[260]。在这种特殊情况下，即使是式（6-27）中的外部和也可以精确地求解任意数值的选择强度。于是可以得到：

$$\phi_i = \frac{1 - \mathrm{e}^{-\omega vi}}{1 - \mathrm{e}^{-\omega vN}} \qquad (6\text{-}34)$$

该结果与具有固定相对适合度 $r = \mathrm{e}^{\omega v}$ 的 k 个个体的固定概率相同[236]。由于费米更新函数仅取决于收益差异，因此这种现象得到了合理的解释。但这也表明，常数选择的属性不仅适用于弱选择下的死生过程，也适用于其他过程。

对于一般收益，式（6-27）可以近似得出 k 的外部总和，并通过积分 $\sum\limits_{k=1}^{i} \cdots \approx \int_1^i \cdots \mathrm{d}k$ 得到[261]：

$$\phi_k = \frac{\mathrm{erf}(Q_k) - \mathrm{erf}(Q_0)}{\mathrm{erf}(Q_N) - \mathrm{erf}(Q_0)} \qquad (6\text{-}35)$$

式中，$\mathrm{erf}(x) = \dfrac{2}{\sqrt{\pi}} \int_0^x \mathrm{d}y\, \mathrm{e}^{-y^2}$ 表示损失函数[236]，$Q_k = \sqrt{\dfrac{\omega(N-1)}{2u}}(ku + v)$，$u = \dfrac{a_1 - a_2 - a_3 + a_4}{N-1}$ $(u \to 0, u \neq 0)$，$v = \dfrac{-a_1 + a_2 N - a_3 N + a_4}{N-1}$。对于弱选择（$\omega \to 0$），重新整理式（6-34）和式（6-35），得到 $\phi_k = \dfrac{k}{N}$。固定概率的数值模拟与该近似值相吻合，且即使对于积分不完全近似的小规模群体也依旧成立。

费米更新函数涵盖了所有选择强度，并形成强大的选择结果，这超出了标准莫兰过程的范围。费米更新函数封闭表达式允许推导出弱和强两种选择强度下的固定概率。莫兰过程中具有内部纳什均衡的博弈，平均固定时间与 N 呈指数增长，因此固定几乎不会发生。而在费米更新函数中，平均固定时间也随选择强度 ω 呈指数增长。

2. 几个具体博弈模型的固定概率计算

生物多样性决定了生物的生存能力，多样性越高，生物得以繁衍生息的概率越大。生物多样性包括了物种、栖息地和遗传等多个方面[262]。物种共存是通过非层次的循环互动促进的，其中 $R > S > T > P$，就像儿童游戏"石头剪刀布"中的一样。然而，如果参与社会困境是自愿的而不是强制性的，则这个问题就与合作行为密切相关。在这种情况下，研究具体模型中的演化博弈动力学就显得尤为重要。通过演化博弈动力学的研究，我们能够清晰地认识到合作困境是如何影响群体行为演化的。下面对三种经典的博弈模型（囚徒困境博弈、雪堆博弈和猎鹿博弈）中有限群体的演化博弈动力学固定概率的计算进行介绍。

（1）囚徒困境博弈中的固定概率

囚徒困境博弈作为分析合作困境问题的数学模型有着悠久的历史，代表了社会困境中最严格的一种形式。由于背叛策略 D 发挥主导作用，而合作策略 C 发挥从属作用，因此开展囚徒困境博弈时，两个玩家可以是合作关系，也可以是背叛关系，可自由选择。合作行为的成本为 $c > 0$，但会给另一个参与者带来 $b > c$ 的收益。因此，只有对手合作时才能获得最高的回报 b。在这种情况下，对手获得的收益为 $-c$。相互合作会互惠互利，相互背叛则会导致零收益。博弈模型的收益矩阵描述如下：

$$\begin{array}{cc} & \begin{array}{cc} C & D \end{array} \\ \begin{array}{c} C \\ D \end{array} & \begin{pmatrix} b-c & -c \\ b & 0 \end{pmatrix} \end{array} \qquad (6\text{-}36)$$

由于 $b > b-c$ 且 $c > 0$，就代表对手策略的选择不影响个体策略的选择，无论对手的策略是什么，背叛策略都是个体的必然选择。相互背叛的单边偏离降低了回报，因此相互背叛代表了唯一的纳什均衡，但相互合作对应于社会最优的情况（$b-c > 0$）。

值得注意的是，将成本和收益参数化是囚徒困境博弈中在数学上最直观和最方便的表现形式。但是，同样需要注意的是，这反映了一种特殊情况，因为收益矩阵对角元素的总和等于非对角元素的总和。换句话说，囚徒困境博弈就是"收益的平等来自策略的转换"的一个例子。此属性导致合作者与背叛者之间的收益差异 $\pi_C - \pi_D = -c$，这与合作者在群体中的比例 x_C 无关。在这种特殊的情况下，复制动力学表示为：

$$\dot{x}_C = -x_C(1-x_C)c \qquad (6\text{-}37)$$

式（6-37）解得 $x_C(t) = x_C(0)[x_C(0)+(1-x_C(0))\mathrm{e}^{ct}]^{-1}$。合作者在群体中的比例随时间 t 始终在减少，并且收敛到唯一的稳定固定点 $x_C = 0$。最终，合作者消失灭亡。

在有限群体和弱选择（$\omega \ll 1$）下，根据式（6-28），对于群体中存在 i 个合作者和 $N-i$ 个背叛者时，合作策略的固定概率表示为：

$$\phi_i = \frac{i}{N} - \frac{i\omega}{2N}(N-i)\left(c+\frac{b}{N-1}\right) < \frac{i}{N} \qquad (6\text{-}38)$$

由于 $\phi_i < \dfrac{i}{N}$，与中性突变体相比，合作者处于劣势。类似地，对于强选择（$\omega \to 1$）的情况，利用费米更新函数计算固定概率得到 $\phi_i = \delta_{i,N}$。换句话说，合作行为不能仅仅通过个体选择得到发展，且矩阵中元素之间存在如下数量关系：

$T>R>P>S$。也就是说，无论博弈成本c为何值，在优势策略分析上，相比于合作者策略，背叛者策略始终更优；在群体中，选择背叛策略就意味着对绝对优势的占据，这个结果也再次证实了复制动力学分析结果。由此可以得出，初始合作者的数量并不会影响最终优势策略的涌现。在参与博弈的过程中，为实现自身利益最大化，人们都倾向于选择有利于自己的策略。因此，在这种情况下，即使减少合作所必需的成本，或者增加群体中初始合作者的规模，也无法从根本上改变背叛策略将会在群体中占优，而合作策略最终处于劣势直至消亡这一事实。

关于囚徒困境博弈的理论预测与观察到的自然界中的大量合作之间的鲜明对比需要做出一定解释。在过去的几十年中，有学者已经提出了一些能够促进生物和社会系统合作的机制[263]。在群体中，合作者可以通过亲缘选择获取很好的资源，继而蓬勃发展，群体选择也会帮助群体关系从竞争走向合作[264]。有条件的行为规则可以在重复博弈中策略性地响应先前的交互行为，或者根据个人在非重复环境中的声誉来调整自身的行为，并通过直接或间接互惠建立合作。结构化人群中的交互行为支持了囚徒困境博弈的合作，但不一定能解决其他社会困境的合作。此外，空间的扩展使个人可以避免社会困境，参与合作成为一种自愿行为或惩罚不合作的个体都支持合作[265]。

基于上述论述，我们首先设定有限群体的数量$N=20$，收益矩阵中的利益值$b=1$，弱选择（$\omega=0.1$）。下面基于上述参数设置来研究当收益矩阵中的成本c不同时对策略固定概率ϕ_i的影响。为了便于分析比较，在此博弈模型及后续两种博弈模型中均默认采用如上参数设定。如图 6-1 所示，在弱选择下，合作的成本c越低，合作者策略达到固定的速率越快，反之越慢。当群体中初始合作者占比越高时，合作策略也具有更高的固定概率。

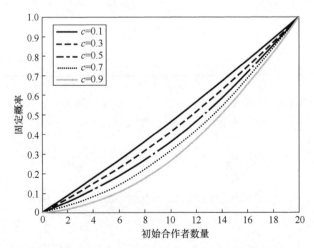

图 6-1　囚徒困境博弈中固定概率与初始合作者数量及不同合作成本的关系

（2）雪堆博弈中的固定概率

在雪堆博弈中，收益矩阵表示为：

$$
\begin{array}{c} \\ C \\ D \end{array}
\begin{array}{cc} C & D \end{array}
\begin{pmatrix} b-\dfrac{c}{2} & b-c \\ b & 0 \end{pmatrix}
\tag{6-39}
$$

在有限群体和弱选择（$\omega \ll 1$）下，根据式（6-28），对于群体中存在 i 个合作者和 $N-i$ 个背叛者时，合作策略的固定概率表示为：

$$
\phi_i = \frac{i}{N} + \frac{i\omega}{12N}(N-i)\left(\frac{(4N-6)b + (3-5N)c + (c-2b)i}{N-1}\right)
\tag{6-40}
$$

且矩阵中元素之间存在如下数量关系：$T > R > S > P$。也就是说，雪堆博弈中参与者对对手的最佳回应是选择与对手相反的策略。在复制动力学中，群体的初始状态不会作用于最终的纳什均衡点，群体收敛到以下状态：

$$
x^* = \frac{P-S}{R-S-T+P} = \frac{2(c-b)}{c-2b}
\tag{6-41}
$$

当群体中合作者的初始数量一定时，合作所付出的成本 c 越大，固定概率 ϕ_i 的值越小。原因是，成本 c 较小会促进群体中合作行为的出现；相反，成本 c 较大不利于合作者的生存，抑制了合作行为的演化，参与者想为自己争取更多利益的自私利己主义限制了合作的涌现。然而，当合作成本 c 处于中等水平时，固定概率 ϕ_i 一般比中性漂移选择时的数值 $\dfrac{i}{N}$ 大些。此时，群体中策略的演化过程将会受到初始策略分布状态的影响。

如图 6-2 所示，在弱选择下，合作的成本 c 越低，合作者策略达到固定的速率越快，反之越慢。当群体中初始合作者占比越高时，合作策略也具有更高的固定概率。

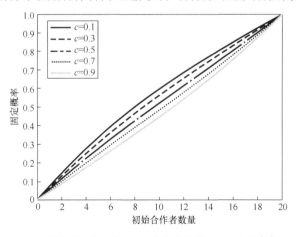

图 6-2　雪堆博弈中固定概率与初始合作者数量及不同合作成本的关系

（3）猎鹿博弈中的固定概率

在猎鹿博弈中，收益矩阵表示为：

$$
\begin{array}{cc}
 & \begin{array}{cc} C & D \end{array} \\
\begin{array}{c} C \\ D \end{array} & \begin{pmatrix} b & 0 \\ b-c & b-\dfrac{c}{2} \end{pmatrix}
\end{array}
\tag{6-42}
$$

在有限群体和弱选择（$\omega \ll 1$）下，根据式（6-28），对于群体中存在 i 个合作者和 $N-i$ 个背叛者时，合作策略的固定概率表示为：

$$
\phi_i = \frac{i}{N} + \frac{i\omega(N-i)}{12N}\left(\frac{2N(c-b)+(c+2b)i-3c}{N-1} \right)
\tag{6-43}
$$

且矩阵中元素之间存在如下数量关系：$R > P > T > S$。也就是说，猎鹿博弈中参与者对对手的最佳回应是选择与对手相同的策略。在复制动力学中，存在一个内部的、不稳定的纳什均衡点：

$$
x^* = \frac{P-S}{R-S-T+P} = \frac{2b-c}{2b+c}
\tag{6-44}
$$

当群体中合作者的初始数量一定时，合作所付出的成本 c 越大，固定概率 ϕ_i 的值越大。这是因为成本 c 较小时，合作策略很难达到固定。然而，当成本 c 较大且初始合作者数量 i 较大时，固定概率 $\phi_i > \dfrac{i}{N}$。这与囚徒困境博弈有着明显的区别，因此这也为合作策略在群体中的固定提供了可能。此外，不同于雪堆博弈，猎鹿博弈中优势策略是选择与对手相同的策略，而雪堆博弈中，保持与对手相反的策略，就是优势策略。如图 6-3 所示，在弱选择下，合作的成本 c 越高，合作者策略达到固定的速率越快，反之越慢。当群体中初始合作者占比越高时，合作策略也具有更高的固定概率。

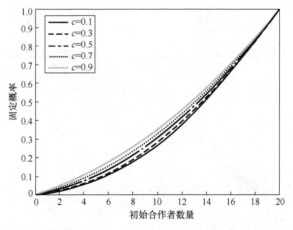

图 6-3　猎鹿博弈中固定概率与初始合作者数量及不同合作成本的关系

3. 动态合作困境中固定概率计算

在一个规模为 M 的无结构化、全连通群体中，每个个体占据着一个节点，并与邻居进行两人两策略博弈。每两个个体形成一个博弈对，因此群体中共有 $\dfrac{M(M-1)}{2}$ 个博弈对。每个个体可以采取两种策略：合作（C）或背叛（D），作为其当前的策略。博弈中的两个个体选择一种博弈模型 G_1 或 G_2 与邻居进行博弈。博弈矩阵描述如下：

$$
\begin{array}{c}
\quad C \quad\ \ D \\
\begin{array}{c} C \\ D \end{array}
\begin{pmatrix} \alpha_1 & \alpha_2 \\ \alpha_3 & \alpha_4 \end{pmatrix}
\end{array}
\tag{6-45}
$$

当一个合作个体和另一个合作个体在博弈模型 G_1 中交互博弈时，他们均得到数值为 α_1 的收益；当一个合作个体同一个背叛个体博弈时，合作个体的收益为 α_2，背叛个体的收益为 α_3；当两个背叛个体博弈时，两者均得到收益 α_4。类似地，当两个个体在博弈模型 G_2 中交互时，得到的收益同上。我们分别采用 β_1、β_2、β_3 和 β_4 作为博弈模型 G_2 的收益矩阵元素。

对于策略的演化，我们采用死生过程作为更新规则。博弈持续 N 轮，π_i（$i=1,2,\cdots,M$）代表个体 i 的收益。在每轮博弈中进行个体的随机选择，被选择的个体进行死亡处理。随后，其周围邻居为占据这个位置而竞争，成功与否与其周围邻居的适合度呈正相关。适合度函数表示为：

$$
F_i = 1 - \omega + \omega\pi_i, \quad i = 1, 2, \cdots, M
\tag{6-46}
$$

式中，ω 表示选择强度。当 $\omega \ll 1$ 表示弱选择，个体的收益对适合度的影响微乎其微；当 $\omega = 1$ 表示其适合度等价于收益，即意味着强选择。在这种情况下，个体 i 将以很大的概率占据这个位置，背叛个体被合作个体取代的概率表示为：

$$
p = \frac{M_C F_C}{M_C F_C + (M - M_C) F_D}
\tag{6-47}
$$

式中，M_C 代表合作个体在群体中的规模；F_C 表示合作者的适合度；F_D 表示背叛者的适合度。合作个体和背叛个体的平均收益分别表示如下：

$$
\begin{cases}
\pi_C = \left(\dfrac{j-1}{M-1}\alpha_1 + \dfrac{M-j}{M-1}\alpha_2 \right) x_{G_1} + \left(\dfrac{j-1}{M-1}\beta_1 + \dfrac{M-j}{M-1}\beta_2 \right)(1 - x_{G_1}) \\[2ex]
\pi_D = \left(\dfrac{j}{M-1}\alpha_3 + \dfrac{M-j-1}{M-1}\alpha_4 \right) x_{G_1} + \left(\dfrac{j}{M-1}\beta_3 + \dfrac{M-j-1}{M-1}\beta_4 \right)(1 - x_{G_1})
\end{cases}
\tag{6-48}
$$

式中，博弈模型 G_1 在群体中的比例表示为 x_{G_1}，博弈模型 G_2 在群体中的比例表示为 $1-x_{G_1}$。j 表示系统中初始合作个体的数量。合作个体数量由 j 增加为 $j+1$ 和减少为 $j-1$ 的转移概率分别为：

$$T_j^{\pm} = \frac{j}{M} \frac{M-j}{M} \frac{1}{1+e^{\mp\omega(\pi_C-\pi_D)}} \tag{6-49}$$

在演化博弈进程中，合作个体的固定概率只取决于 j 减小为 $j-1$ 和增加为 $j+1$ 的转移概率之比 $\chi_j = \dfrac{T_j^-}{T_j^+} = e^{-\omega(\pi_C-\pi_D)}$。根据此比值和前面关于固定概率的计算方法，固定概率 ϕ_j 可以表示为：

$$\phi_j = \frac{\sum\limits_{k=1}^{j-1}\prod\limits_{m=1}^{k}\chi_m}{\sum\limits_{k=1}^{M-1}\prod\limits_{m=1}^{k}\chi_m} \tag{6-50}$$

即意味着当固定概率 $\phi_j = 1$ 时，群体中所有个体最终选择采取合作策略作为自身的策略选择。结合式（6-48）～式（6-50），得到：

$$\phi_j = \frac{\sum\limits_{k=1}^{j-1}e^{-\frac{\omega}{M-1}\frac{k(1+k)}{2}\left[x_{G_1}(u-v)+v\right]+kx_{G_1}(p-q)+kq}}{\sum\limits_{k=1}^{M-1}e^{-\frac{\omega}{M-1}\frac{k(1+k)}{2}\left[x_{G_1}(u-v)+v\right]+kx_{G_1}(p-q)+kq}} \tag{6-51}$$

式中，u、v、p 和 q 分别表示为：

$$\begin{cases} u = \alpha_1 - \alpha_2 - \alpha_3 + \alpha_4 \\ v = \beta_1 - \beta_2 - \beta_3 + \beta_4 \\ p = -\alpha_1 + M\alpha_2 - M\alpha_4 + \alpha_4 \\ q = -\beta_1 + M\beta_2 - M\beta_4 + \beta_4 \end{cases} \tag{6-52}$$

下面对混合博弈模型中合作策略的固定概率进行计算。

在典型的两人演化动力学中，猎鹿博弈中合作策略能够在很少的时间步数中到达固定，但是在囚徒困境博弈和雪堆博弈中却很难达到固定。其原因是，在猎鹿博弈中个体最好的回应是采取与对手相同的策略，而在囚徒困境博弈中最好的回应是采取背叛的策略，在雪堆博弈中最好的回应是采取对对手来说是不利的策略。然而，以两人两博弈模型为基础的博弈动力学认为，在变化趋势的比较上，合作策略的固定概率 ϕ_j^C 存在较大差异，这与博弈模型的初始比例有关。此外，如果两种博弈类型的最好的回应是相似的，那么固定概率将会在更短的时间内接近于 1，反之将会受到抑制。首先，我们给定三种具体情况，每种情况的群体中存在两种具体的博弈模型。它们分别是：囚徒困境博弈和雪堆博弈的混合博弈群体、囚徒困境博弈和猎鹿博弈的混合博弈群体以及雪堆博弈和猎鹿博弈的混合博弈群体。如图 6-4 所示，群体中出现大比例的囚徒困境博弈或雪堆博弈时，合作策略的固定概率 ϕ_j^c 数值较小。此时，合作策略的固定概率 ϕ_j^c 的变化趋势更为明显。在囚徒困境博弈和雪堆博弈的混合博弈群体中，当 $j < 25$ 时，合作策略的固定概率 ϕ_j^c 增长很慢，但随着 j 的增加，合作策略的固定概率 ϕ_j^c 增长速率逐渐加快。在囚徒困境博弈和猎鹿博弈的混合博弈群体中，以及雪堆博弈和猎鹿博弈的混合博弈群体中，合作策略的固定概率 ϕ_j^c 的增长速率更快。当 j 是一个常数时，较小的 x_{G_1} 会导致一个更大的合作策略的固定概率，且最终合作策略的固定概率 ϕ_j^c 变成 1。

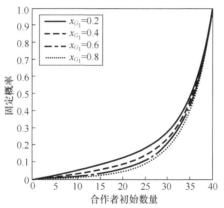

（a）囚徒困境博弈和雪堆博弈的混合博弈群体

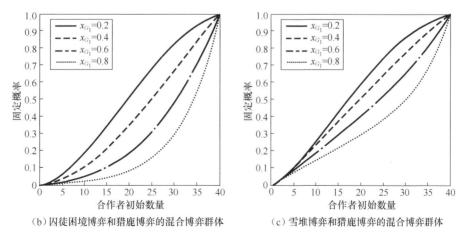

（b）囚徒困境博弈和猎鹿博弈的混合博弈群体　　（c）雪堆博弈和猎鹿博弈的混合博弈群体

图 6-4　混合博弈模型中合作策略固定概率与初始合作者数量的关系

4. 基于演化博弈论的集群编队模型固定概率计算

假设群体中有 m 个智能体的策略为 A，其适合度为 F_A，群体中策略 A 的智能体数量每次变化 1 个。根据前面中关于策略固定概率的计算式，可首先得出 m 增加为 $m+1$ 和减少为 $m-1$ 的转移概率可以分别表示为：

$$\begin{cases} P_{m,m+1} = \dfrac{x_A N F_A}{\displaystyle\sum_{i=1}^{N} x_i N F_i}\left(1-x_A\right) \\[4mm] P_{m,m-1} = \dfrac{\displaystyle\sum_{i=1,C_i \neq A}^{N} x_i N F_i}{\displaystyle\sum_{i=1}^{N} x_i N F_i} x_A \end{cases} \tag{6-53}$$

则 $P_{m,m} = 1 - P_{m,m+1} - P_{m,m-1}$ 表示为 m 在下一次时间步数中保持不变的概率。

因此，m 减少为 $m-1$ 和增加为 $m+1$ 的转移概率之比可以表示为：

$$\frac{P_{m,m-1}}{P_{m,m+1}} = \frac{F_B}{F_A} = \frac{\displaystyle\sum_{k=1,C_i=B}^{N} F_k}{\displaystyle\sum_{k=1,C_i=A}^{N} F_k} \tag{6-54}$$

策略 A 的固定概率可以表示为：

$$\rho_A = \frac{1}{1 + \displaystyle\sum_{k=1}^{N-1}\prod_{i=1}^{k}\dfrac{F_A}{F_B}} \tag{6-55}$$

此外，策略 B 和策略 A 的固定概率之比可以表示为：

$$\frac{\rho_B}{\rho_A} = \prod_{i=1}^{N-1}\frac{F_B}{F_A} \tag{6-56}$$

| 6.3 集群编队控制仿真实验分析 |

6.3.1 集群编队控制仿真实验描述

本节将进行基于以上博弈模型的仿真实验分析。这里，我们基于一个栅格化处理后的二维环境中的集群编队问题进行仿真实验。在这个问题中，由于区域被栅格化，所以个体在移动过程中会出现冲突，即在某一个时刻，多个个体都想占有某个位置，这里我们的实验就是针对这样的冲突进行博弈建模与仿真分析。设定一个确定规模的群体在一个二维网格区域内进行运动，区域的大小为 20×20。对于每个智能体，初始位置坐标点 $P_i^{\text{st}}\,(i=1,\cdots,N)$ 的设置是系统随机进行并确保每个智能体的位置是独一无二且区别于其他智能体的。同时，目标点的位置坐标点 $P_i^{\text{tg}}\,(i=1,\cdots,N)$ 也随机初始化，且确保不同于其他目标位置坐标。

当一次编队任务开始时，所有智能体从初始位置坐标点出发，在每个时间步数内朝向目标点位置运动一个网格。具体而言，如果只有一个智能体出现在某个移动智能体的视野中，则该移动智能体直接与之进行博弈；如果有多个智能体出现在某个移动智能体的视野中，则该移动智能体选择离自己最近的智能体进行博弈；如果有多个智能体等距离离某个移动智能体最近，则该移动智能体随机选择其中一个智能体，并与之进行博弈。

一旦两个智能体在某一时刻为争夺一个坐标位置而开始博弈，智能体可以以一定概率选择避让或碰撞，避让或碰撞的决策取决于智能体的性格特质和其当下的收益。如果智能体选择避让，预示着其将会改变自身的运动方向，绕过博弈冲突坐标点，直到对方离开自己的视野范围，然后再重新进行运动路径规划。与此同时，智能体会损失一定的时间步数。相反，如果智能体选择直走不绕行，则其仍然按照初始的运动规划轨迹前进。此时，若其对手也选择直走，则二者一直碰撞，直到其中一方智能体选择绕行避让的策略，双方博弈结束，双方均产生碰撞损失。特别地，如果博弈双方一直采取碰撞的措施，则需要对碰撞次数的阈值进行设定。一旦双方实际碰撞次数超过阈值范围，那么系统随机选择其中一个智能体改变策略，进行避让，从而结束双方之间的碰撞。集群编队控制仿真实验的算法伪代码描述如图 6-5 所示。

```
1: 初始化多智能体系统各项参数;
2: 设定初始编队次数 =0;
3: 设定重复编队次数;
4: 设定碰撞成本;
5: while 编队次数小于重复编队次数 do
6:     while 多智能体系统未完成一次编队任务 do
7:         if 智能体 i 未处于博弈中 then
8:             智能体 i 朝着目标点方向前进一步;
9:         else if 智能体 i 到达目标点 then
10:            标记智能体 i 到达;
11:        end if
```

图 6-5　集群编队控制仿真实验的算法伪代码描述

```
12:        for 对所有智能体进行循环遍历 do
13:            if 智能体 i 未到达目标点 && 智能体 i 和智能体 j 博弈争夺一个位置 then
14:                if 智能体 j 未到达目标点 then
15:                    标记这个位置;
16:                    智能体 i 和智能体 j 开始一次博弈;
17:                    if 智能体 i 和智能体 j 均选择碰撞策略 then
18:                        智能体 i 的收益减去一次碰撞损失;
19:                        智能体 j 的收益减去一次碰撞损失;
20:                    else if 智能体 i 选择碰撞策略 && 智能体 j 选择避让策略 then
21:                        智能体 j 改变其运动方向;
22:                    else if 智能体 i 和智能体 j 均选择避让策略 then
23:                        随机选取一个智能体并改变其运动方向;
24:                    else if 智能体 j 到达目标点 then
25:                        智能体 i 改变其运动方向;
26:                    end if
27:                end if
28:            end if
29:        end for
30:    end while
31:    更新 N 个智能体的策略:
32:    每个智能体随机选择群体中其他任意一个智能体,并以一定概率学习其策略;
33:    编队次数 +=1;
34: end while
```

图 6-5   集群编队控制仿真实验的算法伪代码描述（续）

图 6-6 所示为一次编队任务中的 4 个运动片段,分别为:系统的初始状态;所有智能体运动 10 步后的状态;所有智能体运动 20 步后的状态;完成编队任务后结束时的状态。绿色点表示初始位置,黄色点表示目标点位置,青色点表示智能体运动的路径,红色点表示智能体到达目标点位置,黑色点表示智能体之间博弈冲突的坐标点。

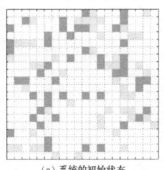
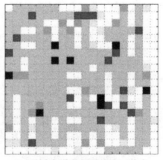

（a）系统的初始状态　　　　　　　　（b）所有智能体运动10步后状态

*图 6-6   一次编队任务过程中运动片段

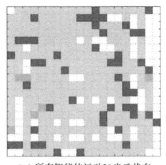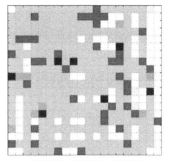

（c）所有智能体运动20步后状态　　　（d）完成编队任务后结束时的状态

*图 6-6　一次编队任务过程中运动片段（续）

　　我们考虑四种情况，博弈的收益矩阵分别为 [1,0;1,0.5]、[10,0;1,0.5]、[100,0;1,0.5]和[1000,0;1,0.5]。其中，碰撞损失 a_1 分别为 1、10、100 和 1000。这里，我们设定每个智能体的视野范围是 2 个单位长度。也就是说，当一个智能体前进方向视野半径 $r=2$ 的区域内出现一个或多个智能体时，该智能体即开始与之进行交互博弈（见图 6-7）。

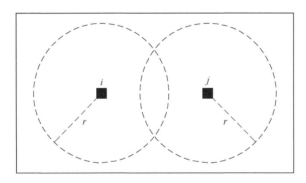

图 6-7　智能体的视野半径决定智能体是否与其他智能体进行交互博弈

　　编队任务结束的标志是所有的智能体均到达各自目标点位置。此时，所有的智能体学习其他智能体的优势策略并进行策略更新。策略更新的费米更新函数可表示为：

$$\theta_i = \frac{1}{1+e^{-\beta\left(\pi_{I_i}-\pi_{I_j}\right)}} = \frac{1}{1+e^{-\beta\pi}} \qquad （6-57）$$

式中，一个随机选择的智能体 i 将其收益 π_{I_i} 同另一随机选择的智能体 j 的收益 π_{I_j} 进行比较，如果智能体 j 的收益更高，则智能体 i 以大于1/2的概率转移策略。假设策略的概率转移服从费米分布（Fermi Distribution），且转移温度决定选择的强度 β。当选择强度趋于 0 意味着收益对适合度的贡献很小；当选择强度 β 很大时，智能体将在群体中占据重要位置，费米更新函数值趋近于 1，其余智能体将以较大的概率学习该智能体的策略。

6.3.2　集群编队控制仿真结果与分析

当 $N=50$ 时，碰撞损失 a_1 越大，智能体之间的碰撞次数越少。相反，随着避让次数的增加，为了增加收益，智能体会减少损失并学习其他优势策略。如图 6-8 所示，当碰撞损失很小（ $a_1=1$ ）时，智能体趋向于演化成不合作的状态，当群体达到稳定状态，绝大多数智能体的策略概率在 0.4～0.7；当碰撞损失 $a_1=10$ 时，大多数智能体的策略概率在 0～0.4，一小部分智能体的策略概率在 0.4～0.6；当碰撞损失 $a_1=100$ 时，智能体每发生一次碰撞，损失就会很多，从而不愿意直接横冲直撞，与对手发生碰撞。因此，群体演化成变得更加倾向于合作的状态，大多数智能体的性格或态度变得更加温和，智能体策略概率基本集中在 0～0.3 的区间内；碰撞损失 $a_1=1000$ 的情况则更为极端，由于过大的损失，当群体中的智能体相遇时，智能体更不情愿去碰撞，智能体策略概率基本集中于 0～0.2。

当 $N=100$ 时，实验结果如图 6-9 所示，演化的结果类似于 $N=50$。当碰撞损失较小（例如 $a_1=1$ ）时，预示着当智能体相遇碰撞时的损失很小，且能够尽快到达目标位置，即智能体表现得更为激进，当与其他智能体相遇时，愿意以很大概率去和对手进行碰撞，群体演化出更多非合作策略，策略概率集中在 0.4～0.6。随着碰撞损失的增加，意味着智能体的收益迅速下降。为了减少损失，且尽快到达目标位置，

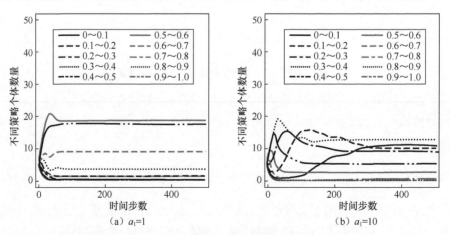

图 6-8　不同策略个体数量与时间步数之间的关系（ $N=50$ ）

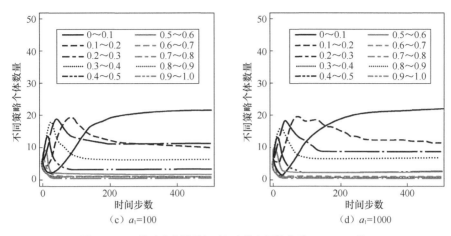

（c）$a_1=100$　　　　　　　（d）$a_1=1000$

图 6-8　不同策略个体数量与时间步数之间的关系（$N=50$）（续）

智能体将会学习和模仿更多优势策略。在这种情况下，性格温和的智能体将会在群体中占主导地位，面对冲突时倾向于选择避让行为，当碰撞损失 a_1 分别为 10 和 100 时，策略的概率分别集中于 0 ~ 0.3 和 0 ~ 0.2。在图 6-9（d）中，绝大多数智能体演化出策略概率处于 0 ~ 0.1 的状态（ $a_1=1000$ ）。

根据以上仿真实验结果，可以得到：当碰撞损失 a_1 较小（1 或 10）时，趋向于碰撞的策略容易在群体演化中得到固定。此外，当 N 较大时，例如 $N=100$，策略的固定时间将会在一定程度上缩短。相反，当碰撞损失 a_1 为 100 或 1000 时，趋向于避让的策略容易在群体演化中得到固定。

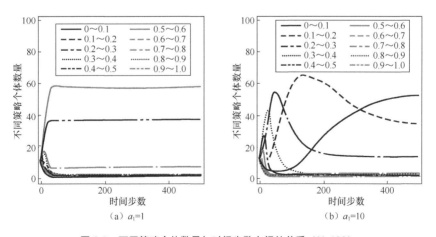

（a）$a_1=1$　　　　　　　　（b）$a_1=10$

图 6-9　不同策略个体数量与时间步数之间的关系（$N=100$）

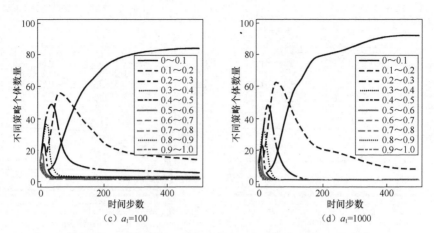

图 6-9　不同策略个体数量与时间步数之间的关系（N=100）（续）

碰撞/避让次数与时间步数之间的关系如图 6-10 和图 6-11 所示。

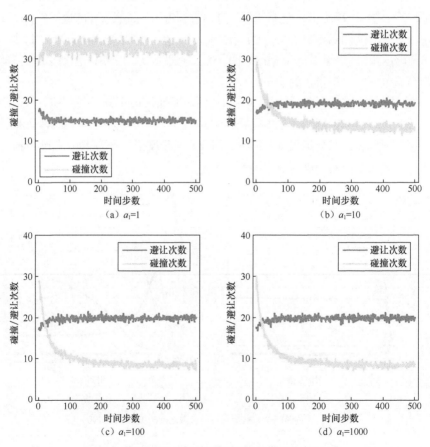

图 6-10　碰撞/避让次数与时间步数之间的关系（N=50）

在图 6-10 中，当碰撞损失 a_1 较小（1 或 10）时，如果智能体选择在与其他智能体相遇时碰撞，则其损失将会很小，且在面对对手时的态度表现会更为强硬。因此，在群体博弈中更倾向于碰撞，并演化成更多非合作策略。但是，当碰撞损失较大时，预示着若双方在相遇博弈时产生碰撞，则会在一次碰撞中损失很多，其收益也会明显下降，碰撞的代价过大。为了减少损失，且能快速到达目标位置，智能体将会学习和模仿一些更加保守的策略或在博弈中倾向于采取避让措施。

当 $N=100$ 时的情况如图 6-11 所示。随着 N 的增加，区域变得更加拥挤，智能体之间相遇的概率增加，智能体损失得更多且更快。换言之，智能体将会在更短的时间内减少碰撞次数以降低收益损失。

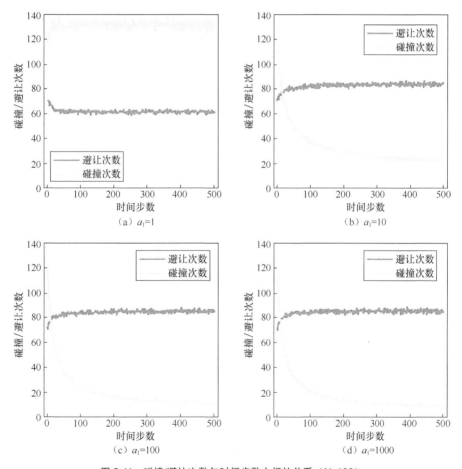

图 6-11　碰撞/避让次数与时间步数之间的关系（N=100）

当群体规模 N 分别为 20、50、75 和 100 且碰撞损失 a_1 分别为 1、10、100 和 1000 时，群体到达目标点位置的平均运动步数如图 6-12 所示。若 N 较小时，由于区域内群体密度较小，群体将会在较短的时间步数内完成一次编队任务。例如，当 $a_1 = 1$，$N = 25$ 时，群体到达步数约为 27.2 步，$N = 50$ 时的相应步数为 30.4。然而，随着群体规模的增加，智能体相遇的概率增大，因此，平均到达步数增多。当 N 为 50 和 100 时，平均到达步数分别为 31.5 和 32.4。

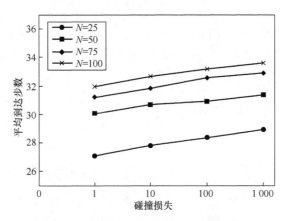

图 6-12　平均到达步数与碰撞损失之间的关系

当碰撞损失 a_1 较小时，意味着尽管智能体相遇博弈，两者不会损失过多。智能体趋向于变得更具侵略性，选择在博弈中横冲直撞。然而，当碰撞损失增大时，智能体趋向于为其他智能体让路并绕行，群体完成编队任务的平均步数有所增加。此外，当碰撞损失过大时，意味着一旦智能体产生碰撞，智能体将会损失"惨重"。在这种情况下，智能体将会尽快学习群体中较为优势的策略行为，做出相应的绕行避让动作。由于大量的绕行，群体到达目标点位置的平均步数会增加。

在某些情况下，编队的区域大小会产生一定的变化，如发生突变或渐变，即在一段时间或一定时间间隔后，编队的区域会变大或变小。由此，我们下面对区域变化情况下的群体策略演化过程进行分析讨论。

图 6-13 所示为当群体规模 N=50，碰撞损失 a_1 =1 时，区域突变时的情况。

在时间步数小于 300 的编队中，区域边长 B=20；时间步数在 300～500 的编队中对应的区域边长 B 分别为 10、15、30 和 40。由图 6-13 所示可知，群体在较短的时间步数内已经演化出相对稳定的策略分布，并在后续的编队中保持了演化稳定的状态。区域的突变对群体的演化过程几乎没有影响。

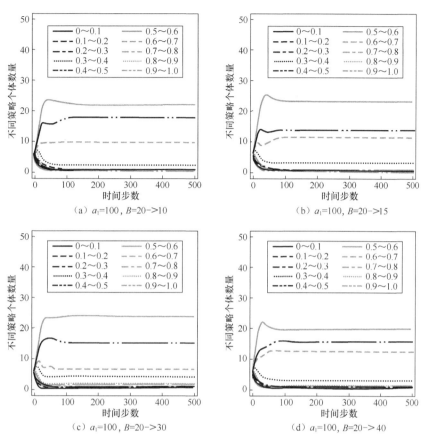

图 6-13　区域突变时不同策略个体数量与时间步数之间的关系（N=50，a_1=1）

图 6-14 所示为当群体规模 N=50，碰撞损失 a_1=10 时，区域突变时的情况。

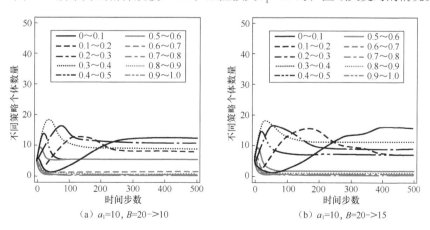

图 6-14　区域突变时不同策略个体数量与时间步数之间的关系（N=50，a_1=10）

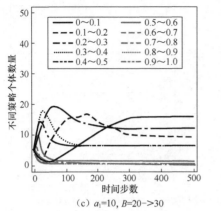

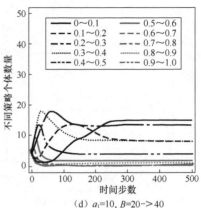

（c）a_1=10, B=20->30　　　　　　　　（d）a_1=10, B=20->40

图 6-14　区域突变时不同策略个体数量与时间步数之间的关系（N=50，a_1=10）（续）

在时间步数小于 300 的编队中，区域边长 B=20；时间步数在 300～500 的编队对应的区域边长 B 分别为 10、15、30 和 40。由图 6-14 所示可知，当区域突变时，群体演化出更多较为温和的策略，个体以较大概率采取避让措施。

图 6-15 所示为当群体规模 N=50，碰撞损失 a_1=100 时，区域突变时的情况。

在时间步数小于 300 的编队中，区域边长 B=20；时间步数在 300～500 的编队对应的区域边长 B 分别为 10、15、30 和 40。由图 6-15 所示可知，当区域突变为较小的区域面积时，由于区域变得更为拥挤，个体间产生博弈的概率增加，而此时碰撞损失较大。因此，当群体以较快的速率演化出更多相对温和的策略时，群体倾向于采取避让措施，而当区域突变为面积较大的区域时，会减慢策略最终达到稳定的演化过程。

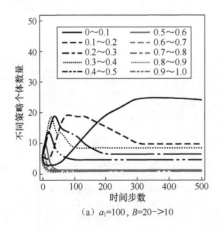

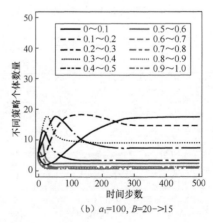

（a）a_1=100, B=20->10　　　　　　　　（b）a_1=100, B=20->15

图 6-15　区域突变时不同策略个体数量与时间步数之间的关系（N=50，a_1=100）

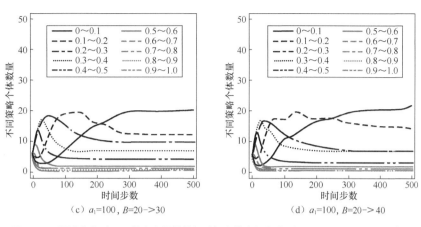

（c）a_1=100，B=20->30

（d）a_1=100，B=20->40

图 6-15　区域突变时不同策略个体数量与时间步数之间的关系（N=50，a_1=100）（续）

图 6-16 所示为当群体规模 N–50，碰撞损失 a_1 =1000 时，区域突变时的情况。

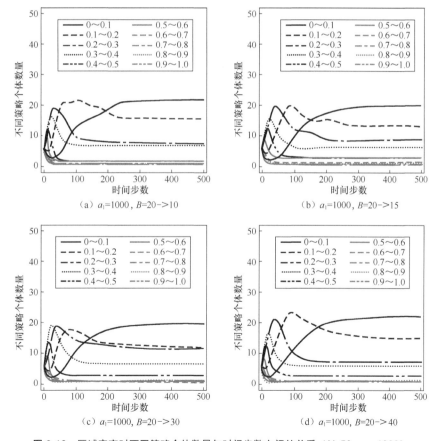

（a）a_1=1000，B=20->10

（b）a_1=1000，B=20->15

（c）a_1=1000，B=20->30

（d）a_1=1000，B=20->40

图 6-16　区域突变时不同策略个体数量与时间步数之间的关系（N=50，a_1=1000）

群体智能与演化博弈

在时间步数小于 300 的编队中，区域边长 $B=20$；时间步数在 300～500 的编队对应的区域边长 B 分别为 10、15、30 和 40。由图 6-16 所示可知，无论区域突变大或突变小，均对策略的演化过程影响不大，个体在与其他个体博弈时仍倾向于选择较为温和的策略。

图 6-17 所示为当群体规模 $N=100$，碰撞损失 $a_1=1$ 时，区域突变时的情况。

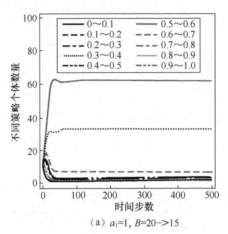

（a）$a_1=1$，B=20->15

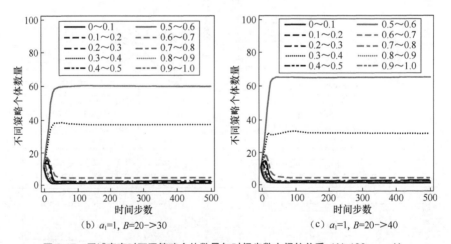

（b）$a_1=1$，B=20->30　　　　　（c）$a_1=1$，B=20->40

图 6-17　区域突变时不同策略个体数量与时间步数之间的关系（$N=100$，$a_1=1$）

在时间步数小于 300 的编队中，区域边长 $B=20$；时间步数在 300～500 的编队对应的区域边长 B 分别为 15、30 和 40。由图 6-17 所示可知，群体在较短的时间步数内已经演化出相对稳定的策略分布，并在后续的编队中保持了演化稳定的状态。区域的突变对群体的演化过程几乎没有影响。

图 6-18 所示为当群体规模 $N=100$，碰撞损失 $a_1=10$ 时，区域突变时的情况。

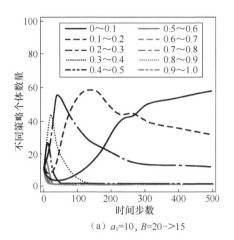

（a）$a_1=10$，$B=20\text{->}15$

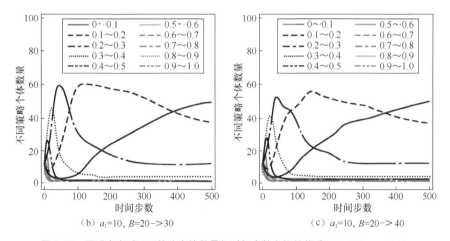

（b）$a_1=10$，$B=20\text{->}30$　　　　　　（c）$a_1=10$，$B=20\text{->}40$

图 6-18　区域突变时不同策略个体数量与时间步数之间的关系（$N=100$，$a_1=10$）

在时间步数小于 300 的编队中，区域边长 $B=20$；时间步数在 300 ~ 500 的编队对应的区域边长 B 分别为 15、30 和 40。由图 6-18 所示可知，当区域突变为面积较小的区域时，对策略的演化过程影响不大；但当区域突变为面积较大的区域时，会减慢策略的演化速率，策略达到相对固定的时间变长。

图 6-19 所示为当群体规模 $N=100$，碰撞损失 $a_1=100$ 时，区域突变时的情况。

在时间步数小于 300 的编队中，区域边长 $B=20$；时间步数在 300 ~ 500 的编队对应区域边长 B 分别为 15、30 和 40。由图 6-19 所示可知，区域的突变对策略的演化过程影响较小，个体会在较短的时间步数内演化出相对温和的策略，并保持相对稳定。

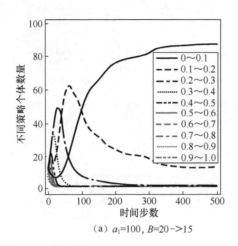

（a）a_1=100，B=20->15

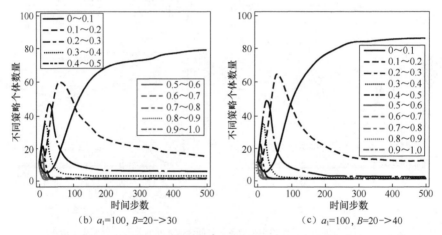

（b）a_1=100，B=20->30　　　　　（c）a_1=100，B=20->40

图 6-19　区域突变时不同策略个体数量与时间步数之间的关系（N=100，a_1=100）

　　图 6-20 所示为当群体规模 N=100，碰撞损失 a_1=1000 时，区域突变时的情况。

　　在时间步数小于 300 的编队中，区域边长 B=20；时间步数在 300～500 的编队对应的区域边长 B 分别为 15、30 和 40。由图 6-20 所示可知，上述演化结果与碰撞损失 a_1=100 的情况类似，区域突变对策略演化过程影响较小。

　　图 6-21 所示为当群体规模 N=50，碰撞损失 a_1 分别为 1、10、100 和 1000，区域边长 B 从 20 渐变到 50 的情况。

　　由图 6-21 所示可知，随着碰撞损失的增大，群体中的策略逐渐演化成倾向于采取避让措施的策略分布。

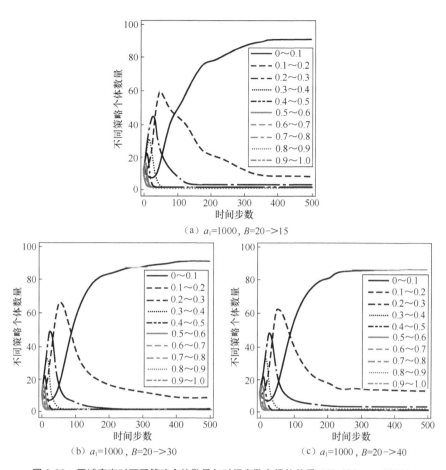

（a）a_1=1000，B=20->15

（b）a_1=1000，B=20->30

（c）a_1=1000，B=20->40

图 6-20　区域突变时不同策略个体数量与时间步数之间的关系（N=100，a_1=1000）

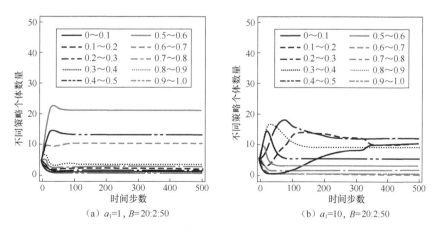

（a）a_1=1，B=20:2:50

（b）a_1=10，B=20:2:50

图 6-21　区域逐渐变大时不同策略个体数量与时间步数之间的关系（N=50）

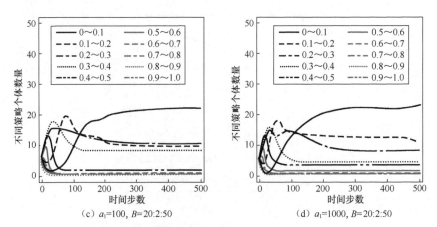

（c）a_1=100，B=20:2:50

（d）a_1=1000，B=20:2:50

图 6-21　区域逐渐变大时不同策略个体数量与时间步数之间的关系（N=50）（续）

　　图 6-22 所示为群体规模 N=50，碰撞损失 a_1 分别为 1、10、100 和 1000 时，区域边长 B 从 50 渐变到 20 的情况。

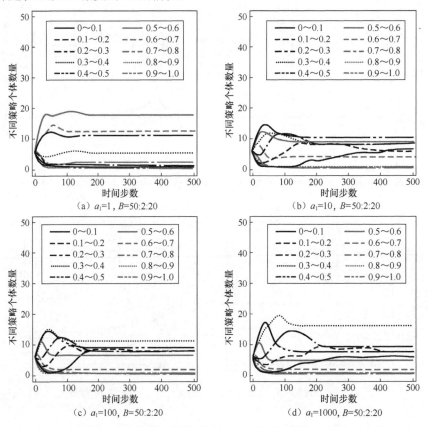

（a）a_1=1，B=50:2:20

（b）a_1=10，B=50:2:20

（c）a_1=100，B=50:2:20

（d）a_1=1000，B=50:2:20

图 6-22　区域逐渐变小时不同策略个体数量与时间步数之间的关系（N=50）

由图 6-22 所示可知，在碰撞损失非常小时，个体倾向于采取较为中性策略或碰撞的措施；而随着碰撞损失的增大，个体会以较大概率采取避让的措施。

图 6-23 所示为群体规模 $N=100$，碰撞损失 a_1 分别为 1、10、100 和 1000 时，区域边长 B 从 20 渐变到 50 的情况。

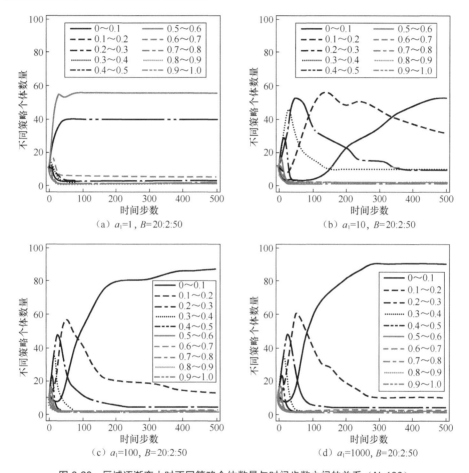

（a）$a_1=1$, $B=20{:}2{:}50$　　　　（b）$a_1=10$, $B=20{:}2{:}50$

（c）$a_1=100$, $B=20{:}2{:}50$　　　　（d）$a_1=1000$, $B=20{:}2{:}50$

图 6-23　区域逐渐变大时不同策略个体数量与时间步数之间的关系（$N=100$）

由图 6-23 所示可知，随着碰撞损失的增大，群体中的策略逐渐演化成倾向于采取避让措施的策略分布。

图 6-24 所示为群体规模 $N=100$，碰撞损失 a_1 分别为 1、10、100 和 1000 时，区域边长 B 从 50 渐变到 20 的情况。

由图 6-24 可知，当碰撞损失 a_1 分别为 1 和 1000 时，群体达到策略相对稳定分布的速率较快，在 500 步内编队能够达到稳定；而当碰撞损失 a_1 分别为 10 和 100

时，策略的演化过程变化较大，在时间步数为 500 时还不能达到相对稳定的状态。但是，可以看出群体仍是趋向于采取相对保守、温和的避让措施，以减少碰撞损失，并以较快的步数到达目标点。

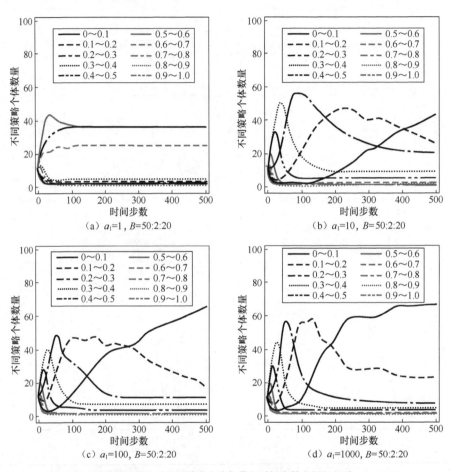

图 6-24　区域逐渐变小时不同策略个体数量与时间步数之间的关系（N=100）

|本章小结|

本章提出了一种基于动态演化博弈论和分布式决策的编队控制和避障方法，通过编队任务中智能体之间的交互行为来讨论群体的行为演化机制。群体中所有的智能体采取混合策略，智能体要么是温和的，趋向于选择避让措施；要么是激进的，趋向于采取强硬的碰撞行为。首先，通过理论分析和仿真研究了群体中碰撞损失对策略演化的影响。结果显示，过大的碰撞损失会使智能体趋向于选择避让策略，以此来减少收益的损失。此外，如果智能体更愿意为其他智能体让路，群体完成编队的步数将会增加，时间更长、速度更慢。

除此之外，群体的规模也会对编队的效率和群体演化过程产生一定影响。进一步地，本章研究了当区域大小变化时群体的演化过程。当区域突变或渐变，碰撞损失非常小时，群体能在较短的步数内演化出相对稳定的策略分布；当碰撞损失逐渐增大时，群体的演化速率先变慢，后变快。这是因为碰撞损失小的时候，个体收益的变化相对较慢，个体倾向于采取碰撞措施，以更快到达目标点。然而，当碰撞损失过大时，个体收益变化较快，为减少收益损失，个体会迅速学习群体中的优势策略，从而快速形成相对稳定的策略分布。所有的仿真实验分析提供了一个创新的思路和方法去研究编队控制和智能体交互行为，也提供了一个研究群体演化的新视角。

第 7 章

基于深度优先策略的区域协同搜索

区域协同搜索是机器人集群工作的典型应用，其广泛运用于地图测绘、军事侦察、灾难搜救等场景。但受未知环境的不确定性以及通信距离的限制，机器人集群进行协同搜索通常会产生较大的搜索代价。为了减少集群协同搜索所消耗的时间，本章介绍了一种基于深度优先策略的区域协同搜索算法。该算法利用机器人在搜索过程中所收集的信息分配目标节点，从而尽可能地减少搜索移动次数。为了确保搜索的准确性，需对目标区域进行重复搜索。在重复搜索中，由于环境已知，所以该问题转化为规划问题。为减少通信限制给重复搜索带来的影响，本章进一步介绍了基于区域分割和区域分配的方法来处理重复搜索过程。仿真环境中的搜索实验表明：基于该算法的区域协同搜索所消耗的时间随着机器人数量的增加近似线性递减；在重复搜索中，采用区域分割和区域分配的方法极大降低了通信限制对搜索结果的不利影响。

| 7.1　协同搜索概述 |

7.1.1　协同搜索背景介绍

近年来，随着机器人技术的快速发展，机器人已经深入人类生产生活的方方面面，如物流仓储、家庭服务、智能教育等。但随着机器人应用场景的拓展及其任务复杂度的提高，使用单个机器人来完成既定任务已经不能满足使用者的需要，而群体智能与控制理论的结合使多机器人协同工作得以实现。群体智能为机器人集群的工作调度与顶层决策提供了理论方法，基于群体智能优化算法以及博弈理论的决策方法可以使机器人集群快速、高效地完成给定任务。自动控制原理和现代控制理论则为机器人实现决策动作提供了理论基础与控制方法。

使用机器人集群来完成任务比单个机器人执行相同任务拥有更大的优势。通过合理地分配调度，可以使每个机器人承担的负担减少。此外，每个机器人在执行自己的任务时还能获得其余正在执行任务的机器人的协助。以区域协同搜索为例，如果使用一个机器人完成整个区域的搜索，搜索所需要的时间通常难以接受，而使用多个机器人协同搜索时，每个机器人搜索的平均区域面积小于整个区域的面积。而且，机器人之间通过信息共享还能及时更新自己已知的环境信息，从而能极大提高搜索效率。因此，机器人集群相比机器人个体而言能更快速且更高效地完成任务。但随着执行任务的机器人数量的递增，完成任务所需要的总代价往往会出现较快增长。集群工作的理想情况是在参与任务执行的机器人数量倍增的同时，使机器人完成工作的总代价尽可能保持稳定，即令每个机器人完成工作所消耗的资源的平均值随着机器人数量的增加近似线性递减，这是减少机器人协同工作所消耗的资源及提高机器人集群工作效率急需解决的问题。

机器人集群的典型应用场景有无人机集群侦察、测绘，水下机器人集群探索，机器人灾难搜救，武装蜂群军事侦察或打击等。这些应用都涉及对未知区域的覆盖式搜索。因此，本章以未知区域协同搜索问题为研究对象，设计了一套针对仿真环境的协同搜索流程。研究的目的是针对仿真地图设计一套搜索流程，使完成协同搜索所需要的代价随着机器人数量的倍增近似线性递减，同时尽可能地降低通信限制给搜索带来的不利影响。

为避免集群工作所消耗的资源随着参与任务的机器人数量的增加而爆炸式增长，还需设计合理分配工作任务以及协调机器人工作的方法。因此，提高集群工作效率的关键在于使平均工作代价随着机器人数量的增加而线性递减，从而达到"事半功倍"的预期效果。而在实际应用中，由于环境的复杂性和不确定性以及受机器人个体之间的通信限制，集群工作很难达到预期的效果。这是因为在未知的复杂环境中，机器人难以通过自身掌握的局部信息来规划合适的路径。此外，由于受客观存在的通信限制的影响，机器人难以与其他正在执行任务的机器人交换信息，导致机器人之间很难协调合作。因此，本章以环境复杂性与机器人通信限制为切入点，重点解决集群的协同搜索代价问题，并设计提高协同搜索速度的流程。

针对未知环境的搜索问题，本章结合深度优先搜索和贪心策略，介绍了基于深度优先策略的协同搜索算法。该算法利用各机器人在搜索过程中收集到的信息为机器人分配目标节点。为尽可能地减少机器人的移动次数，在选取目标节点时采用了贪心策略；为减少前往目标节点的移动次数，使用 A*算法在机器人已知区域内求解一条最短路径作为其移动轨迹。

此外，由于搜索区域内的目标物可能有隐蔽、伪装的性质以及受机器人传感器性能和辨识算法性能的限制，一次搜索不一定能定位和检测到环境中的目标物。因此，需要在一次搜索的基础上进行重复搜索，以保证搜索准确性。在重复搜索中，机器人已经获得了大部分环境信息，此时协同搜索问题转化为机器人的路径规划问题。解决重复搜索中的路径规划以及寻找降低通信限制对搜索的负面影响的方法是提高协同搜索算法性能的关键。

在针对已知环境的重复搜索中，为使机器人充分利用已经获取的环境信息并降低机器人搜索对通信的依赖，本章介绍了基于区域分割和区域分配的方法来为机器人合理分配各自负责的区域。仿真实验表明，基于区域分割和区域分配的方法大大降低了通信距离限制给搜索带来的不利影响。

7.1.2　协同搜索的研究现状

协同搜索效率是衡量机器人集群的协同搜索算法性能的重要指标，而路径规划则是协同搜索算法的核心。为集群中的每一个机器人规划合适的路径是降低协同搜索代价并提高搜索效率的关键。国内外学者在搜索路径规划领域提出了多种应用于不同场景的算法及理论。

基于并行粒子群和强化学习的无人机路径规划方法可使无人机在复杂环境威胁情况下进行路径规划，完成既定任务。该算法具有较高的规划效率以及较快的收敛速度[266]；“预规划-在线轨迹跟踪”的规划模式关注战场环境中的无人机航路规划，针对可能出现的动态威胁，结合离线规划给出的参考轨迹和飞行过程中由粒子群优化算法求出的次优轨迹来进行航路规划，取得了良好的效果[267]。然而，这两种方法只能运用于目标点已知的情况，因此不能直接用于未知区域搜索。

演化博弈论也可运用于无人机集群任务中，在分布式模型预测控制方法框架下，基于局部纳什均衡的优化方法使用集群协作的图论模型以及粒子群优化算法进行决策优化，进一步降低了问题复杂度和通信负担[268]。马云红等[269]针对低空突防无人机的三维路径规划问题，使用了自适应搜索步长的搜索拓展模式来加快 A*算法收敛。冯国强等[270]综合 A*算法和蚁群优化算法来为无人机规划路径，其中，A*算法用于全局规划而蚁群优化算法用于局部规划，通过 A*算法的启发作用来克服蚁群优化算法收敛慢的不足，大大提高了搜索的效率。

总之，设计机器人集群的协同搜索算法的重点在于路径规划，即根据当前信息为每一个机器人选取目标点并计算最优路径使整个搜索过程带来的搜索代价最小。

目前机器人搜索路径规划大多使用智能优化算法，如粒子群优化算法，蚁群优化算法和遗传算法等[267,270]。近年来，随着深度强化学习的发展，越来越多的研究者开始使用深度强化学习来解决搜索及路径规划问题[266,271]。深度强化学习结合了深度学习的泛化及表达能力和强化学习的优化能力，在各类复杂问题中都有运用。

7.2　基于深度优先策略的协同搜索算法

7.2.1　搜索问题建模

1. 仿真搜索环境

现实中的搜索环境是一个连续的三维空间，且控制对象（如无人机、无人车等）的控制信号、速度和加速度也是连续的。为简化搜索问题，可将连续的搜索环境表达为"图"的结构，其由各支点以及连接支点的边组成。为进一步简化，可设定图中节点的邻节点个数上限，每条边的权值设为相同的数值，当某节点的邻节点数小于设定上限时，可认为存在不可到达节点。此时，可将该图转化为二维栅格地图。采用随机生成的二维栅格地图作为搜索地图，其中取值为"0"的栅格记为可到达节点，取值为"1"的栅格记为不可到达节点，即障碍。仿真实验采用的是大小为 50×50 的二维栅格地图。为模拟实际环境的复杂性，从而检验协同搜索算法的鲁棒性，为二维栅格地图设置不同的障碍占比（不可到达节点数量与地图中总结点数的比值）。不同障碍占比的仿真地图示例如图 7-1 所示，其中白色方格代表可到达节点，黑色方格代表不可到达节点。

为严格控制地图障碍占比并且保证地图的随机性，使用随机广度优先搜索（random breadth-first-search，RBFS）来生成仿真地图。随机广度优先搜索保留了传统的广度优先搜索的遍历能力，使障碍产生的位置可遍及整个二维栅格地图。随机广度优先搜索与传统广度优先搜索的不同在于从队列中选取节点的方式，传统的广度优先搜索采取的是队列结构"先进先出"顺序，而随机广度优先搜索则是随机地从队列中选取节点，以此保证障碍位置的随机性。

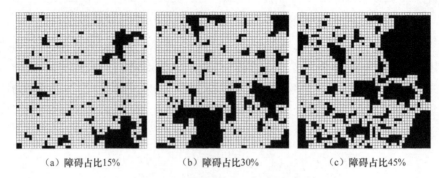

（a）障碍占比15%　　　　　　（b）障碍占比30%　　　　　　（c）障碍占比45%

图 7-1　不同障碍占比的仿真地图示例

随机广度优先搜索地图生成算法流程如图 7-2 所示。

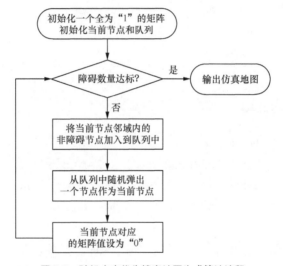

图 7-2　随机广度优先搜索地图生成算法流程

2. 仿真搜索过程

机器人可在仿真地图中相邻的可到达节点之间移动，其从一个可到达节点转移至与该节点相邻的另一可到达节点的过程称为一次移动。假设每个机器人进行一次移动所需要的时间相等，则可用搜索完成时机器人的平均移动次数来衡量协同搜索所消耗的时间，即完成协同搜索所需要的代价。提高协同搜索效率的关键便在于降低机器人的平均移动次数。

在搜索过程中，当机器人到达某一节点时，其能探知与该节点相邻的其他可到达节点的信息，包括该节点的坐标以及该节点是否被访问。在搜索开始时，环境对机器人而言是陌生的，机器人只能根据自身周围的环境信息来盲目地选择移动方向。当机器人周围有多个未被访问过的可到达节点时，不同的选择会产生不同的分支，从而引向不同的结果。

在不考虑机器人通信限制时，机器人集群在搜索过程中可实时通信，即共享各自收集到的环境信息；若考虑机器人的通信限制，则规定当且仅当机器人之间的距离小于某一数值时，它们之间才能进行信息交换，定义该数值为机器人之间的最小通信距离，也称为曼哈顿距离，记为 D_{com}。为简化模型，使用下式来衡量二维栅格地图中两机器人之间的距离。

$$D_{\text{com}} = \text{sum}(|\ X_{\text{robot}_1} - X_{\text{robot}_2}\ |) \tag{7-1}$$

式中，X_{robot_i} 为第 i（$i=1,2$）个机器人在二维栅格地图里的二维向量坐标。曼哈顿距离给出了栅格地图之中两个方格之间最短路径的长度。

机器人集群的协同搜索是一个并行的过程。这意味着，机器人在搜索过程相互独立，即便集群中一个或数个机器人发生故障，其他机器人也能继续完成搜索任务。各机器人之间的相互影响仅在于其能共享各自收集到的环境信息，包括自身的位置，已经访问过的节点和探知到的未访问节点的位置。机器人可利用这些信息独立或合作地完成任务搜索。

设计协同搜索算法并提高搜索效率的关键在于如何充分利用这些信息来控制机器人的走向。当机器人周围存在未被访问过的节点时，选择走向是比较容易的——只需尽可能地按照原来的前进方向移动即可；而当机器人周围没有未被访问过的节点时，则需要回溯到上一分支。选择哪一个分支点作为目标点以及如何前往该目标点是减少搜索移动次数需要解决的关键问题。

整个搜索流程划分为未知环境下的一次搜索和已知环境下的重复搜索。其中，未知环境中的一次搜索是一个搜索问题，已知环境中的重复搜索是一个规划问题。为解决未知环境下的一次搜索问题，本章结合了深度优先搜索和贪心策略，介绍了基于深度优先策略的协同搜索算法，以尽可能地减少机器人集群完成搜索所需要的移动次数。为解决已知环境下的重复搜索问题，本章介绍了基于区域分割与区域分配的方法，弱化机器人搜索过程对通信的依赖程度，以此降低通信限制给搜索带来的不利影响。

7.2.2　一次搜索流程

1. 单个机器人的移动方式

机器人在搜索过程中，会建立并更新一个保存自己探知到的未访问节点的列表，记为 *Queue*。列表 *Queue* 的更新信息来源有两种：一种是机器人在自身移动搜索的过程中探知的环境信息，即与机器人当前位置相邻的节点的信息；另一种是其他机器人提供的共享信息。

在协同搜索框架下，若只有一个机器人进行搜索，则其按照贪心深度优先搜索（greedy depth-first-search，GDFS）的方式移动。

当机器人到达某一个节点时，其以预设顺序扫描与当前位置相邻的节点，将第一个扫描到的未访问节点设为下一节点，并将其他扫描到的未访问节点加入到该机器人的列表 *Queue* 中；若机器人当前位置周围没有未被访问过的目标节点，则从列表 *Queue* 中选择一个与当前位置曼哈顿距离最小的节点作为目标节点，再寻找一条前往该节点的最短路径，到达目标节点后按上述流程继续搜索。当列表 *Queue* 为空时，地图中不再存在未访问节点，搜索过程结束。

图 7-3 所示为单个机器人在贪心深度优先策略下的搜索移动方式，白色方格代表可到达节点，方格■代表障碍，方块■代表机器人当前位置。机器人扫描周围邻域后，获得未被访问过的节点①、节点②和节点③，而后将节点 1 作为下一节点，其余节点添加到列表 *Queue* 中；到达节点 1 后再次扫描周围邻域，获得新的节点③、节点④和节点⑤，同时将原来的位置标记为已访问，即图 7-3 所示的圆圈●。

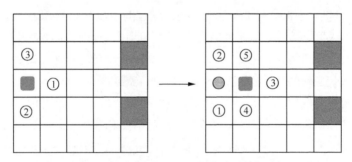

图 7-3 单个机器人在贪心深度优先策略下的搜索移动方式

机器人按这种移动方式继续搜索，直至周围没有未访问节点，如图 7-4 所示。

此时，采用贪心策略从列表 *Queue* 中选取与机器人当前位置曼哈顿距离最小的节点作为目标节点，即图 7-4 所示的节点⑦。使用 A*算法在机器人已探知的区域内寻找一条机器人当前位置与该目标节点之间的最短路径[272]。将 A*算法得到的最短路径称为"预设路径"，将拥有预设路径的机

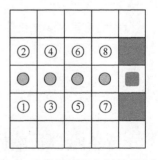

图 7-4 机器人周围没有未被访问节点

器人称为"回溯机器人"。

A*算法是一种启发式搜索算法，其以搜索节点和起始位置之间的精确移动代价 G 与搜索节点和目标节点之间的估计移动代价 H 之和 F 作为指标，根据这些指标从待扩展列表 *OpenList* 中选取下一个节点，直至到达目标节点为止[273]，如图 7-5 所示。

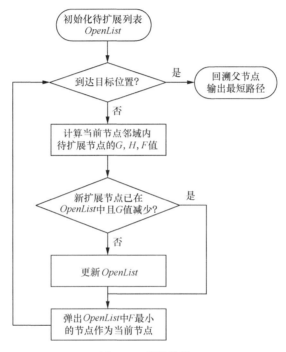

图 7-5　A*算法流程

A*算法在二维栅格地图中具有高效、快速的特点，可以迅速找出两点之间的最短路径。机器人根据预设路径从当前位置转移到目标节点后，继续按照上述方式进行搜索，直至机器人列表 *Queue* 为空。至此，地图中不存在未访问节点，搜索结束，机器人停止移动。

2. 协同搜索的移动方式

采用贪心深度优先的搜索方式可以保证机器人完成对目标区域的覆盖式搜索。之所以使用贪心策略，而不是传统深度优先的压栈弹出方法顺序选择目标节点，是因为在协同搜索中，列表 *Queue* 更新较快，传统深度优先的压栈弹出方法可能导致目标节点与当前位置之间的距离较远，从而增加机器人移动次数，延长搜索时间。

协同搜索过程中，机器人的移动方式与单个机器人搜索的移动方式相似，不同点在于下面几点。

① 机器人扫描周围节点的顺序尽可能互异，以使同一起点出发的机器人集群能迅速散开。

② 机器人从列表 $Queue$ 中选择目标节点时需要考虑其他机器人的状态。

③ 协同搜索是一个并行过程，各机器人搜索过程相互独立。

在不考虑通信限制的条件下，机器人集群能实时分享各自收集到的环境信息，在算法中表现为所有机器人共享一个保存已探知坐标的未访问节点的列表 $Queue$；在考虑通信限制的条件下，机器人各自拥有一个独立列表 $Queue$，当且仅当两机器人之间的距离小于或等于设定的最小通信距离 D_{com} 时，二者才能互相交换信息，即根据对方的列表 $Queue$ 更新自己的列表 $Queue$。在这两种条件下，机器人集群的每次移动都会导致列表 $Queue$ 的大量更新，此时，通过简单的贪心策略或者传统深度优先的压栈弹出方法来选择目标节点都不能使目标节点与当前位置之间的距离尽可能短，而且还可能出现多个机器人前往同一个目标节点的情况。这会导致冗余移动，增加机器人的移动次数，延长机器人完成搜索所需要的时间。

合理地为机器人集群分配目标节点是机器人集群以较小代价完成搜索的关键，为了达到该目的，选取的节点应满足以下条件。

① 选取的节点与当前机器人之间的曼哈顿距离小于其他正在前往该节点的回溯机器人与该节点之间的曼哈顿距离。

② 选取的节点是列表 $Queue$ 中距离当前机器人最近的。

但在实际搜索过程中，很难保证两个条件同时满足，因此，为尽量减少机器人移动次数，选取的节点应该尽量满足条件①。为解决这个问题，需要构建一个表格保存各机器人到列表 $Queue$ 中所有节点的曼哈顿距离，将该表记为 Dis。

Dis 表的行对应回溯机器人，列对应 $Queue$ 中所有节点，某行列交叉的值代表该行对应的机器人到该列对应节点之间的曼哈顿距离。协同搜索算法的核心便在于根据 Dis 表规划机器人的目标节点，使机器人完成搜索所需要的移动次数最短，即机器人集群能在较短时间内完成对目标区域的搜索。

Dis 表随着机器人的移动不断更新，构建该表后，可获得协同搜索中选取目标节点的如下贪心策略。

步骤 1：按照机器人位置更新 Dis 表，根据每一列对应的值对整个表进行升序排序。

步骤 2：按顺序遍历当前机器人所对应的行，若能找到一个值，使其在所在列中是唯一最小值且该节点不是目标节点，则该列对应的节点即为目标节点。

步骤 3：若存在其他正在前往步骤 2 中确定的目标节点的回溯机器人，则屏蔽该节点后，按照步骤 2 再次寻找新的目标节点。

步骤 4：若该行遍历结束后仍未找到目标节点，则当前机器人放弃本次移动。

步骤 5：若找到目标节点，则依照 A*算法获得的预设路径前往该节点。

机器人选择停止移动的情况发生在列表 *Queue* 中的节点都已经成为其他机器人的目标节点之时。这时，当前机器人不再需要移动，只需等待列表 *Queue* 更新后再开始移动搜索，以避免多个机器人同时前往同一目标节点，产生冗余移动。

无论在考虑通信限制或不考虑通信限制的情况下，这样的贪心策略都可根据获得的信息选取目标节点，尽可能地减少搜索所需的移动次数。

结合上述分析，可得到未知环境下的一次搜索算法，即基于深度优先策略的协同搜索算法流程如图 7-6 所示。

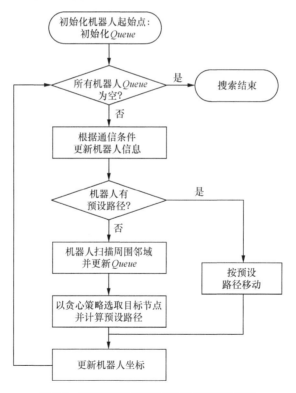

图 7-6　基于深度优先策略的协同搜索算法流程

该算法框架下，若不考虑机器人通信限制，则所有机器人共享一个列表 *Queue*，所有机器人收集到的信息将实时更新到该列表中；若考虑机器人通信限制，则机器人各自拥有一个相互独立的列表 *Queue*，在满足通信条件时，与其他机器人交换信息，更新各自的列表 *Queue*。

为方便观察机器人在仿真搜索环境中的搜索路径，利用 PyQt 5 所提供的构图函数搭建仿真平台，将仿真环境与每个机器人的搜索路径可视化。仿真示例实验所用代码为 Python 3.7，CPU 为 AMD Ryzen 2500U，GPU 为 Radeon Vega 8 Graphics，内存大小 8 GB。

图 7-7 所示为全局通信条件下，3 个机器人构成的搜索集群对一个障碍占比为 30%，大小为 20×20 的二维栅格地图进行搜索的过程。图中红色方格代表尚未被搜索的可到达节点，当机器人完成对该节点的搜索后，红色方格被标记为白色；黑色方格代表障碍；绿色方格代表正在进行搜索的机器人的位置。搜索顺序为（a）→（b）→（c）→（d）。3 个机器人统一从地图左上角的方格出发进行搜索，忽略机器人重叠或碰撞的情况。

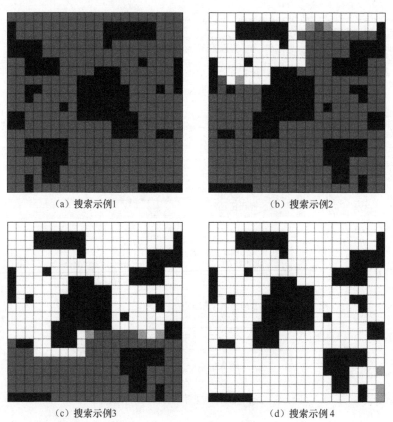

（a）搜索示例1　　　　　　　　（b）搜索示例2

（c）搜索示例3　　　　　　　　（d）搜索示例4

*图 7-7　协同搜索仿真示例

为完成对该区域的搜索，3 个机器人共移动了 352 次，平均每个机器人移动 117 次左右。

一次搜索的目标在于快速获得未知环境的信息，包括所有可到达节点的坐标以及可探知的障碍坐标。在不考虑通信限制的全局通信模式下，所有机器人共用一个列表 *Queue*，当搜索结束时，该列表为空，且每个机器人都获得了目标区域的大部分信息。而在考虑通信限制的局部通信模式下，机器人各拥有一个列表 *Queue*，当搜索结束时，所有机器人的列表 *Queue* 为空。需要指出的是，在局部通信模式下，由于信息交换的滞后性，可能出现部分机器人已经结束搜索，而其他机器人仍在进行搜索的情况。这是因为，部分机器人通过自己的搜索以及与其他机器人的信息交换后，列表 *Queue* 被清空，该机器人认为搜索已经结束，而其他机器人获得的信息滞后，列表 *Queue* 中留有已被其他机器人搜索过的节点信息，该机器人认为这些节点仍是未被访问过的，所以会再次对其进行搜索。

此外，在全局通信模式下，使用 A*算法计算机器人当前位置与目标节点之间的最短路径时，采用的是所有机器人收集到的已知环境信息。对于环境中未知的部分，在计算最短路径时设为不可到达。这就意味着该最短路径仅是已知区域内的最短路径，而不是全局最短路径。在局部通信中，使用 A*算法计算预设路径时，采用的是该机器人自身探索到的以及通过与其他机器人信息交换获得的已知环境信息，这就意味着该预设路径只是针对当前机器人的最优路径，而不是全局最优的。

以上两种通信模式说明，通信距离限制会对机器人集群的协同搜索产生较大的影响。在实际场景中，由于受环境因素的影响和机器人自身软硬件的限制，机器人集群中的个体之间并不能实时交换信息。对搜索问题简化建模后，本章以栅格地图中通信距离来衡量通信限制。

因此，需要设计合理的方案尽可能地减少通信限制对机器人协同搜索带来的不利影响。

7.2.3　重复搜索流程

1. 重复搜索概述

以往的区域搜索算法大多都只关注了一次搜索。但在实际运用中，由于受区域环境因素（如天气、可见度等）限制，区域内目标物存在隐蔽伪装的性质以及机器人传感器硬件性能限制和辨识算法性能限制，一次搜索并不一定能定位或辨识出目标物。

因此，需要在一次搜索的基础上进行重复搜索，以保证搜索的准确性。无论在考虑通信限制的条件下还是不考虑通信限制的条件下，经过一次搜索后，所有机器人都能获得环境中所有节点的位置信息。此时，搜索问题转化为规划问题。搜索问题处理的是如何尽快地获得未知区域的信息，而规划问题解决的是在已知全局信息的情况下，找到快速遍历全图的较优路径。

此外，7.2.2 节中关于列表 *Queue* 以及已知区域更新滞后的理论与前面章节的仿真实验都证明了通信限制会对搜索结果产生较大的影响。因此，必须找到减少或克服通信限制对搜索的影响的方法。

本章针对重复搜索中的规划问题设计解决流程。核心思想是根据一次搜索获得的栅格地图信息，将搜索区域分割为面积大致相等且内部连通的若干区域，再为每个机器人合理地分配其中一个区域作为其任务区域进行搜索，即将协同搜索简化为个体搜索，这就极大减少了通信限制给搜索带来的影响。该流程中，划分区域的步骤称为"区域分割"，为每个机器人分配目标区域的步骤称为"区域分配"。本章介绍了嵌套广度优先搜索算法来处理区域分割问题，区域分配问题则运用匈牙利算法（Hungarian algorithm，HA）[274]来解决。

在实际运用中，可根据需要设置重复搜索的次数，其流程与二次搜索一致。因此，本章讨论的主要是第二次搜索的移动方式与流程。

2. 区域分割

一次搜索结束后，对于所有机器人，整个搜索环境都是已知的，数学上可将该环境表达为一个二位栅格地图，即一个仅包含"0"和"1"的矩阵。区域分割的目的在于将该矩阵中值为"0"的点划分为若干大小相近，且同一区域内的方格连通的区域。保证各区域大小相近，是为了让各机器人负担的任务尽可能等量，避免产生"短桶效应"，即发生一部分机器人已经完成搜索而其他机器人任务区域内仍有大量节点未被搜索的情况。在二维栅格地图中，可用区域所包含的方格数来衡量该区域的大小。保证各区域尽量内部连通是为了让机器人在搜索过程中不需要移动至其他机器人负责的区域，造成冗余移动。

为完成区域分割，本章介绍了嵌套广度优先搜索算法。

为确定每个区域所包含的方格数量基准，设搜索环境中可到达节点数量为 N，执行搜索任务的机器人数量为 n，定义区域大小基准为 $R\left(R \in \mathbf{N}^{+}\right)$，计算式为：

$$R = \frac{N}{n} \tag{7-2}$$

　　首先，以广度优先搜索的方式遍历整个环境。在遍历过程中，定义一个计数器，每遍历一个节点，将该节点标记为当前区域，同时计数器增加 "1"。当计数器数值等于 R 时，计数器清零，开始标记下一区域。这一过程称为 "初分割"，经过初分割后可获得 n 个包含方格数都接近 R 的区域。但初分割后，同一区域内的方格可能并不连通，如图 7-8 所示。

　　图 7-8 所示为一个大小为 30×30 的二维栅格地图，其中可到达节点数 $N = 647$，执行搜索任务的机器人数量 $n = 3$，则由式（7-2）可得 $R = 215$。该图经过初分割后被分为 3 个区域，分别以蓝色、红色和绿色标出，三个区域各自包含的方格数分别为 215、215 和 217。从图 7-8 所示可看出红色区域被障碍分为了互不连通的两部分，且红色区域还包围了一个单独的绿色方格。因此，初分割还不能达到区域分割的预期效果，还需要对每一个区域进行精调。

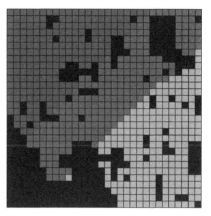

*图 7-8　初分割结果示例

　　精调的目标是将小于某一阈值的同一区域的所有方格合并到其他区域中，以尽量保证同一区域是连通的，该阈值可为 R 乘上一个处于区间 $[0.1, 0.3]$ 内的数。

　　完成精调任务使用的是嵌套广度优先搜索算法。传统的广度优先搜索仅设置一个保存待扩展节点的队列，而在精调过程中，需要在遍历整个地图中所有可到达节点的同时，遍历当前正在调整的区域的所有节点。因此，需要设置两个队列，记保存整个地图中待扩展节点的队列为外层队列，保存当前正在调整区域中待扩展节点的队列为内层队列。

　　在遍历过程中，内层队列仅保存当前区域的待扩展节点。广度优先搜索可定位处于连通域的同一区域的方格，如果这些方格的数量小于阈值，则将其合并到与当前区域相邻的方格数量最小的区域中。通过外层队列检测节点区域标记可获得相邻区域的标记。

　　嵌套广度优先搜索算法具体步骤如下。

　　步骤 1：初始化外层队列 *List_out*，内层队列 *List_in*，从初始点开始遍历全图。

　　步骤 2：若搜索到的待扩展结点属于指定区域，则添加到队列 *List_in* 中，否则添加到队列 *List_out* 中，并标记为相邻区域。

步骤 3：若当前节点领域中未有待扩展的同区域节点，则计算队列 *List_in* 中包含的节点数量，若小于阈值，则将这些节点标记到相邻区域中方格数量最小的区域中。

步骤 4：清空队列 *List_in*，从队列 *List_out* 中选取指定区域的点添加到队列 *List_in* 中，重复步骤 2 与步骤 3，直至队列 *List_out* 为空，全图遍历结束。

图 7-9 所示为图 7-8 初分割结果经阈值设为 $0.15 \times R$ 的精调结果。

从图 7-9 所示可看出，右上角原本不连通的红色区域被划分到蓝色区域内，而单独的绿色方格也被划分到了红色区域内。精调后，各区域包含的方格数分别为 244、187 和 216。各区域大小发生了变化，但保证了各区域内部连通。

对于一部分地图，如果初分割后各区域是内部连通的，则此时精调算法检测不到面积小于阈值的区域，无须进行精调。而大部分地图经过多次不同阈值的精调后，分割结果能达到预期效果。

区域分割流程如图 7-10 所示。

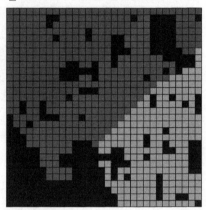

*图 7-9　精调结果示例

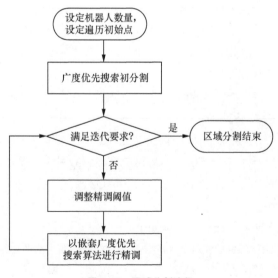

图 7-10　区域分割流程

需要注意的是，开始遍历的初始点不同，区域分割得到的结果也不同，如图 7-11 所示。

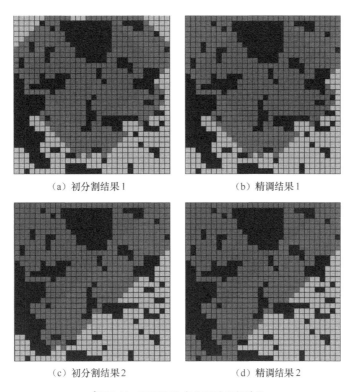

　（a）初分割结果1　　　　　　　　　（b）精调结果1

　（c）初分割结果2　　　　　　　　　（d）精调结果2

*图 7-11　不同初始点的区域分割结果

　　图 7-11 所示为一个大小为 30×30 的二位栅格地图，其中可到达节点数 $N = 648$，执行搜索任务的机器人数量 $n = 3$，则由式（7-2）可得 $R = 216$，设精调阈值为 $0.15 \times R$。图 7-11（a）和图 7-11（b）所示分别为初始点是地图中央方格的初分割与精调结果。经初分割后，各区域大小都等于 216，再经精调后，红、蓝、绿三色标记的区域大小分别为 246、225 和 177。图 7-11（c）和图 7-11（d）所示分别为初始点是左上角方格的初分割与精调结果。经初分割后，各区域大小都等于 216，再经精调后，红、蓝、绿三色标记的区域大小分别为 216、241 和 191。从图 7-11 所示可看出，从角落出发开始遍历得到的分割结果较为均匀。若从地图中央的节点开始遍历，则所分割的区域呈圆环状，在地图边缘易产生不连通区域。因此，本章在实验中采取从角落开始遍历的方式。

3. 区域分配

机器人集群在完成一次搜索时，所处坐标一般较为分散，为减少机器人前往目标区域所需要的移动次数，需要对分割后的区域进行合理的分配。区域分配是一个典型的指派问题，目的是为各机器人指派目标区域，使机器人到达各自目标区域的路径长度之和最小。这样的指派问题可通过匈牙利算法求得最优解，即求解最优分配方案[275]。

为求解区域分配问题，先构建代价矩阵，保存各机器人到达各区域的最短距离。其中，各机器人到达各区域的最短距离可由标记层数的广度优先搜索（labeled breadth-first-search，LBFS）算法求得。

标记层数的广度优先搜索算法流程与传统的广度优先搜索[276-278]相同，仅需在扩展节点时，标记每层节点的层数即可，层数大小等于该层节点到遍历初始点的距离。从机器人当前位置开始遍历，每扩展一次节点，标记该层节点层数为上一层节点层数加 1，搜索到的指定区域的第一个节点即为该区域距离当前机器人最近的节点。该节点层数即为指定区域与当前机器人位置的最短路径长度，使用 A*算法或者回溯上层节点的方式即可获得机器人到达该点的路径。

假设构建代价矩阵（表）如表 7-1 所示。经匈牙利算法[279-280]计算后，可得到当机器人 1 的目标区域为区域 4，机器人 2 的目标区域为区域 1，机器人 3 的目标区域为区域 3，机器人 4 的目标区域为区域 2 时，四个机器人前往目标区域的路径长度之和最小，最小值为 27。

表 7-1   代价矩阵（表）示例

机器人	区域 1	区域 2	区域 3	区域 4
机器人 1	0	14	9	3
机器人 2	9	20	10	23
机器人 3	23	15	3	8
机器人 4	7	12	14	5

基于匈牙利算法的区域分配方法可减少机器人前往目标区域所需要的移动次数，从而减少了机器人集群完成搜索所需要的移动次数。

4. 重复搜索中的移动

将搜索问题简化建模后，整个搜索任务划分为一次搜索阶段和重复搜索阶段。其中，一次搜索阶段使用基于深度优先策略的协同搜索算法完成对未知区域的覆盖式搜索；重复搜索阶段包含区域分割、区域分配和移动搜索三个步骤。机器人经一次搜索后获得了搜索环境的全部信息，利用该信息完成区域分割，再利用匈牙利算法为各机器人分配目标区域，机器人按照最短路径前往目标区域后即可开始搜索。

每个机器人各自负责搜索分配的区域，这意味着机器人之间不再需要进行信息交换，只需专注于自己的搜索任务即可。各机器人在自己负责的区域内按照贪心深度优先搜索算法进行移动搜索，当对自己负责的区域完成搜索后停止移动。如果所划分区域大小相近，则机器人停止搜索的时间间隔将较短。当所有机器人都完成自己的搜索任务时，本次搜索结束。

在实际运用中，可根据需要判断是否需要再次进行重复搜索。若需要进行多次重复搜索，可设计两种方案：方案一是保持区域分割的结果，机器人在自己负责的区域内进行多次搜索；方案二是待本次重复搜索结束后，重新进行区域分割与区域分配，使不同的机器人可以搜索不同的区域。在方案一中，一个划分好的区域始终由一个机器人进行搜索。若该机器人对目标区域内的目标物的检测成功率较低，则这样的方法会降低搜索准确率，但方案一完全不依赖通信，在重复搜索中，各个机器人完全独立，不会互相影响。方案二使机器人能搜索更多的区域，增大了一个机器人的覆盖范围，降低了方案一中由于某个机器人检测成功率低导致搜索结果不准确的风险，但方案二在一定程度上依赖于通信，机器人需要获得其他机器人是否已经完成搜索的信号，然后进行区域分割与区域分配才能开始下一次搜索。

|7.3 实验设计及结果|

7.3.1 仿真实验参数

衡量协同搜索效率最重要的指标是搜索所需要的时间，在二维栅格仿真搜索地图中，搜索所需要的时间可用机器人完成搜索所需平均移动次数来衡量。定义 $S(n)$ 为 n 个机器人完成搜索任务的平均移动次数，以此作为衡量搜索效率的性能指标。

为对比不同最小通信距离下的搜索效率，定义搜索重复率为机器人搜索移动总次数与地图中可到达节点数量之比。可知，该比值应大于或等于 1，仅在理想情况，即未发生重复访问节点时，该比值为 1。重复率高，说明搜索过程中，被重复访问的节点多，搜索效率低；重复率低，说明搜索过程中，仅有少量节点被重复访问，搜索效率高。

仿真环境为大小为 50×50 的二维栅格地图，为保证仿真环境的复杂性与多样性，仿真地图设置了不同的障碍占比。仿真实验设置了三种不同的障碍占比，分别为 15%、30%和 45%，不同障碍占比的仿真地图示例已由图 7-1 所示给出。

为进行仿真实验，设置 5 个实验组，每组执行搜索任务的机器人数量分别为 1、2、4、8 和 16。

为验证协同搜索算法的鲁棒性，机器人集群的初始位置设置了三种模式。

① 定点模式（fixed mode）：所有机器人从地图角落的同一个方格出发。

② 边缘模式（edge mode）：机器人分别从地图同一边缘上的某个随机方格出发进行搜索。

③ 随机模式（rand mode）：机器人分别从地图上的某个随机方格出发。

各实验组在不同障碍占比的仿真地图中，以三种出发模式开始搜索的实验数据为 50 次独立实验后的平均值。

实验所用代码为 Python 3.7，CPU 为 Intel Xeon E5-2678 v3，GPU 为 Radeon R7 200 Series，内存大小为 32 GB。

7.3.2　一次搜索仿真实验

1. 全局通信下的一次搜索仿真实验

在全局通信下，不考虑机器人通信限制。在障碍占比分别为 15%，30%和 45% 的仿真地图里，分别以三种出发模式测试五个实验组机器人集群完成搜索所需要的平均移动次数。实验结果如图 7-12 所示。

在图 7-12 中，横坐标为参与搜索的机器人数量，分别为 1、2、4、8 和 16；纵坐标为完成搜索所需要的平均移动次数。从图 7-12 所示可看出，在各障碍占比以及各种出发模式下，移动次数曲线趋势相同，这证明了协同搜索算法的鲁棒性。而 n 个机器人完成搜索所需的平均移动次数 $S(n)$ 随着 n 的倍增近似线性递减，这意味着搜索算法充分发挥了集群优势。

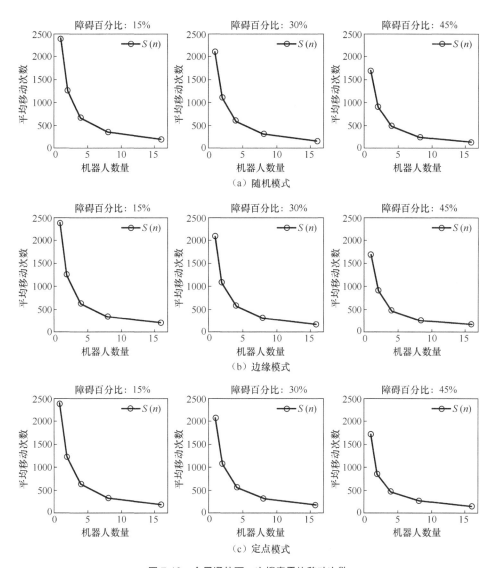

图 7-12 全局通信下一次搜索平均移动次数

机器人平均移动次数随着机器人数量的增加呈线性递减趋势的最大意义在于，引入新的机器人不会导致搜索所消耗资源大量增加，反而会使搜索所需时间递减。在一定范围内，执行区域搜索任务的机器人数量越多，完成搜索任务的速度越快。在障碍占比为 15% 的地图中，以定点出发模式的搜索结果为例分析，统计机器人集群完成搜索任务所需要的总移动次数如表 7-2 所示。

表 7-2　全局通信下，障碍占比为 15% 的地图定点出发模式的一次搜索移动次数

机器人数量	1	2	4	8	16
机器人移动总次数	2399	2430	2504	2570	2920
各机器人平均移动次数	2399	1215	626	321	183

从表 7-2 所示可看出，随着机器人数量的倍增，各机器人的平均移动次数近似线性递减，这意味着搜索所需时间也是近似线性递减的。同时，机器人移动总次数并未快速增加，即协同搜索所需要的总资源并没有随着机器人数量的增加而快速增长。但总移动次数在机器人数量从"8"增加到"16"时增长较快，这说明，16 个机器人对大小为 50×50 的二维栅格地图进行搜索并未物尽其用，机器人在搜索过程中不能快速分散，反而显得较为"拥挤"，导致较多节点被机器人重复访问。

以上数据说明，为获得较好的协同搜索效果，需根据实际环境规模及大小，合理地选择投入工作的搜索机器人的数量。

2. 局部通信下的一次搜索仿真实验

为观察最小通信距离 D_{com} 对搜索结果的影响，设计仿真实验使机器人在不同最小通信距离的局部通信模式下进行协同搜索，对比不同障碍占比以及各出发模式下的搜索重复率。实验所测试的最小通信距离分别为 1、4 和 7，再设置通信距离为"∞"的对照组模拟全局通信，对比局部通信与全局通信下的搜索重复率。仿真实验结果如图 7-13 所示。

在图 7-13 中，横坐标是参与搜索的机器人数量，分别为 1、2、4、8 和 16；纵坐标为搜索重复率；不同颜色曲线代表不同通信距离下的搜索重复率曲线。从图中可看出，在各障碍占比以及各种出发模式下，搜索重复率曲线趋势大致相同，这证明了协同搜索算法的鲁棒性。

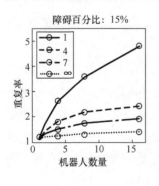
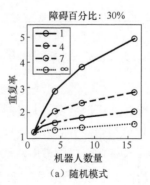
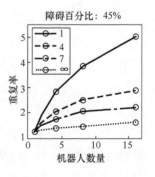

（a）随机模式

图 7-13　局部通信下一次搜索重复率

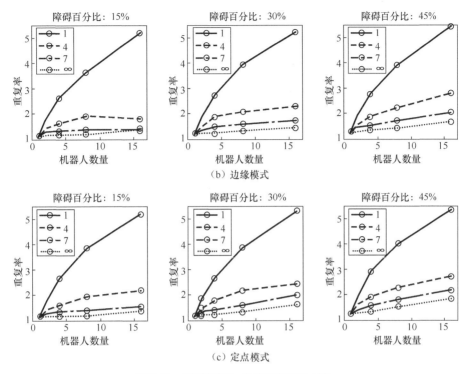

（b）边缘模式

（c）定点模式

图 7-13　局部通信下一次搜索重复率（续）

在通信距离为"1"，即机器人只能和与之相邻的其他机器人进行信息交换的极端情况下，随着机器人数量的增加，搜索重复率逐渐远离全局通信下的搜索重复率，说明此时的搜索效率较低，机器人不能及时更新信息，重复访问了已被其他机器人搜索过的节点。而随着最小通信距离的增加，搜索重复率曲线逐渐下降，至最小通信距离为"7"时，搜索重复率与全局通信已较为相近。

结合仿真地图大小来看，当机器人通信范围约占整个搜索环境的15%时，通信距离限制对协同搜索移动次数的影响已较为微小。

7.3.3　重复搜索仿真实验

1. 不划分区域的重复搜索仿真实验

为对比基于区域分割与区域分配的方法是否能有效降低重复搜索所需的平均移动次数，设置不划分区域进行重复搜索的对照组。对照组中，机器人以贪心深度优先搜索算法完成一次搜索后，以一次搜索结束时的状态作为重复搜索的起始状态再按相同的算法进行一次搜索。不划分区域的重复搜索相当于以随机出发模式再进行一次同地图的一次搜索。

机器人集群在不同最小通信距离的局部通信下进行一次搜索以及不划分区域的重复搜索，通过在不同障碍占地图比以及不同的出发模式的仿真实验后，得到机器人完成搜索的平均移动次数如图 7-14 所示。

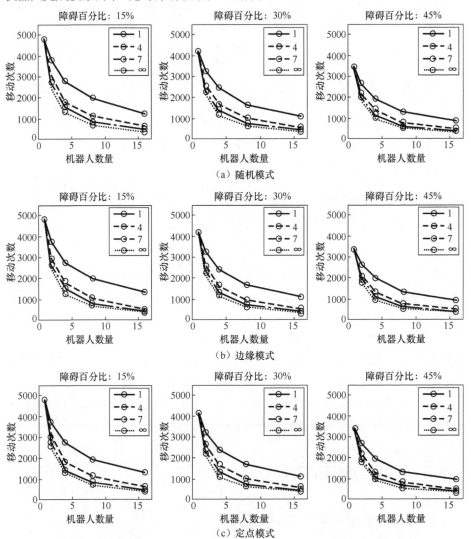

图 7-14　局部通信下经一次搜索和不划分区域的重复搜索后的平均移动次数

从图 7-14 所示可看出，一次搜索和不划分区域的重复搜索组合的搜索流程结果保持了平均移动次数随机器人数量增加而近似线性递减的趋势，但最小通信距离越小，线性递减的趋势越不明显。当最小通信距离为"7"时，搜索结果已接近全局通信下的搜索移动次数。

2. 划分区域的重复搜索仿真实验

基于区域分割与区域分配的二次搜索不需考虑通信限制，因此划分区域的重复搜索可在全局通信模式下进行。机器人集群在全局通信下进行一次搜索以及划分区域的重复搜索，通过在不同障碍占地图比以及不同的出发模式的仿真实验后，得到机器人完成搜索的平均移动次数如图 7-15 所示。

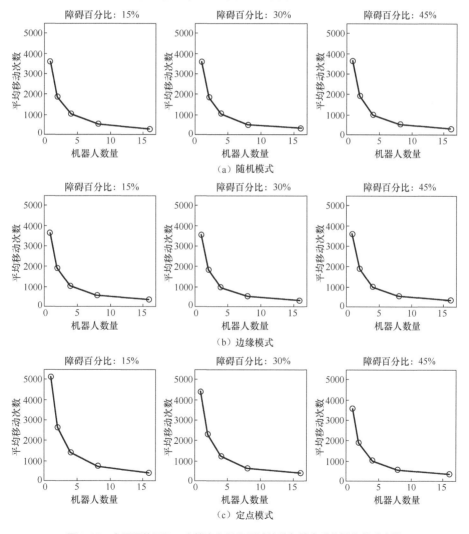

图 7-15　全局通信下经一次搜索和划分区域的重复搜索后的平均移动次数

3. 区域分割搜索的对比实验

为验证基于区域分割和区域分配的方法是否能有效降低移动次数，统计不划分区域重复搜索实验的搜索重复率，同时与划分区域重复搜索实验（regionize）的搜索重复率作比较。比较结果如图 7-16 所示。

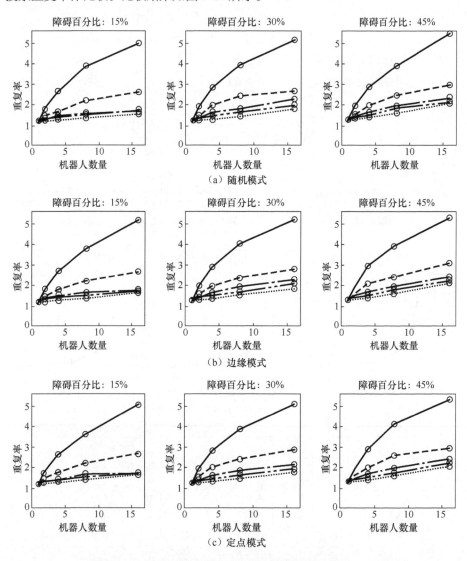

图 7-16 划分区域重复搜索和不划分区域重复搜索的重复率对比

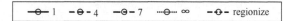

从图 7-16 所示可以看出，代表划分区域搜索重复率的绿色曲线已接近全局通信下不划分区域搜索的重复率曲线，这证明了基于区域分割和区域分配的方法能够极大降低通信距离限制对搜索结果的不利影响。

7.4　未来展望

本章为解决协同搜索问题介绍了一种基于深度优先策略的搜索算法，在仿真环境中取得了较为理想的效果。但从算法设计以及仿真环境设置上看，仍有改进空间。

算法方面，在重复搜索中，每个机器人遍历自己负责的目标区域使用的仍是贪心广度优先搜索算法，这样的搜索方式未能充分利用一次搜索已经获得的环境信息。此外，仅由一个机器人负责一个区域，未能充分利用集群优势。解决二次搜索中的路径规划问题，除了深度优先搜索算法和广度优先搜索算法之外，也可使用强化学习等优化算法。由于路径搜索问题是一个典型的马尔科夫决策过程，强化学习方法有很大的运用价值。目前我们正在探索强化学习在覆盖式搜索路径规划中的运用，初步实验表明，利用神经网络和强化学习训练的机器人完成目标区域覆盖式搜索的路径长度普遍小于贪心广度优先搜索算法生成的路径长度。此外，通过多智能体强化学习训练多个机器人完成一个目标区域的搜索，可充分发挥集群优势，减少移动次数，进一步加快协同搜索速度。

对于未知栅格地图搜索任务，也可使用强化学习训练智能体执行搜索。基本思路是在训练过程中将智能体的观测范围逐步由全局观测缩小到实际的部分观测，并根据智能体完成搜索所需要的移动次数反馈给定奖励值。由于栅格地图是一个矩阵，可利用卷积神经网络提取环境特征加快智能体训练。初步实验表明，在由多个不同的栅格地图组成的训练集中训练后，智能体可以在新的栅格地图中完成搜索，且其移动次数普遍少于深度优先策略的移动次数。

仿真环境方面，二维栅格地图将搜索区域简化为平面，且相邻各节点之间的移动代价相同，而现实中的搜索任务大多是针对复杂立体环境的，且建立图模型后，各节点之间的移动代价不一定相同。在这样的环境中，两节点之间的距离计算方法以及贪心策略的设置都需要重新考虑。为解决类似的复杂搜索任务，作者的设想是结合本章的并行搜索思想，利用最小生成树算法与强化学习来完成复杂图中的搜索任务。

|本章小结|

区域搜索是多机器人协同工作的一个典型运用场景。受未知环境的不确定性和机器人通信性能的限制，协同搜索往往会产生较大的搜索代价。为解决这一问题，将搜索环境建模为栅格地图，并将机器人的移动离散化，以此建立搜索问题模型。建立模型后，使用基于深度优先策略的协同搜索算法，针对仿真栅格地图设计了一套搜索流程。该流程分为针对未知环境的一次搜索以及针对已知环境的重复搜索。使用深度优先搜索和贪心策略来解决多机器人未知区域搜索问题；在重复搜索中，为进一步降低机器人通信限制给搜索结果带来的不利影响，本章介绍了基于区域分割和区域分配的方法。

全局通信下的搜索实验表明，基于深度优先策略的搜索算法使机器人完成搜索的平均移动次数随着机器人数量的倍增而近似线性递减。这意味着，当执行搜索任务的机器人的数量倍增时，机器人总移动次数并未快速增加，而搜索所消耗的时间却在近似倍减。

为验证通信限制对搜索结果的影响，引入了通信距离，并对比不同通信距离下机器人集群的搜索重复率。实验表明，随着机器人通信距离的增加，协同搜索的搜索重复率逐渐接近全局通信下的搜索重复率。但当通信距离为 1 时，搜索重复率随着机器人数量的增加快速升高，说明该情况下，协同搜索效率极低。

在重复搜索中，为降低通信限制给搜索带来的负面影响，本章采用了基于区域分割和区域分配的方法。区域分割和区域分配减少了机器人搜索对通信的依赖。其中，区域分割的目的是将一次搜索获得的栅格地图划分为若干大小相近且内部连通的区域，区域分配的目的是为每一个机器人指派一个自己负责搜索的区域，使机器人到达各自区域的距离之和最小。

全局通信下的搜索实验证明了深度优先策略的有效性；深度优先策略和区域分割方法在重复搜索的对比实验证明了区域分割和区域分配方法的有效性。综合以上实验结果看，搜索流程达到了设计要求。

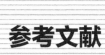

参考文献

[1] KENNEDY J, EBERHART R C. Swarm intelligence[M]. Salt Lake City, USA: American Academic Press, 2001.

[2] BONABEAU E. DORIGO M, THERAULAZ G. Swarm intelligence: from natural to artificial systems[M]. New York: Oxford University Press, 2001.

[3] KENNEDY J, EBERHART R. Particle swarm optimization[C]//Proceedings of ICNN'95-International Conference on Neural Networks. Piscataway, USA: IEEE, 1995: 1942-1948.

[4] YANG C G, TU X Y, CHEN J. Algorithm of marriage in honey bees optimization based on the wolf pack search[C]//The 2007 International Conference on Intelligent Pervasive Computing. Piscataway, USA: IEEE, 2007: 462-467.

[5] LIU C G, YAN X H, LIU C Y, et al. The wolf colony algorithm and its application[J]. Chinese Journal of Electronics, 2011, 20(2): 212-216.

[6] 吴虎胜, 张凤鸣, 吴庐山. 一种新的群体智能算法-狼群算法[J]. 系统工程与电子技术, 2013, 35(11): 2430-2438.

[7] 段海滨, 李沛. 基于生物群集行为的无人机集群控制[J]. 科技导报, 2017, 35(7): 17-25.

[8] 罗德林, 徐扬, 张金鹏. 无人机集群对抗技术新进展[J]. 科技导报, 2017, 35(7): 26-31.

[9] 罗德林, 张海洋, 谢荣增, 等. 基于多 Agent 系统的大规模无人机集群对抗[J]. 控制理论与应用, 2015, 32(11): 1498-1504.

[10] 邱华鑫, 段海滨. 从鸟群群集飞行到无人机自主集群编队[J]. 工程科学学报, 2017, 39(3): 317-322.

[11] LI Z Y, ZHANG Z, LIU H, et al. A new path planning method based on concave polygon convex decomposition and artificial bee colony algorithm[J]. International Journal of Advanced Robotic Systems, 2020, 17(1).DOI: 10.1177/1729881419894787.

[12] 王泓博. 基于人工鱼群算法的数据迁移策略研究[D]. 吉林: 吉林大学, 2016.

[13] 梁建慧, 马苗. 人工蜂群算法在图像分割中的应用研究[J]. 计算机工程与应用, 2012, 48(8): 194-196, 229.

[14] 王玉银. 群智能优化算法在图像分割中的应用[J]. 现代计算机, 2020(30): 39-43.

[15] VON NEUMANN J, MORGENSTERN O. Theory of games and economic behavior[M]. Princeton, USA: Princeton University Press, 1980.

[16] NASH J F. Equilibrium point in N-person games[J]. Proceedings of National Academy of Science of the United States of America, 1950, 36: 48-49.

[17] DUGATKIN L A. Cooperation among animals: an evolutionary perspective[M]. Oxford: Oxford University Press, 1997.

[18] SKYRMS B. The stag hunt and the evolution of social structure[M]. Cambridge: Cambridge University Press, 2004.

[19] RIECHMANN T. Genetic algorithm learning and evolutionary games[J]. Journal of Economic Dynamics and Control, 2001, 25(6-7): 1019-1037.

[20] NAX H H. Equity dynamics in bargaining without information exchange[J]. Journal of Evolutionary Economics, 2015, 25(5): 1011-1026.

[21] NASH J F. Non-cooperative games[J]. Annals of Mathematics, 1951, 54(2): 286-295.

[22] 唐长兵, 李翔. 有限种群中策略演化的稳定性[J]. 电子科技大学学报, 2012, 41(6): 821-829.

[23] SZABÓ G, FÁTH G. Evolutionary games on graphs[J]. Physics Reports, 2007, 446(4-6): 97-216.

[24] SZABÓ G, TŐKE C. Evolutionary prisoner's dilemma game on a square lattice[J]. Physical Review E, 1998, 58(1): 69-73.

[25] ZIMMERMANN M G, EGUÍLUZ V M. Cooperation, social networks, and the emergence of leadership in a prisoner's dilemma with adaptive local interactions[J]. Physical Review E, 2005. DOI: 10.1103/PhysRevE.72.056118.

[26] JI M, XU C, ZHENG D F, et al. Enhanced cooperation and harmonious population in an evolutionary n-person snowdrift game[J]. Physica A Statistical Mechanics & Its Applications, 2010, 389(5): 1071-1076.

[27] ZHANG J J, WANG J, SUN S W, et al. Effect of growing size of interaction neighbors on the evolution of cooperation in spatial snowdrift game[J]. Communications in Theoretical Physics, 2012, 57(4): 541-546.

[28] SZOLNOKI A, PERC M. Reward and cooperation in the spatial public goods game[J]. EPL (Europhysics Letters), 2010, 92(3). DOI: 10.1209/0295-5075/92/38003.

[29] KURZBAN R, HOUSER D. Individual differences in cooperation in a circular public goods game[J]. European Journal of Personality, 2010, 15(S1). DOI: 10.1002/per.420.

[30] LEE D, MCGREEVY B P, BARRACLOUGH D J. Learning and decision making in monkeys during a rock-paper-scissors game[J]. Cognitive Brain Research, 2005, 25(2): 416-430.

[31] 纳什, 韩松. 博弈论经典[M]. 北京: 中国人民大学出版社, 2013.

[32] 朱雅敏, 魏永波. 完全理性到有限理性:博弈论理性基础的变更[J]. 科技视界, 2015(27): 165-166.

[33] SMITH J M. Evolution and the theory of games[J]. American Scientist, 1976, 64(1): 41-45.

[34] SMITH J M, PRICE G R. The logic of animal conflict[J]. Nature, 1973, 246(5427): 15-18.

[35] TAYLOR P D, JONKER L B. Evolutionary stable strategies and game dynamics[J]. Mathematical Biosciences, 1978, 40(1-2): 145-156.

[36] TAYLOR C, FUDENBERG D, SASAKI A, et al. Evolutionary game dynamics in finite populations[J]. Bulletin of Mathematical Biology, 2004, 66(6): 1621-1644.

[37] VAINSTEIN M H, ARENZON J J. Spatial social dilemmas: dilution, mobility and grouping effects with imitation dynamics[J]. Physica A Statistical Mechanics & Its Applications, 2014, 394(2): 145-157.

[38] GILBOA I, MATSUI A. Social stability and equilibrium[J]. Econometrica, 1991, 59(3): 859-867.

[39] KUZMICS C, BALKENBORG D, HOFBAUER J. Refined best-response correspondence and dynamics[J]. Theoretical Economics, 2008, 8: 165-192.

[40] FANELLI A, FLAMMINI M, MOSCARDELLI L. The speed of convergence in congestion games under best-response dynamics[J]. ACM Transactions on Algorithms, 2012, 8(3): 1-15.

[41] SMITH M J. The stability of a dynamic model of traffic assignment——an application of a method of Lyapunov[J]. Transportation Science, 1984, 18(3): 245-252.

[42] SANDHOLM W H. Pairwise comparison dynamics and evolutionary foundations for Nash equilibrium[J]. Games, 2010, 1(1): 3-17.

[43] SANDHOLM W H. Population games and deterministic evolutionary dynamics[J]. Handbook of Game Theory with Economic Applications, 2015, 4(1): 703-778.

[44] TRAULSEN A, HAUERT C. Stochastic evolutionary game dynamics[J]. Theoretical Population Biology, 1990, 38(90): 219-232.

[45] TRAULSEN A, NOWAK M A, Pacheco J M. Stochastic dynamics of invasion and fixation[J]. Physical Review E-Statistical Nonlinear & Soft Matter Physics, 2006, 74(1). DOI: 10.1103/PhysRevE.74.011909.

[46] NOWAK M A, SASAKI A, TAYLOR C, et al. Emergence of cooperation and evolutionary stability in finite populations[J]. Nature, 2004, 428(6983): 646-650.

[47] IMHOF L A, NOWAK M A. Evolutionary game dynamics in a Wright-Fisher process[J]. Journal of Mathematical Biology, 2006, 52(5): 667-681.

[48] ZHANG C, ZHANG J, XIE G, et al. Diversity of game strategies promotes the evolution of cooperation in public goods games[J]. Europhysics Letters, 2010, 90 (6). DOI: 10.1209/ 0295- 5075/90/68005.

[49] PERC M, SZOLNOKI A. Coevolutionary games——a mini review[J]. BioSystems, 2010, 99(2): 109-125.

[50] 程代展, 陈翰馥. 从群集到社会行为控制[J]. 科技导报, 2004(8): 4-7.

[51] 王龙, 伏锋, 陈小杰, 等. 演化博弈与自组织合作[J]. 系统科学与数学, 2007, 27(3): 330-343.

[52] 王龙, 丛睿, 李昆. 合作演化中的反馈机制[J]. 中国科学: 信息科学, 2014, 44(12): 1495-1514.

[53] 王龙, 杜金铭. 多智能体协调控制的演化博弈方法[J]. 系统科学与数学, 2016, 36(3): 302-318.

[54] CANGELOSI A, PARISI D. Simulating the evolution of language[M]. London, UK: Springer, 2002.

[55] GATENBY R A, VINCENT T L. An evolutionary model of carcinogenesis[J]. Cancer Research, 2003, 63: 6212-6220.

[56] GERLEE P, ANDERSON A R A. An evolutionary hybrid cellular automation model of solid tumour growth[J]. Journal of Theoretical Biology, 2007, 246: 583-603.

[57] KAGEL J H, ROTH A E. The Handbook of experimental economics[M]. Princeton, USA: Princeton University Press, 1995.

[58] KOMAROVA N L, NOWAK M A. Evolutionary dynamics of the lexicla matrix[J]. Bulletin of Mathematical Biology, 2001, 63: 451-485.

[59] MANSURY Y, DIGGORY M, DEISBOECK T S. Evolutionary game theory in an agent-based brain tumor model: exploring the 'Genotype-Phenotype' link[J]. Journal of Theoretical Biology, 2006, 238: 146-156.

[60] NOWAK M A, BONHOEFFER S, LOVEDAY C, et al. HIV results in the frame[J]. Nature, 1995, 375(6528): 193.

[61] NOWAK M A, KRAKAUER D C. The evolution of language[J]. Proceedings of National Academy of Science of the United States of America, 1999(96): 8028-8033.

[62] 许丹, 李翔, 汪小帆. 复杂网络理论在互联网病毒传播研究中的应用[J]. 复杂系统与复杂性科学, 2004, 1(3): 12-28.

[63] Nowak M A, Plotkin J B, Jansen V A A. The Evolution of syntactic communication[J]. Nature, 2000, 404(6777): 495-498.

[64] NOWAK M A, SASAKI A, TAYLOR C, et al. Emergence of cooperation and evolutionary

stability in finite populations[J]. Nature, 2004, 428(6983): 646-650.

[65] NOWAK M A. Five rules for the evolution of cooperation[J]. Science, 2006, 314(5805): 1560-1563.

[66] KRUPP D B, DEBRUINE L M, BARCLAY P. A cue of kinship promotes cooperation for the public good[J]. Evolution and Human Behavior, 2008(29): 49-55.

[67] ESHEL I, SANSONE E, SHAKED A. The emergence of kinship behavior in structured populations of unrelated individuals[J]. International Journal of Game Theory, 1999(28): 447-463.

[68] OHTSUKI H, PACHECO J M, TRAULSEN A, et al. Repeated games and direct reciprocity under active linking[J]. Journal of Theoretical Biology, 2008(250): 723-731.

[69] PRESS W H, DYSON F J. Iterated Prisoner's Dilemma contains strategies that dominate any evolutionary opponent[J]. Proceedings of National Academy of Science of the United States of America, 2012, 109(26): 10409-10413.

[70] MILINSKI M, SEMMANN D, KRAMBECK H. Reputation helps solve the tragedy of the commons[J]. Nature, 2002, 415(6870): 424-426.

[71] MCGUIRE M. Group size, group homogeneity, and the aggregate provision of a pure public good under cournot behavior[J]. Public Choice, 1974(18): 107-126.

[72] WANG W, REN J, CHEN G, et al. Memory-based snowdrift game on networks[J]. Physical review E-Statistical, nonlinear, and soft matter physics, 2006, 74. DOI: 10.1103/PhysRevE. 74.056113.

[73] HAMILTON W D. The genetical evolution of social behavior[J]. Journal of Theoretical Biology, 1964(7): 1-16.

[74] JONES D. The universal psychology of kinship: Evidence from language[J]. Trends in Cognitive Sciences, 2004(8): 211-215.

[75] STRASSMANN J E, ROBERT E P J, ROBINSON G E, et al. Kin selection and eusociality[J]. Nature, 2011, 471(7339). DOI: 10.1038/nature09833.

[76] IMHOF L A, NOWAK M A. Stochastic evolutionary dynamics of direct reciprocity[J]. Proceedings of the Royal Society B: Biological Sciences, 2010, 277(1680): 463-468.

[77] HILBE C, NOWAK M A, SIGMUND K. Evolution of extortion in Iterated Prisoner's Dilemma games[J]. Proceedings of National Academy of Science of the United States of America, 2013, 110(17): 6913-6918.

[78] NOWAK M A, SIGMUND K. A strategy of win-stay, lose-shift that outperforms tit-for-tat in the Prisoner's Dilemma game[J]. Nature, 1993, 364(6432): 56-58.

[79] HILBE C, WU B, TRAULSEN A, et al. Cooperation and control in multiplayer social dilemmas[J]. Proceedings of National Academy of Science of the United States of America, 2014, 111(46): 16425-16430.

[80] HAUERT C, SCHUSTER H G. Effects of increasing the number of players and memory size in the iterated prisoner's dilemma: A numerical approach[J]. Proceedings of The Royal Society B-Biological Sciences, 1997, 264(1381): 513-519.

[81] HAUERT C, NOWAK M A, TRAULSEN A. Adaptive dynamics of extortion and compliance[J]. PLOS ONE, 2013, 8(11). DOI: 10.1371/journal.pone.0077886.

[82] ADAMI C, HINTZE A. Evolutionary instability of zero-determinant strategies demonstrates that winning is not everything[J]. Nature Communications, 2013(4). DOI: 10.1038/ncomms3193.

[83] BRANDT H, HAUERT C, SIGMUND K. Punishment and reputation in spatial public goods games[J]. Proceedings of The Royal Society B-Biological Sciences, 2003, 270(1519): 1099- 1104.

[84] CHEN M H, WANG L, SUN S W, et al. Evolution of cooperation in the spatial public goods game with adaptive reputation assortment[J]. Physics Letters A, 2016, 380(1-2): 40-47.

[85] BRANDT H, SIGMUND K. Indirect reciprocity, image scoring, and moral hazard[J]. Proceedings of the National Academy of Sciences, 2005, 102(7): 2666-2670.

[86] NOWAK M A, SIGMUND K. Evolution of indirect reciprocity[J]. Nature, 2005(437): 1291-1298.

[87] NOWAK M A, SIGMUND K. Evolution of indirect reciprocity by image scoring[J]. Nature, 1998(393): 573-577.

[88] TRAULSEN A, NOWAK M A. Evolution of cooperation by multilevel selection[J]. Proceedings of National Academy of Science of the United States of America, 2006(103): 10952-10955.

[89] THOMAS B. On evolutionarily stable sets[J]. Journal of Mathematical Biology, 1985, 22(1): 105-115.

[90] LADDE G S, SATHANANTHAN S. Stability of Lotka–Volterra model[J]. Mathematical and Computer Modelling, 1992, 16(3): 99-107.

[91] TRAULSEN A, PACHECO J M, NOWAK M A. Pairwise comparison and selection temperature in evolutionary game dynamics[J]. Journal of Theoretical Biology, 2007, 246(3): 522-529.

[92] ABDELKADER M A. Exact solutions of Lotka-Volterra equations[J]. Mathematical

Biosciences, 1974, 20(3-4):293-297.

[93] LIU M, WANG K. Stochastic Lotka–Volterra systems with Lévy noise[J]. Journal of Mathematical Analysis and Applications, 2014, 410(2): 750-763.

[94] ZHANG C, LI Q, ZHU Y, et al. Dynamics of task allocation based on game theory in multi-agent systems[J]. IEEE Transactions on Circuits and Systems—II: Express Briefs, 2019, 66(6):1068-1072.

[95] TAN S, WANG Y, LÜ J. Analysis and control of networked game dynamics via a microscopic deterministic approach[J]. IEEE Transactions on Automatic Control, 2016, 61(12): 4118-4124.

[96] RAHIMIYAN M, MASHHADI H R. An adaptive q-learning algorithm developed for agent-based computational modeling of electricity market[J]. IEEE Transactions on Systems Man And Cybernetics Part C, 2010, 40(5): 547-556.

[97] LÜ J, CHEN G. A time-varying complex dynamical network model and its controlled synchronization criteria[J]. IEEE Transactions on Automatic Control, 2005, 50(6): 841-846.

[98] ZHANG J, ZHU Y, ZHANG C. Evolutionary games with different time scales of strategy updating[C]//Proceedings of 2017 The 29th Chinese Control and Decision Conference. Piscataway, USA: IEEE, 2017. DOI: 10.1109/CCDC.2017.7979161.

[99] TAN S, LÜ J, CHEN G, et al. When structure meets function in evolutionary dynamics on complex networks[J]. IEEE Circuits and Systems Magazine, 2014, 14(4): 36-50.

[100]NEWMAN M E J. The structure and function of complex networks[J]. SIAM Review, 2003, 45(2): 167-256.

[101] BOCCALETTI S, LATORA V, MORENO Y, et al. Complex networks: structure and dynamics[J]. Physics Reports, 2006, 424(4-5): 175-308.

[102] NEWMAN M E J. Networks: an introduction[M]. New York: Oxford University Press, 2010.

[103] 汪小帆, 李翔, 陈关荣. 复杂网络理论及其应用[M]. 北京: 清华大学出版社, 2006.

[104] 钱学森, 于景元, 戴汝为. 一个科学新领域——开放的复杂巨系统及其方法论[J]. 自然杂志, 1990, 13(1): 3-10.

[105] 成思危. 复杂性科学探索[M]. 北京: 民主与建设出版社, 1999.

[106] ALON U. Biological networks: the tinkerer as an engineer[J]. Science, 2003, 301(5641): 1866-1867.

[107] KOZIEL S, HILBER P, ICHISE R. Application of big data analytics to support power networks and their transition towards smart grids[C]//Proceedings of 2019 IEEE International Conference on Big Data. Piscataway, USA: IEEE, 2019. DOI: 10.1109/BigData47090.2019.9005479.

[108] SONG C, FAN Y. Coverage control for mobile sensor networks with limited communication ranges on a circle[J]. Automatica, 2018(92): 155-161.

[109] JADBABAIE A, LIN J, MORSE A S. Coordination of groups of mobile autonomous agents using nearest neighbor rules[J]. IEEE Transactions on Automatic Control, 2003, 48(6): 988-1001.

[110] ZIMAN J. Technological innovation as an evolutionary process[M]. Cambridge, UK: Cambridge University Press, 2000.

[111] YU S, LÜ J, YU X, CHEN G. Design and implementation of grid multiwing hyperchaotic Lorenz system family via switching control and constructing super-heteroclinic loops[J]. IEEE Transactions on Circuits and Systems I: Regular, 2012, 59(5): 1015-1028.

[112] MA W, TRUSINA A, EI-SAMAD H, et al. Defining network topologies that can achieve biochemical adaptation[J]. Cell, 2009, 138(4): 760-773.

[113] LUSSEAU D, SCHNEIDER K, BOISSEAU O J, et al.. The bottlenose dolphin community of Doubtful Sound features a large proportion of long-lasting associations[J]. Behavioral Ecology and Sociobiology, 2003, 54(4): 396-405.

[114] WATTS D J, STROGATZ S H. Collective dynamics of small-world networks[J]. Nature, 1998, 393(6684): 440-442.

[115] ZHANG J, ZHU Y, CHEN Z. Evolutionary game dynamics of multiagent systems on multiple community networks[J]. IEEE Transactions on Systems, Man, and Cybernetics: Systems, 2018:1-17.

[116] LIU Y, LI Z, CHEN X, et al. Memory-based prisoner's dilemma on square lattices[J]. Physica A Statistical Mechanics & Its Applications, 2010, 389(12): 2390-2396.

[117] ERDŐS P, RÉNYI A. On the evolution of random graphs[J]. Publication of the Mathematical Institute of the Hungarian Academy of Sciences, 1960(5): 17-60.

[118] NEWMAN M E J, WATTS D J. Renormalization group analysis of the small-world network model[J]. Physics Letters A, 1999, 263(4-6): 341-346.

[119] BARABÁSI A L, ALBERT R. Emergence of scaling in random networks[J]. Science, 1999, 286(5439): 509-512.

[120] NOWAK M A, MAY R. Evolutionary games and spatial chaos[J]. Nature, 1992(359): 826-829.

[121] OHTSUKI H, HAUERT C, LIEBERMAN E, et al. A simple rule for the evolution of cooperation on graphs and social networks[J]. Nature, 2006, 441: 502-505.

[122] OSTER G F, WILSON E O. Caste and ecology in the social insects[M]. Princeton: Princeton University Press, 1978.

[123] WILSON E O. Causes of ecological success: the case of the ants[J]. Journal of Animal

Ecology, 1987, 56(1): 1-9.

[124] BESHERS S N, FEWELL J H. Models of division of labor in social insects[J]. Annual Review of Entomology, 2001(46): 413-440.

[125] WILSON E O. Caste and division of labor in leaf-cutter ants (hymenoptera: formicidae: atta)[J]. Behavioral Ecology & Sociobiology, 1983, 14(1): 47-54.

[126] DETRAIN C, PASTEELS J M. Caste differences in behavioral thresholds as a basis for polyethism during food recruitment in the ant, Pheidole pallidula, (Nyl.) (hymenoptera: myrmicinae)[J]. Journal of Insect Behavior, 1991, 4(2): 157-176.

[127] DUNN C W, WAGNER G P. The evolution of colony-level development in the siphonophora (cnidaria: hydrozoa)[J]. Development Genes & Evolution, 2006, 216(12): 743-754.

[128] RUEFFLER C, HERMISSON J, WAGNER G P. Evolution of functional specialization and division of labor[J]. Proceedings of the National Academy of Sciences, 2012, 109(6). DOI: 10.1073/pnas.1110521109.

[129] BEEKMAN M. The evolution of social behavior in microorganisms[J]. Trends in Ecology and Evolution, 2001, 16(4): 178-183.

[130] GORDON D M. The organization of work in social insect colonies[J]. Nature, 1996(380): 121-124.

[131] BONABEAU E, THERAULAZ G, DENEUBOURG J L, et al. Self-organization in social insects[J]. Trends in Ecology & Evolution, 1997, 12(5): 188-193.

[132] PAGE R E, MITCHELL S D. Self-organization and the evolution of division of labor[J]. Apidologie, 1998, 29(1-2): 171-190.

[133] ROBINSON, G E. Regulation of division of labor in insect societies[J]. Annual Review of Entomology, 1992, 37: 637-665.

[134] SENDOVAFRANKS A, FRANKS N R. Task allocation in ant colonies within variable environments (a study of temporal polyethism: Experimental)[J]. Bulletin of Mathematical Biology, 1993, 55(1): 75-96.

[135] RAY D. A game-theoretic perspective on coalition formation[M]. New York: Oxford University Press, 2007.

[136] QI W, WEN H, FU C, et al. Game theory model of traffic participants within amber time at signalized intersection[J]. Computational Intelligence and Neuroscience, 2014, 2014: 1-7.

[137] LIN Z, LIU H T. Consensus based on learning game theory with a UAV rendezvous application[J]. Chinese Journal of Aeronautics, 2015, 28(1): 191-199.

[138] TIAN F, ZOU J F, ZHANG T. Hybrid method based on artificial potential field and

differential game theory for the UAV path planing[J]. Applied Mechanics and Materials, 2014, 687-691: 260-264.

[139] CAPRARO V. A model of human cooperation in social dilemmas[J]. PLOS ONE, 2013, 8(8). DOI: 10.1371/journal.pone.0072427.

[140] GRIFFIN A S, WEST S A, BUCKLING A. Cooperation and competition in pathogenic bacteria[J]. Nature, 2004, 430(7003): 1024-1027.

[141] SZOLNOKI A, PERC M, SZABÓ G. Defense mechanisms of empathetic players in the spatial ultimatum game[J]. Physical Review Letters, 2012, 109(7). DOI:10.1103/PhysRevLett. 109.078701.

[142] HOFBAUER J, SIGMUND K. Evolutionary games and population dynamics[M]. Cambridge: Cambridge University Press, 1998.

[143] PAGE R E, MITCHELL S D. Self organization and adaptation in insect societies[J]. PSA: Proceedings of the Biennial Meeting of the Philosophy of Science Association, 1990(2): 289-298.

[144] PAGE R E, MITCHELL S D. Self-organization and the evolution of division of labor[J]. Apidologie, 1998, 29(1): 171-190.

[145] DETRAIN C, DENEUBOURG JL, PASTEELS JM. Information processing in Social Insects[M]. Base1: Birk häuser, 1999.

[146] BONABEAU E, THERAULAZ G, DENEUBOURG J L. Fixed response thresholds and the regulation of division of labor in insect societies[J]. Bulletin of Mathematical Biology, 1998, 60(4): 753-807.

[147] MERKLE D. Dynamic polyethism and competition for tasks in threshold reinforcement models of social insects[J]. Adaptive Behavior, 2004, 12(3-4): 251-262.

[148] TOFTS C. Algorithms for task allocation in ants (A study of temporal polyethism: theory)[J]. Bulletin of Mathematical Biology, 1993, 55(5): 891-918.

[149] TRANIELLO J F A, ROSENGAUS R B. Ecology, evolution and division of labour in social insects[J]. Animal Behaviour, 1997, 53(1): 209-213.

[150] GORDON D M. The dynamics of the daily round of the harvester ant colony (Pogonomyrmex barbatus)[J]. Animal Behaviour, 1986, 34(5): 1402-1419.

[151] GORDON D M, GOODWIN B C, TRAINOR L E H. A parallel distributed model of the behaviour of ant colonies[J]. Journal of Theoretical Biology, 1992, 156(3):293-307.

[152] HAUERT C, HAIDEN N, SIGMUND K. The dynamics of public goods[J]. Discrete & Continuous Dynamical Systems - B. 2004(4):575-587.

[153] M. ARCHETTI. Cooperation as a volunteer's dilemma and the strategy of conflict in public goods games[J]. Journal of Evolutionary Biology, 2009, 22(11): 2192-2200.

[154] BRANDT H, HAUERT C, SIGMUND K. Punishment and reputation in spatial public goods games[J]. Proceedings of the Royal Society B, 2003, 270(1519): 1099-1104.

[155] BRANDTS J, SCHRAM A. Cooperation and noise in public goods experiments: applying the contribution function approach[J]. Journal of Public Economics, 2001, 79(2): 399-427.

[156] CAO X B, DU W B, RONG Z H. Evolutionary public goods game on scale-free networks with heterogeneous investment[J]. Physica A. 2010(389):1273-1280.

[157] CHAN K S, GODBY R, MESELMAN S, et al. Equity theory and the voluntary provision of public goods[J]. Journal of Economic Behavior & Organization, 1997(32): 349-364.

[158] GAO J, LI Z, WU T, et al. Diversity of contribution promotes cooperation in public goods games[J]. Physica A. 2010(389): 3166-3171.

[159] HAUERT C, DE MONTE S, HOFBAUER J, et al. Replicator dynamics in optional public goods games[J]. Journal of Theoretical Biology, 2002, 218(2): 187-194.

[160] HOU X, FENG W, LU X. A mathematical analysis for a model arising from public goods games[J]. Nonlinear Analysis: Real World Applications, 2009, 10(4): 2207-2224.

[161] KUMMERLI R, BURTON-CHELLEW M N, ROSS-GILLESPIE A, et al. Resistance to extreme strategies, rather than prosocial preferences, can explain human cooperation in public goods games[J]. Proceedings of the National Academy of Sciences of the United States of America, 2010, 107(22): 10125-10130.

[162] KUROKAWA S, IHARA Y. Emergence of cooperation in public goods game[J]. Proceedings of the Royal Society B, 2009(276):1379-1384.

[163] BERG J, ENGEL M. Matrix games, mixed strategies, and statistical mechanics[J]. Physical Review Letters, 1998(81): 4999-5002.

[164] ENGELMANN D, STEINER J. The effects of risk preferences in mixed-strategy equilibria of 2×2 games[J]. Games and Economic Behavior, 2007(60): 381-388.

[165] TARNITA C E, ANTAL T, NOWAK M A. Mutation-selection equilibrium in games with mixed strategies[J]. Journal of Theoretical Biology. 2009, 261(1): 50-57.

[166] SANTOS F C, SANTOS M D, PACHECO J M. Social diversity promotes the emergence of cooperation in public goods games[J]. Nature, 2008(454): 213-216.

[167] SHI Y, EBERHART R C. Empirical study of particle swarm optimization[C]//Proceedings of the 1999 Congress on Evolutionary Computation-CEC99 (Cat. No. 99TH8406). Piscataway, USA: IEEE, 1999, 3: 1945-1950.

[168] SHI Y. Particle swarm optimization[J]. IEEE Connections, 2004, 2(1): 8-13.

[169] XIE X, ZHANG W, YANG L. Particle swarm optimization[J]. Control and Decision, 2003(18): 129-134.

[170] BRATTON D, KENNEDY J. Defining a standard for particle swarm optimization[C]//2007 IEEE Swarm Intelligence Symposium. Piscataway, USA: IEEE, 2007: 120-127.

[171] JIANG C, CHEN Y, LIU K J R. Evolutionary dynamics of information diffusion over social networks[J]. IEEE Transactions on Signal Processing, 2013, 62(17): 4573-4586.

[172] AXELROD R. Effective choice in the prisoner's dilemma[J]. Journal of conflict resolution, 1980, 24(1): 3-25.

[173] BALAFOUTAS L, NIKIFORAKIS N, ROCKENBACH B. Altruistic punishment does not increase with the severity of norm violations in the field[J]. Nature Communications, 2016, 7(1): 1-6.

[174] IRANZO J, BULDÚ J M, AGUIRRE J. Competition among networks highlights the power of the weak[J]. Nature Communications, 2016, 7(1): 1-7.

[175] PODOBNIK B, HORVATIC D, LIPIC T, et al. The cost of attack in competing networks[J]. Journal of the Royal Society Interface, 2015, 12(112). DOI: 10.1098/rsif.2015.0770.

[176] WEIBULL J W. Evolutionary game theory[M]. Cambridge, MA: MIT press, 1997.

[177] SIGMUND K, NOWAK M A. Evolutionary game theory[J]. Current Biology, 1999, 9(14): 503-505.

[178] SMITH J M. Evolutionary game theory[J]. Physica D: Nonlinear Phenomena, 1986, 22(1-3): 43-49.

[179] MAILATH G J. Introduction: Symposium on evolutionary game theory[J]. Journal of Economic Theory, 1992, 57(2): 259-277.

[180] NOWAK M A, SASAKI A, TAYLOR C, et al. Emergence of cooperation and evolutionary stability in finite populations[J]. Nature, 2004, 428(6983): 646-650.

[181] TRAULSEN A, NOWAK M A, Pacheco J M. Stochastic dynamics of invasion and fixation[J]. Physical Review E-Statistical Nonlinear & Soft Matter Physics, 2006, 74(1). DOI: 10.1103/PhysRevE.74.011909.

[182] TRAULSEN A, HAUERT C. Stochastic evolutionary game dynamics[J]. Theoretical Population Biology, 1990, 38(90): 219-232.

[183] ZHANG J, ZHANG C, CHU T. Cooperation enhanced by the 'survival of the fittest' rule in prisoner's dilemma games on complex networks[J]. Journal of theoretical biology, 2010, 267(1): 41-47.

[184] CHUNLIN L, YANPEI L, YOULONG L, et al. Collaborative content dissemination based on game theory in multimedia cloud[J]. Knowledge-Based Systems, 2017(124): 1-15.

[185] SZÉP J, FORGÓ F. Two-person games[M]//McKINSEY J C C. Introduction to the Theory of Games. Dordrecht: Springer, 1985: 95-102.

[186] SELTEN R. Evolutionary stability in extensive two-person games[J]. Mathematical Social Sciences, 1983, 5(3): 269-363.

[187] SYSI-AHO M, SARAMÄKI J, KERTÉSZ J, et al. Spatial snowdrift game with myopic agents[J]. The European Physical Journal B-Condensed Matter and Complex Systems, 2005, 44(1): 129-135.

[188] SUI X, CONG R, LI K, et al. Evolutionary dynamics of N-person snowdrift game[J]. Physics Letters A, 2015, 379(45-46): 2922-2934.

[189] ZHONG L X, ZHENG D F, ZHENG B, et al. Networking effects on cooperation in evolutionary snowdrift game[J]. EPL (Europhysics Letters), 2006, 76(4): 724.

[190] SU Q, LI A, WANG L. Spatial structure favors cooperative behavior in the snowdrift game with multiple interactive dynamics[J]. Physica A: Statistical Mechanics and its Applications, 2017, 468: 299-306.

[191] ALTROCK P M, TRAULSEN A. Fixation times in evolutionary games under weak selection[J]. New Journal of Physics, 2009, 11(1). DOI: 10.1088/1367-2630/11/1/013012.

[192] TUDGE S J, WATSON R A, BREDE M, Cooperation and the division of labour[C]// Proceedings of the ECAL 2013: The Twelfth European Conference on Artificial Life. New York: ASME, 2013, 12. DOI: 10.7551/978-0-262-31709-2-ch001.

[193] DUARTE A, PEN I, KELLER L, et al. Evolution of self-organized division of labor in a response threshold model[J]. Behavioral ecology and sociobiology, 2012, 66(6): 947-957.

[194] SCHUSTER P, SIGMUND K. Replicator dynamics[J]. Journal of theoretical biology, 1983, 100(3): 533-538.

[195] ROCA C P, CUESTA J A, SÁNCHEZ A. Evolutionary game theory: Temporal and spatial effects beyond replicator dynamics[J]. Physics of life reviews, 2009, 6(4): 208-249.

[196] SANDHOLM W H. Pairwise comparison dynamics and evolutionary foundations for Nash equilibrium[J]. Games, 2010, 1(1): 3-17.

[197] SANDHOLM W H. Population games and deterministic evolutionary dynamics[M]// AUMANN R, HART S. Handbook of Game Theory with Economic Applications. Elsevier, 2015, 4: 703-778.

[198] CHEUNG M W. Pairwise comparison dynamics for games with continuous strategy

space[J]. Journal of Economic Theory, 2014, 153: 344-375.

[199] 马巧云. 基于多 Agent 系统的动态任务分配研究[D]. 武汉: 华中科技大学, 2006.

[200] 刘通. 群智感知网络中任务分配的理论和方法研究[D]. 上海: 上海交通大学, 2017.

[201] 高飞燕. 基于扩展合同网的多 Agent 任务分配机制的研究[D]. 大连: 大连海事大学, 2009.

[202] 柳林. 多机器人系统任务分配及编队控制研究[D]. 长沙: 国防科学技术大学, 2006.

[203] 肖正. 多 Agent 系统中合作与协调机制的研究[D]. 上海: 复旦大学, 2009.

[204] 董炀斌. 多机器人系统的协作研究[D]. 杭州: 浙江大学, 2006.

[205] 孙伟. 群智感知中任务分配的关键技术研究[D]. 上海: 上海交通大学, 2016.

[206] SMITH M J. The stability of a dynamic model of traffic assignment—an application of a method of Lyapunov[J]. Transportation Science, 1984, 18(3): 245-252.

[207] FRIEDMAN, DANIEL. Evolutionary games in economics[J]. Econometrica, 1991, 59(3): 637-666.

[208] YAO X. Evolutionary stability in the n-person iterated prisoner's dilemma[J]. Biosystems, 1996, 37(3): 189-197.

[209] LI J, KENDALL G, JOHN R. Computing Nash Equilibria and Evolutionarily Stable States of Evolutionary Games[J]. IEEE Transactions on Evolutionary Computation, 2016, 20(3): 460-469.

[210] NOWAK M A, SASAKI A, TAYLOR C, et al. Emergence of cooperation and evolutionary stability in finite populations[J]. Nature, 2004(428): 646-650.

[211] ZHANG J L, ZHU Y Y, LI Q Y, et al. Promoting cooperation by setting a ceiling payoff for defectors under three-strategy public good games[J]. International Journal of Systems Science, 2018, 49(10): 2267-2286.

[212] WEST S A, PEN I, GRIFFIN A S. Cooperation and competition between relatives[J]. Science, 2002, 296(5565): 72-75.

[213] MILINSKI M, SEMMANN D, KRAMBECK, H J. Reputation helps solve the 'tragedy of the commons'[J]. Nature, 2002(415): 424-426.

[214] BRANDT H, SIGMUND K. Indirect reciprocity, image scoring, and moral hazard[J]. Proceedings of the National Academy of Sciences, 2005, 102(7): 2666-2670.

[215] NOWAK M A. Five Rules for the evolution of cooperation[J]. Science, 2006, 314(5805): 1560-1563.

[216] GALBIATI R, VERTOVA P. Obligations and cooperative behaviour in public good games[J]. Games & Economic Behavior, 2008, 64(1): 146-170.

[217] BRANDT H, SIGMUND K. The logic of reprobation: assessment and action rules for indirect reciprocation[J]. Journal of Theoretical Biology, 2004, 231(4): 475-486.

[218] OHTSUKI H, IWASA Y. How should we define goodness?—reputation dynamics in indirect reciprocity[J]. Journal of Theoretical Biology, 2004, 231(1): 107-120.

[219] OHTSUKI H, HAUERT C, LIEBERMAN E, et al. A simple rule for the evolution of cooperation on graphs and social networks[J]. Nature, 2006(441): 502-505.

[220] BRANDT H, HAUERT C, SIGMUND K. Punishment and reputation in spatial public goods games[J]. Proceedings of the Royal Society B: Biological Sciences, 2003, 270(1519): 1099-1104.

[221] 王鲁鹏. 无线传感器网络覆盖与连通问题研究[D]. 长沙: 中南大学, 2005.

[222] 任彦, 张思东, 张宏科. 无线传感器网络中覆盖控制理论与算法[J]. 软件学报, 2006, 17(3): 422-433.

[223] 丁晓燕. 基于博弈模型的多智能体覆盖控制[D]. 上海: 上海交通大学, 2009.

[224] PODURI S, SUKHATME G S. Constrained coverage for mobile sensor networks[C]// IEEE International Conference on Robotics & Automation. Piscataway, USA: IEEE, 2004. DOI: 10.1109/ROBOT.2004.1307146.

[225] REN W, BEARD R W, ATKINS E M. Information consensus in multivehicle cooperative control[J]. IEEE Control Systems Magazine, 2007, 27(2): 71-82.

[226] KIM Y, MESBAHI M. On maximizing the second smallest eigenvalue of a state-dependent graph laplacian[J]. IEEE Transactions on Automatic Control, 2006, 51(1): 116-120.

[227] HEO N, VARSHNEY P K. A distributed self spreading algorithm for mobile wireless sensor networks[C]//2003 IEEE Wireless Communications and Networking. Piscataway, USA: IEEE, 2003. DOI: 10.1109/WCNC.2003.1200625.

[228] TANIMOTO J. Fundamentals of evolutionary game theory and its applications[M]. Tokyo: Springer, 2015.

[229] TARNITA C E, ANTAL T, OHTSUKI H, et al. Evolutionary Dynamics in Set Structured Populations[J]. Proceedings of the National Academy of Sciences, 2009, 106(21): 8601-8604.

[230] NOWAK M A. Evolutionary Dynamics of Biological Games[J]. Science, 2004, 303(5659): 793-799.

[231] GAO X, WANG J, YANG D. Stability and stabilization of evolutionary games with time delays via matrix method[J]. Asian Journal of Control, 2019, 21(6): 2587-2595.

[232] ZHANG C, LI Q, ZHU Y, et al. Evolutionary dynamics in division of labor games on cycle networks[J]. European Journal of Control, 2020(53): 1-9.

[233] OHTSUKI H, HAUERT C, LIEBERMAN E, et al. A simple rule for the evolution of cooperation on graphs and social networks[J]. Nature, 2006, 441(7092): 502-505.

[234] ZHANG J, LI Z, XU Z, et al. Evolutionary dynamics of strategies without complete

information on complex networks[J]. Asian Journal of Control, 2020, 22(1): 362-372.

[235] BAUSO D, BAŞAR T. Strategic thinking under social influence: scalability, stability and robustness of allocations[J]. European Journal of Control, 2016(32): 1-15.

[236] TRAULSEN A, NOWAK M A, Pacheco J M. Stochastic dynamics of invasion and fixation[J]. Physical Review E-Statistical Nonlinear & Soft Matter Physics, 2006, 74(1). DOI: 10.1103/PhysRevE.74.011909.

[237] NAKAHASHI W, FELDMAN M W. Evolution of division of labor: emergence of different activities among group members[J]. Journal of Theoretical Biology, 2014, 348: 65-79.

[238] XU Z M, ZHANG J L, ZHANG C Y, et al. Fixation of strategies driven by switching probabilities in evolutionary games[J]. Europhysics Letters, 2016, 116(5). DOI: 10.1209/0295-5075/116/58002.

[239] VAN DEN BERG P, WEISSING F J. The importance of mechanisms for the evolution of cooperation[J]. Proceedings of the Royal Society B: Biological Sciences, 2015, 282(1813). DOI: 10.1098/rspb.2015.1382.

[240] MYLVAGANAM T, SASSANO M. Autonomous collision avoidance for wheeled mobile robots using a differential game approach[J]. European Journal of Control, 2018, 40: 53-61.

[241] LIU W, WU Q, ZHOU S, et al. Leader-follower consensus control of multi-agent systems with extended Laplacian matrix[C]//The 27th Chinese Control and Decision Conference (2015 CCDC). Piscataway, USA: IEEE, 2015: 5393-5397.

[242] LI J, HUANG F. JTC-801 suppresses melanoma cells growth through the PI_3K-Akt-mTOR signaling pathways[J]. Médecine Sciences, 2018(34): 8-14.

[243] YANG N, LI J. Fully distributed coordination learning control of second-order nonlinear multi-agent systems with input saturation[J]. Asian Journal of Control, 2020, 23(4): 1748-1761.

[244] GHOMMAM J, MEHRJERDI H, SAAD M, et al. Formation path following control of unicycle-type mobile robots[J]. Robotics and Autonomous Systems, 2010, 58(5): 727-736.

[245] LEE G, CHWA D. Decentralized behavior-based formation control of multiple robots considering obstacle avoidance[J]. Intelligent Service Robotics, 2018, 11(1): 127-138.

[246] BERTSEKAS D P, TSITSIKLIS J N. Comment on "Coordination of Groups of Mobile Autonomous Agents Using Nearest Neighbor Rules"[J]. IEEE Transactions on Automatic Control, 2005, 50(5): 968-969.

[247] CAO Y, YU W, REN W, et al. An overview of recent progress in the study of distributed multi-agent coordination[J]. IEEE Transactions on Industrial Informatics, 2013, 9(1): 427-438.

[248] HAFEZ A T, GIVIGI S N, YOUSEFI S. Unmanned aerial vehicles formation using

learning based model predictive control[J]. Asian Journal of Control, 2018, 20(3): 1014-1026.

[249] DAS B, SUBUDHI B, PATI B B. Cooperative formation control of autonomous underwater vehicles: an overview[J]. International Journal of Automation and Computing, 2016, 13(3): 199-225.

[250] REYNOLDS C W. Flocks, herds and schools: a distributed behavioral model[J]. ACM SIGGRAPH Computer Graphics, 1987, 21(4): 25-34.

[251] 杨立炜，付丽霞，李萍. 多智能体系统编队控制发展综述[J]. 电子测量技术，2020，43(24): 18-27.

[252] TRAULSEN A, PACHECO J M, NOWAK M A. Pairwise comparison and selection temperature in evolutionary game dynamics[J]. Journal of Theoretical Biology, 2007, 246(3): 522-529.

[253] NOWAK M A. Evolutionary dynamics: exploring the equations of life[M]. Boston, MA: Belknap Press, 2006.

[254] TAYLOR C, FUDENBERG D, SASAKI A, et al. Evolutionary game dynamics in finite populations[J]. Bulletin of Mathematical Biology, 2004, 66(6): 1621-1644.

[255] NOWAK M A, SASAKI A, TAYLOR C, et al. Emergence of cooperation and evolutionary stability in finite populations: 6983[J]. Nature, 2004, 428(6983): 646-650.

[256] LESSARD S, LADRET V. The probability of fixation of a single mutant in an exchangeable selection model[J]. Journal of Mathematical Biology, 2007, 54(5): 721-744.

[257] OHTSUKI H, BORDALO P, NOWAK M A. The one-third law of evolutionary dynamics[J]. Journal of Theoretical Biology, 2007, 249(2): 289-295.

[258] ALTROCK P M, TRAULSEN A. Fixation times in evolutionary games under weak selection[J]. New Journal of Physics, 2009, 11(1). DOI: 10.1088/1367-2630/11/1/013012.

[259] NOWAK M, SIGMUND K. The evolution of stochastic strategies in the prisoner's dilemma[J]. Acta Applicandae Mathematicae, 1990, 20(3): 247-265.

[260] EWENS W J. Mathematical population genetics[M].2nd ed. New York: Springer, 2004.

[261] DINGLI D, TRAULSEN A, PACHECO J M. Stochastic dynamics of hematopoietic tumor stem cells[J]. Cell Cycle, 2007, 6(4): 461-466.

[262] DOEBELI M, HAUERT C. Models of cooperation based on the prisoner's dilemma and the snowdrift game: prisoner's dilemma and the snowdrift game[J]. Ecology Letters, 2005, 8(7): 748-766.

[263] FLETCHER J A, ZWICK M. Strong altruism can evolve in randomly formed groups[J]. Journal of Theoretical Biology, 2004, 228(3): 303-313.

[264] TRAULSEN A, NOWAK M A. Evolution of cooperation by multilevel selection[J]. Proceedings of the National Academy of Sciences, 2006, 103(29). DOI: 10.1073/pnas. 0602530103.

[265] TARONI A. Metric of Cooperation[J]. Nature Physics, 2018, 14(7). DOI: 10.1038/nphys4343.

[266] 庄夏. 基于并行粒子群和 RL 的无人机航路规划算法设计[J]. 西南师范大学学报(自然科学版), 2016, 41(3): 31-36.

[267] 李波, 屈原, 徐向丽. 基于 MPC_PSO 的无人机在线航迹规划[J]. 内蒙古大学学报(自然科学版), 2018, 49(5): 540-546.

[268] 杜继永, 张凤鸣, 毛红保, 等. 多 UAV 协同搜索的博弈论模型及快速求解方法[J].上海交通大学学报, 2013, 47(4): 667-673, 678.

[269] 马云红, 张恒, 齐乐融, 等. 基于改进 A*算法的三维无人机路径规[J]. 电光与控制, 2019, 26(10):22-25.

[270] 冯国强, 赵晓林, 高关根, 等. 基于 A*蚁群优化算法的无人机航路规划[J]. 飞行力学, 2018, 36(05):49-52, 57.

[271] 肖浩, 廖祝华, 刘毅志, 等. 实际环境中基于深度 Q 学习的无人车路径规划[J]. 山东大学学报(工学版), 2021, 51(1):100-107.

[272] 朱耿青. A*算法实现及其应用[J]. 福建电脑, 2008, 36(2): 74-76.

[273] 宋思雨, 豆芳, 谢宏溶. 基于离散数学的迷宫寻路问题研究[J]. 科技经济导刊, 2020, 28(22): 141.

[274] 刘佳, 王杰. 无人水面艇避障路径规划算法综述[J]. 计算机应用与软件, 2020, 37(8): 1-10, 20.

[275] MOON S, LEE D H, LEE D G, et al. Energy-efficient swarming flight formation transitions using the improved fair hungarian algorithm[J]. Sensors, 2021, 21(4). DOI: 10.3390/ s21041260.

[276] BUNDY A, WALLEN L. Breadth-first search[M]. Springer, Berlin, Heidelberg, 1984.

[277] BEAMER S, ASANOVIC K, PATTERSON D. Direction-optimizing breadth-first search[C]// SC'12: Proceedings of the International Conference on High Performance Computing, Networking, Storage and Analysis. Piscataway, USA: IEEE, 2012. DOI: 10.1109/ SC.2012.50.

[278] KURANT M, MARKOPOULOU A, THIRAN P. On the bias of bfs (breadth first search) [C]//2010 22nd International Teletraffic Congress (lTC 22). Piscataway, USA: IEEE, 2010. DOI: 10.1109/ITC.2010.5608727.

[279] JONKER R, VOLGENANT T. Improving the Hungarian assignment algorithm[J]. Operations Research Letters, 1986, 5(4): 171-175.

[280] WRIGHT M B. Speeding up the Hungarian algorithm[J]. Computers & Operations Research, 1990, 17(1): 95-96.

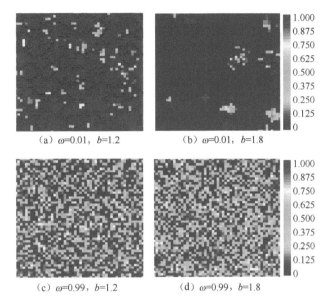

(a) $\omega=0.01$, $b=1.2$　　　　(b) $\omega=0.01$, $b=1.8$

(c) $\omega=0.99$, $b=1.2$　　　　(d) $\omega=0.99$, $b=1.8$

*图 2-3　参数 ω 和 b 对系统演化到稳定状态时博弈个体的策略分布的影响

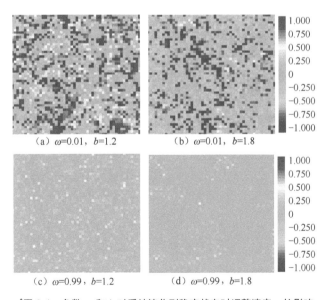

(a) $\omega=0.01$, $b=1.2$　　　　(b) $\omega=0.01$, $b=1.8$

(c) $\omega=0.99$, $b=1.2$　　　　(d) $\omega=0.99$, $b=1.8$

*图 2-4　参数 ω 和 b 对系统演化到稳定状态时调整速度 v 的影响

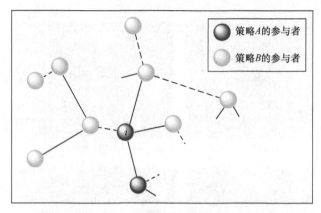

*图 3-1　基于两人博弈模式的博弈参与者之间的互动

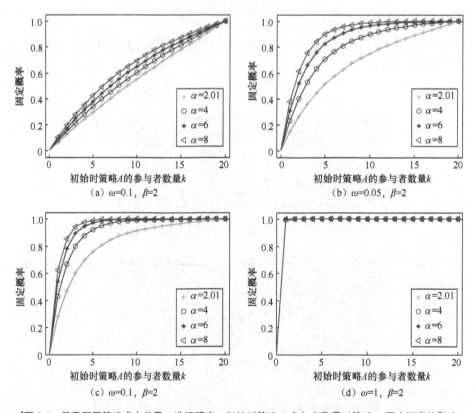

*图 3-2　基于不同策略成本差异、选择强度、初始时策略 A 参与者数量对策略 A 固定概率的影响

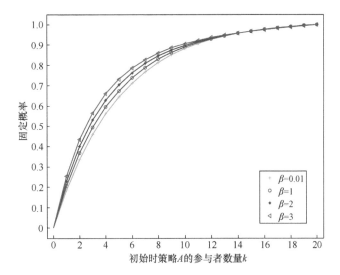

*图 3-3　基于不同协同收益 β 下策略 A 的固定概率

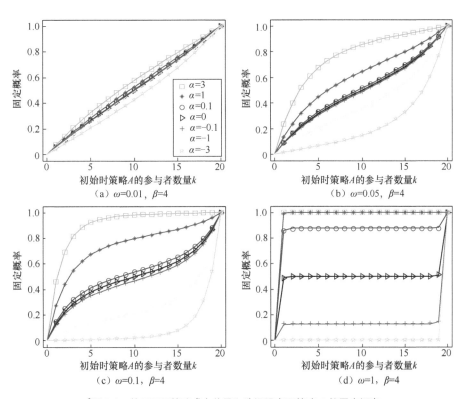

（a）$\omega=0.01$，$\beta=4$

（b）$\omega=0.05$，$\beta=4$

（c）$\omega=0.1$，$\beta=4$

（d）$\omega=1$，$\beta=4$

*图 3-4　基于不同策略成本差异和选择强度下策略 A 的固定概率

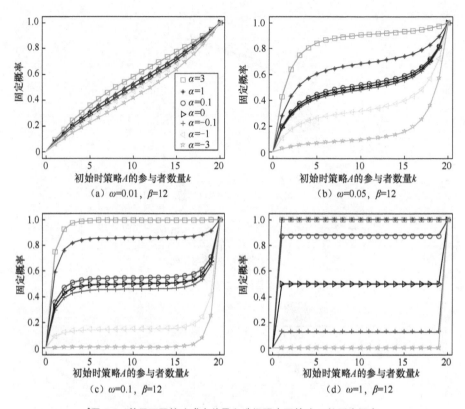

*图 3-5　基于不同策略成本差异和选择强度下策略 A 的固定概率

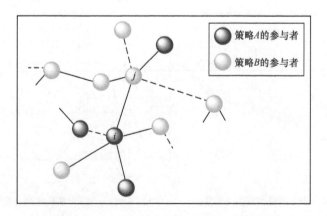

*图 3-6　基于多人博弈的博弈参与者之间互动情况

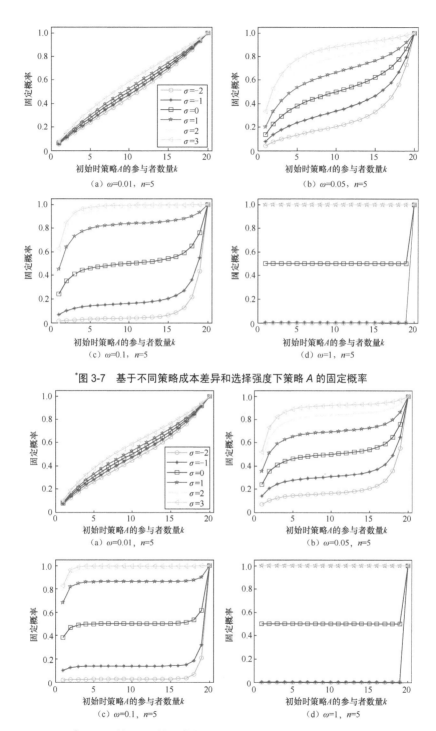

*图 3-7　基于不同策略成本差异和选择强度下策略 A 的固定概率

*图 3-8　基于不同策略成本差异和选择强度下策略 A 的固定概率

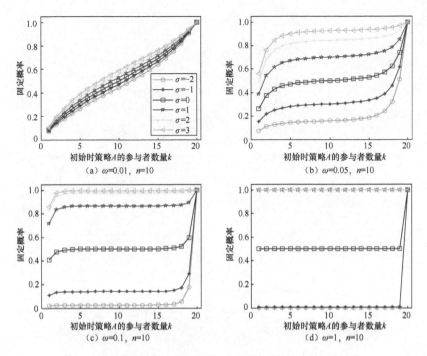

*图 3-9　基于不同策略成本差异和选择强度下策略 A 的固定概率

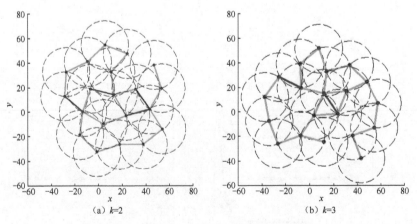

*图 5-4　$N=20$ 时，多智能体系统的最终覆盖效果

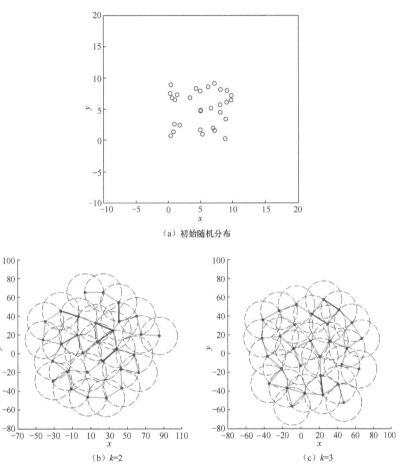

（a）初始随机分布

（b）k=2

（c）k=3

*图 5-8 N=30 时，多智能体系统的初始随机分布及最终覆盖控制效果

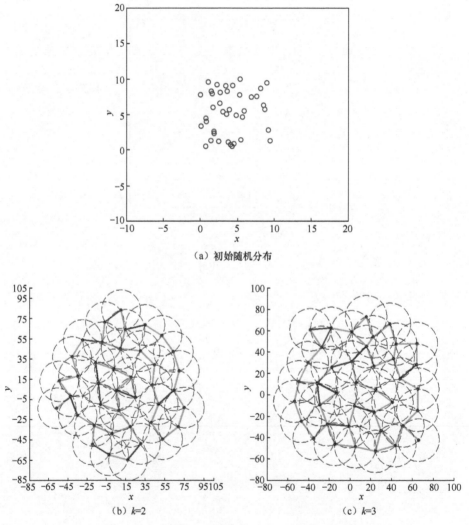

（a）初始随机分布

（b）k=2

（c）k=3

*图 5-9 N=40 时，多智能体系统的初始随机分布及最终覆盖控制效果

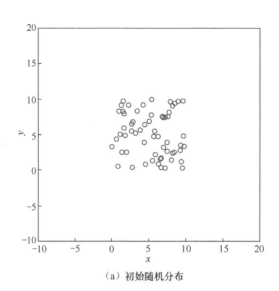

（a）初始随机分布

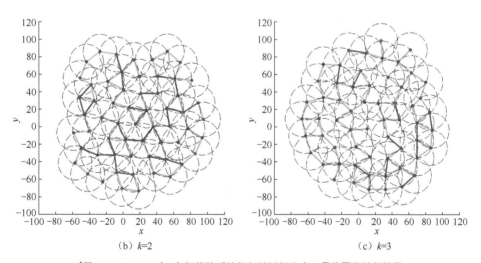

（b）k=2

（c）k=3

*图 5-10　N=60 时，多智能体系统的初始随机分布及最终覆盖控制效果

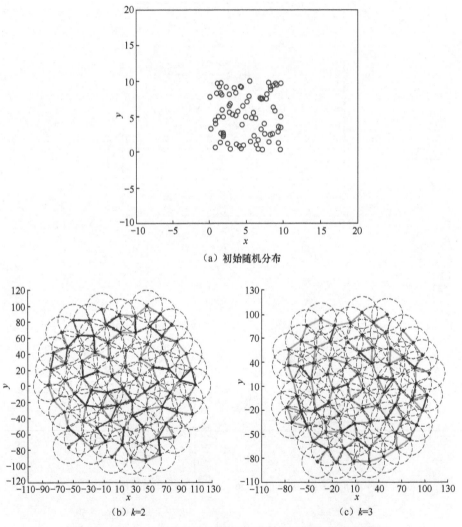

（a）初始随机分布

（b）k=2

（c）k=3

*图 5-11　N=80 时，多智能体系统的初始随机分布及最终覆盖控制效果

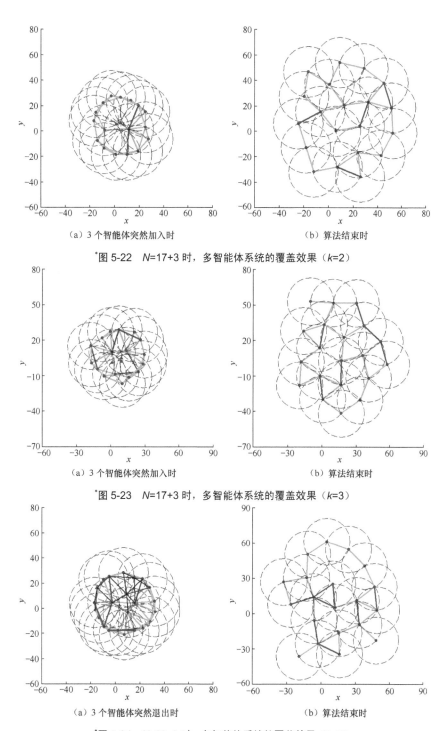

（a）3 个智能体突然加入时　　　　　　　　　（b）算法结束时

*图 5-22　N=17+3 时，多智能体系统的覆盖效果（k=2）

（a）3 个智能体突然加入时　　　　　　　　　（b）算法结束时

*图 5-23　N=17+3 时，多智能体系统的覆盖效果（k=3）

（a）3 个智能体突然退出时　　　　　　　　　（b）算法结束时

*图 5-24　N=23−3 时，多智能体系统的覆盖效果（k=2）

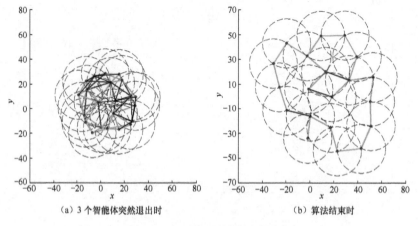

（a）3个智能体突然退出时 （b）算法结束时

*图 5-25 N=23–3 时，多智能体系统的覆盖效果（k=3）

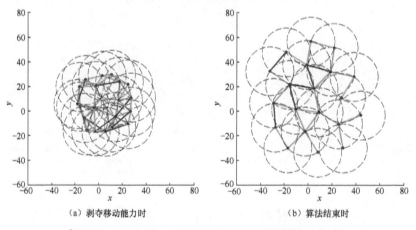

（a）剥夺移动能力时 （b）算法结束时

*图 5-26 N=20 时，3 个智能体无法移动的覆盖效果（k=2）

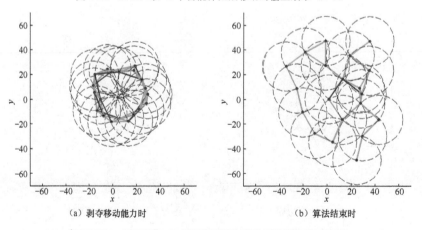

（a）剥夺移动能力时 （b）算法结束时

*图 5-27 N=20 时，3 个智能体无法移动的覆盖效果（k=3）

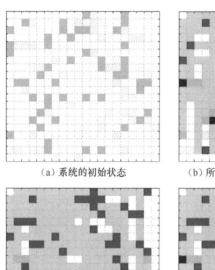

（a）系统的初始状态 　　　　　（b）所有智能体运动10步后状态

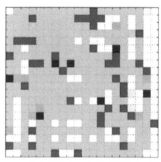

（c）所有智能体运动20步后状态 　　（d）完成编队任务后结束时的状态

*图6-6　一次编队任务过程中运动片段

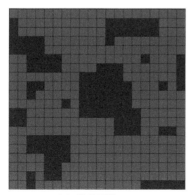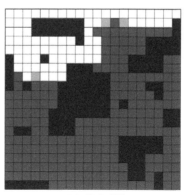

（a）搜索示例1 　　　　　　　（b）搜索示例2

*图7-7　协同搜索仿真示例

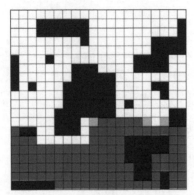 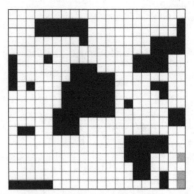

（c）搜索示例3　　　　　　　　　　（d）搜索示例4

[*]图 7-7　协同搜索仿真示例（续）

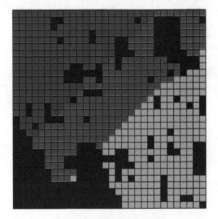 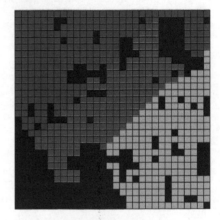

[*]图 7-8　初分割结果示例　　　　　　　　[*]图 7-9　精调结果示例

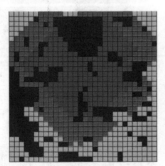 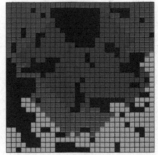

（a）初分割结果1　　　　　　　　（b）精调结果1

[*]图 7-11　不同初始点的区域分割结果

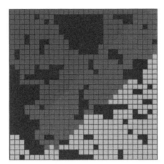 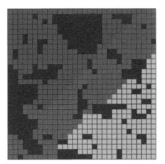

（c）初分割结果2　　　　　　　（d）精调结果2

*图 7-11　不同初始点的区域分割结果（续）